21世纪高等院校计算机辅助设计规划教材

# MATLAB建模与仿真应用教程

## 第2版

王中鲜　赵　魁　徐建东　等编著

机械工业出版社

本书从工程实际和应用的角度出发，系统地介绍了 MATLAB 建模与仿真的方法。全书分成两部分，基础篇主要介绍 MATLAB 软件使用基础、数值与矩阵计算、图形绘制、程序设计、图形用户界面设计、Simulink 建模与仿真等基础内容；应用篇则通过 MATLAB 软件在电路、电动机、测控系统、过程控制系统、模糊控制系统中的应用实例，介绍建立数学模型、系统仿真分析的一般步骤、数据的后处理和图形输出等内容。

本书内容深入浅出，通过精心设计的实例，帮助读者在充分理解和掌握 MATLAB 软件的基础上，高效地使用 MATLAB 进行系统的建模与仿真分析。本书可以作为高等院校电气工程、自动化、测控技术与仪器等专业本科生或研究生教材，也可作为从事相关工作的工程技术人员的参考书。

本书配有电子教案，需要的教师可登录 www.cmpedu.com 免费注册、审核通过后下载，或联系编辑索取（QQ：2966938356，电话：010-88379739）。


**图书在版编目（CIP）数据**

MATLAB 建模与仿真应用教程 / 王中鲜等编著. —2 版. —北京：机械工业出版社，2014.1（2019.6 重印）
21 世纪高等院校计算机辅助设计规划教材
ISBN 978-7-111-44475-6

Ⅰ.①M… Ⅱ.①王… Ⅲ.①Matlab 软件－高等学校－教材 Ⅳ.①TP317

中国版本图书馆 CIP 数据核字（2013）第 249100 号

机械工业出版社（北京市百万庄大街 22 号 邮政编码 100037）
责任编辑：和庆娣
责任印制：常天培

唐山三艺印务有限公司印刷

2019 年 6 月第 2 版 · 第 6 次印刷
184mm×260mm · 15.5 印张 · 384 千字
10201－12000 册
标准书号：ISBN 978-7-111-44475-6
定价：36.00 元

凡购本书，如有缺页、倒页、脱页，由本社发行部调换

电话服务

服务咨询热线：（010）88379833

读者购书热线：（010）88379649

网络服务

机 工 官 网：www.cmpbook.com

机 工 官 博：weibo.com/cmp1952

教育服务网：www.cmpedu.com

金 书 网：www.golden-book.com

# 前 言

MATLAB 软件主要用于算法开发、数据分析、数值计算的高级程序开发语言和交互式程序开发环境。由于 MATLAB 的基本数据单位是矩阵，其指令表达式与数学、工程中常用的形式十分相似，故用 MATLAB 来解决科技和工程问题要比用 C、Fortran 等语言简捷得多。MATLAB 已被广泛应用于自动控制、系统工程、信息工程、应用数学、机电工程、电子工程、计算机等专业领域。

系统建模与仿真是研究、分析、设计各种复杂系统的有力工具。MATLAB 提供了一个独特的建模和仿真的环境，强有力的技术语言既精确又有描述性，让用户用较少的简单代码构建复杂的系统。本书精选应用性较强的实例，深入浅出地阐明了 MATLAB 软件在建模与仿真中的应用。

本书分为两篇，共 11 章，第一篇为基础篇，包括 1～6 章，讲解了 MATLAB 的基础知识、数值运算、图像绘制以及程序设计，并较详细地介绍了功能强大的动态系统仿真工具 Simulink；第二篇为应用篇，包括 7～11 章，讲解了使用 MATLAB 软件进行电路、电动机、测控系统、过程控制系统和模糊控制系统的建模与仿真。本书精心设计的应用实例可以帮助读者在充分理解 MATLAB 建模与仿真理论的基础上，高效地掌握 MATLAB 相关功能和工具的使用。另外，书中还融入了编者在长期的教学和科研工作中积累的经验与体会，可以帮助初学者快速入门与提高。

本书由哈尔滨工业大学、黑龙江大学、佳木斯大学等的多位教授和教师共同编写完成。其中王中鲜编写第 1、8、10 章和第 11.1～11.2 节，赵魁编写第 5、6、7、9 章，徐建东编写第 2、3、4 章，其余章由管殿柱、魏永庚、李翠萍、魏宏艳、宋一兵、付本国、王献红、李文秋编写，柴凤担任全书的主审。

由于编者水平有限，书中难免存在疏漏和不足之处，恳请有关专家和广大读者批评指正。

编 者

# 目　　录

## 第二部分 应 用 篇

# 第一部分　基　础　篇

# 第1章　MATLAB 入门

**本章要点**

- MATLAB 软件介绍
- 常用的系统建模与仿真分析方法

本章主要介绍 MATLAB 软件的发展历程及其功能特点，并简要介绍 MATLAB 的功能强大的工具箱。为了后面章节学习的方便，在 1.2 节中引入系统建模与仿真的基本概念和基本步骤，最后介绍系统仿真的发展历程。

## 1.1　MATLAB 简介

MATLAB 是美国 MathWorks 公司推出的一款数学计算软件，提供针对科学计算的可视化和交互式程序开发环境，将数值分析、矩阵计算以及非线性动态系统的建模和仿真等诸多强大的功能集成在一个易于使用的视窗环境中，可以方便地完成算法开发、数值计算、数据分析、创建用户界面等任务，为科学研究、工程设计等领域提供了一种全面的解决方案。

MATLAB 和 Mathematica、Maple 并称为世界三大数学软件，在数值计算方面首屈一指。MATLAB 的基本数据单元是矩阵，因此也被称为“矩阵实验室”，它的指令表达式与数学、工程中常用的形式十分相似，故用 MATLAB 来解决问题要比用 C、FORTRAN、VB、Java 等语言完成相同的工作简便得多。并且在新版本中加入了对主流程序设计语言（如 C++、VB、Java 等）的支持，用户可以直接调用。MATLAB 软件包括 MATLAB 语言和 Simulink 两大部分，主要应用于工程计算、控制系统设计、数字信号处理、数字图像处理、信号检测、金融系统建模设计与分析等领域。

### 1.1.1　MATLAB 的发展历程

20 世纪 70 年代，美国新墨西哥大学的计算机系主任 Cleve Moler 教授为了减轻学生编写数值计算程序的负担，用 FORTRAN 语言编写了最早的 MATLAB。

1984 年，Moler、Little、Steve Bangert 等人合作成立了 MathWorks 公司，使用 C 语言重新编写了程序内核，除具有数值计算功能外，还新增了数据视图功能，推出了 MATLAB 1.0 版本。

1993 年，MathWorks 公司推出了 MATLAB 4.0 版本，从此告别了 DOS 版本时代。新版本不仅继承和发扬了原有在数值计算和图形可视化方面的优势，还革命性地引入了

Simulink，使之成为 MATLAB 中最重要的组件之一。Simulink 提供一个动态系统建模、仿真和综合分析的集成环境。在该环境中，无需大量书写程序，而只需要通过简单直观的鼠标操作，就可构造出复杂的系统。同年，MathWorks 公司购买了 Maple 的使用权，打通了 MATLAB 与 Maple 之间的接口，开发了以 Maple 为“引擎”的 Symbolic Math Toolbox 1.0（符号计算工具箱），开启了“数值计算”与“符号计算”互补发展的新时代。

1997 年，MathWorks 公司推出了 MATLAB R8（V5.0）版本。新版本不仅秉承了以往版本的特点，拥有了更丰富的数据类型和结构，还增添了更广博的数据分析资源，加上更加细腻的图形可视化功能，使其成为一种更加方便、快捷的编程语言。

2000 年，MathWorks 公司推出了 MATLAB R12（V6.0）版本，不再受操作系统的限制，可以运行在 PC、工作站、服务器、大型机等各种硬件平台之上，可以运行在 Windows、Linux、UNIX 等操作系统之上，更加满足了科研与工程技术人员的需求。

2006 年 9 月，MATLAB R2006b（V7.3）版本正式发布，从此 MathWorks 公司每年都会在 3 月和 9 月进行两次新产品发布，每次新产品都会更新和添加新的模块，每个版本后面都会注明 a（专业版）或 b（学生版），用户可以根据自身需要有针对地选择版本，这也标志着 MATLAB 软件已经臻于完善，走入成熟稳定的发展阶段。

本书采用 MathWorks 公司在 2012 年 3 月发布的 MATLAB R2012a（V7.14）。

在欧美大学的很多课程里，诸如应用数学、数理统计、自动控制、数字信号处理、模拟与数字通信、时间序列分析、动态系统仿真等都把 MATLAB 纳入其中。MATLAB 成为攻读学位的本科生、硕士生、博士生必须掌握的基本工具之一。

### 1.1.2 MATLAB 的功能与特点

MATLAB 自问世以来，以它强大的数值运算和方便的数据图形处理能力，已经得到了越来越多人的认可，其具体功能与特点如下。

**1．界面友好，易学易用**

MATLAB 不仅语法结构简单、数据类型单一，而且其数学表达式、运算规则与常用的数学公式非常接近，再加上可视化的集成开发环境，用户可以直接在“命令窗口”中输入命令语句，按〈Enter〉键即可执行命令语句。在 MATLAB 环境下进行数值、矩阵的运算非常方便，即使非计算机专业的科技人员，只要会操作 Windows 系统，就可以在短时间内快速掌握 MATLAB 的主要内容。

**2．科学计算功能强大**

科学计算主要包括数值计算和符号计算两种，MATLAB 从最早开发至今，数值计算已经十分完善了，然而 MathWorks 公司并没有停止符号计算方面的研发，购得 Maple 使用权后，成功地开发了以 Maple 为“引擎”的符号计算工具箱。

**3．绘图功能方便**

MATLAB 具有方便灵活的二维、三维绘图功能，只需调用不同的绘图函数，就可以在图中标出图题、标注坐标轴、绘制栅格，选择不同的坐标系（线性坐标、对数坐标、极坐标等），还可以设置不同颜色的点和线以及线型和视觉角度等。

**4．扩展功能完善**

MATLAB 拥有功能强大、内容丰富的函数库，例如基本的初等函数、插值、微分方程数值求解、函数求极值、数据分析、傅里叶变换等，这些函数可以直接调用。随着版本的提高，MATLAB 的功能也随之扩展，MathWorks 公司推出了 30 多个具有专门功能的工具箱，例如自动控制、信号处理、小波分析，通信、图像处理、模糊逻辑、神经网络等领域，这些工具箱不仅可以链装，而且也可以自行修改。库函数与用户 M 文件的形式相同，因此用户可以自由地进行二次开发，根据自己的需求任意地扩展函数库。

**5. 在线帮助系统**

MATLAB 软件为了方便用户的学习和使用，提供了丰富的帮助系统，如表 1-1 所示。

**表 1-1　MATLAB 常用的帮助命令**

| 命　　令 | 含　　义 |
| --- | --- |
| demo | 运行演示程序 |
| dir | 显示目录内容 |
| help | 在线帮助 |
| helpwin | 在线帮助窗口 |
| helpdesk | 在线帮助工作台 |
| intro | MATLAB 功能介绍 |
| info | 有关 MATLAB 语言及其公司信息 |
| info+工具箱路径名 | 阅读该工具箱的 Readme 文件 |
| lookfor | 在 help 里搜索关键字 |
| what | 显示指定的 MATLAB 文件 |
| which | 定位函数或文件 |
| who | 显示当前变量 |
| whos | 显示当前变量的详细信息 |

在表 1-1 中所介绍的 MATLAB 常用系统命令中，help 和 lookfor 命令是获得在线帮助的最简单、最快捷的途径，也是新老用户最常使用的指令，下面分别对 help 和 lookfor 命令举例说明。

**【例 1-1】** 在 MATLAB 命令窗口输入 help lookfor，命令窗口给出如下提示：

```
>> help lookfor
 lookfor Search all M-files for keyword.
    lookfor XYZ looks for the string XYZ in the first comment line
    (the H1 line) of the HELP text in all M-files found on MATLABPATH
    (including private directories).   For all files in which a
    match occurs, lookfor displays the H1 line.

    For example, "lookfor inverse" finds at least a dozen matches,
    including the H1 lines containing "inverse hyperbolic cosine"
    "two-dimensional inverse FFT", and "pseudoinverse".
    Contrast this with "which inverse" or "what inverse", which run
    more quickly, but which probably fail to find anything because
    MATLAB does not ordinarily have a function "inverse".

    lookfor XYZ -all    searches the entire first comment block of
```

```
each M-file.

In summary, WHAT lists the functions in a given directory,
WHICH finds the directory containing a given function or file, and
lookfor finds all functions in all directories that might have
something to do with a given key word.

See also dir, help, who, what, which.

Reference page in Help browser
   doc lookfor
```

【例 1-2】 在 MATLAB 命令窗口输入 lookfor lookfor，命令窗口给出如下提示：

```
>> lookfor lookfor
lookfor                                   - Search all M-files for keyword.
```

用户还可以利用 HTML 方式查询到更为详细的参考资料，而且 MathWorks 公司的网站资源也非常丰富，可以上网获取常见问题、产品指南以及相关代码和参考书籍等帮助信息。用户要了解这方面的内容，可以到 MathWorks 公司的网站上查找，其网站地址如下：

MATLAB 官方网站：http://www.mathworks.com

MATLAB 中国：http://www.mathworks.cn/

### 1.1.3 MATLAB 的工具箱简介

把解决一类问题的函数放在一起，就构成了一个工具箱（ToolBox）。MATLAB 提供了功能强大的工具箱，针对不同领域的科学问题有对应的工具箱可供选择。常见的 MATLAB 工具箱如表 1-2 所示。

表 1-2 常见的 MATLAB 工具箱

| 类　别 | 工具箱中英文对照 |
| --- | --- |
| 应用数学类 | Partial Differential Equation Toolbox（偏微分方程工具箱） |
| | Optimization Toolbox（最优化工具箱） |
| | Spline Toolbox（插值运算工具箱） |
| | Statistics Toolbox（数理统计工具箱） |
| 信号处理类 | Signal Processing Toolbox（信号处理工具箱） |
| | Communication Toolbox（通信工具箱） |
| | Filter Design Toolbox（滤波设计工具箱） |
| | Wavelet Toolbox（小波分析工具箱） |
| 控制类 | Control Systems Toolbox（控制系统工具箱） |
| | Robust Control Toolbox（鲁棒控制工具箱） |
| | Fuzzy Logic Toolbox（模糊控制工具箱） |
| | Neural Network Toolbox（神经网络工具箱） |
| | System Identification Toolbox（系统辨识工具箱） |
| | Model Predictive Control Toolbox（模型预测控制工具箱） |

（续）

| 类　别 | 工具箱中英文对照 |
| --- | --- |
| 其他常用类 | Matlab Main Toolbox（MATLAB 主工具箱） |
| | Virtual Reality Toolbox（虚拟现实工具箱） |
| | Genetic Algorithm and Direct Search Toolbox（遗传算法和直接搜索工具箱） |
| | Symbolic Math Toolbox（符号数学工具箱） |
| | Bioinformatics Toolbox（生物信息工具箱） |

MathWorks 公司每年都会增设一些新的工具箱，其中大部分是免费的，用户可以通过 MathWorks 公司的官方网站了解和下载这些最新信息。

尽管运用 MATLAB 工具箱来解决某一类专业问题，会起到事半功倍的作用，但其需要较强的专业知识，需要了解被应用工具箱所采用的算法和函数意义，才能灵活使用工具箱，让工具箱为自己服务。但是工具箱中的函数都是采用 MATLAB 高级语言和 M 文件编写的，除了内部函数以外，其他源文件都是可读可改的，因此用户可以在源文件的基础上进行修改或加入自己编写的文件组成新的工具箱，即所谓的“二次开发”。广义上讲，任何一个用户都可以是工具箱的设计者，即可以将一组函数放入某一个目录中，构成一个新的工具箱，每个工具箱目录里都应该含有一个 contents.m 文件，用来描述工具箱中函数组的名称与功能。

**【例 1-3】** 如果想了解某一工具箱里某个函数的名称和意义，可以使用 type contents 或者 type contents.m 命令。

每次启动 MATLAB 之后，默认的 Current Folder（当前目录）为“C:\Program Files\MATLAB2012a\bin”，而 MATLAB 的常用命令保存在“C:\Program Files\MATLAB2012a\toolbox\matlab\general”目录下，将当前目录修改成 general 目录，然后在命令窗口中输入 type contents.m 命令，会显示如下信息：

```
>> type contents.m

% General purpose commands.
% MATLAB Version 7.14 (R2012a) 29-Dec-2011
%
% General information.
%   syntax          - Help on MATLAB command syntax.
%   demo            - Run demonstrations.
%   ver             - MATLAB, Simulink and toolbox version information.
%   version         - MATLAB version information.
%   verLessThan     - Compare version of toolbox to specified version string.
%   logo            - Plot the L-shaped membrane logo with MATLAB lighting.
%   membrane        - Generates the MATLAB logo.
%   bench           - MATLAB Benchmark.
%
% Managing the workspace.
%   who             - List current variables.
%   whos            - List current variables, long form.
%   clear           - Clear variables and functions from memory.
%   onCleanup       - Specify cleanup work to be done on function completion.
```

```
%    pack          - Consolidate workspace memory.
%    load          - Load workspace variables from disk.
%    save          - Save workspace variables to disk.
%    saveas        - Save Figure or model to desired output format.
%    memory        - Help for memory limitations.
%    recycle       - Set option to move deleted files to recycle folder.
%    quit          - Quit MATLAB session.
%    exit          - Exit from MATLAB.
%
% Managing commands and functions.
%    what          - List MATLAB-specific files in directory.
%    type          - Display MATLAB program file.
%    open          - Open files by extension.
%    which         - Locate functions and files.
%    pcode         - Create pre-parsed pseudo-code file (P-file).
%    mex           - Compile MEX-function.
%    inmem         - List functions in memory.
%    namelengthmax - Maximum length of MATLAB function or variable name.
%
% Managing the search path.
%    path          - Get/set search path.
%    addpath       - Add directory to search path.
%    rmpath        - Remove directory from search path.
%    rehash        - Refresh function and file system caches.
%    import        - Import packages into the current scope.
%    finfo         - Identify file type against standard file handlers on path.
%    genpath       - Generate recursive toolbox path.
%    savepath      - Save the current MATLAB path in the pathdef.m file.
%
% Managing the java search path.
%    javaaddpath   - Add directories to the dynamic java path.
%    javaclasspath - Get and set java path.
%    javarmpath    - Remove directory from dynamic java path.
%
% Controlling the command window.
%    echo          - Display statements during function execution.
%    more          - Control paged output in command window.
%    diary         - Save text of MATLAB session.
%    format        - Set output format.
%    beep          - Produce beep sound.
%    desktop       - Start and query the MATLAB Desktop.
%    preferences   - Bring up MATLAB user settable preferences dialog.
%
% Operating system commands.
%    cd            - Change current working directory.
%    copyfile      - Copy file or directory.
```

```
%    movefile         - Move file or directory.
%    delete           - Delete file or graphics object.
%    pwd              - Show (print) current working directory.
%    dir              - List directory.
%    ls               - List directory.
%    fileattrib       - Set or get attributes of files and directories.
%    isdir            - True if argument is a directory.
%    mkdir            - Make new directory.
%    rmdir            - Remove directory.
%    getenv           - Get environment variable.
%    !                - Execute operating system command (see PUNCT).
%    dos              - Execute DOS command and return result.
%    unix             - Execute UNIX command and return result.
%    system           - Execute system command and return result.
%    perl             - Execute Perl command and return the result.
%    computer         - Computer type.
%    isunix           - True for the UNIX version of MATLAB.
%    ispc             - True for the PC (Windows) version of MATLAB.
%
% Debugging.
%    debug            - List debugging commands.
%
% Tools to locate dependent functions of a program file.
%    depfun           - Locate dependent functions of program file.
%    depdir           - Locate dependent directories of program file.
%
% Loading and calling shared libraries.
%    calllib          - Call a function in an external library.
%    libpointer       - Creates a pointer object for use with external libraries.
%    libstruct        - Creates a structure pointer for use with external libraries.
%    libisloaded      - True if the specified shared library is loaded.
%    loadlibrary      - Load a shared library into MATLAB.
%    libfunctions     - Return information on functions in an external library.
%    libfunctionsview - View the functions in an external library.
%    unloadlibrary    - Unload a shared library loaded with LOADLIBRARY.
%    java             - Using Java from within MATLAB.
%    usejava          - True if the specified Java feature is supported in MATLAB.
%
% See also LANG, DATATYPES, IOFUN, GRAPHICS, OPS, STRFUN, TIMEFUN,
% MATFUN, DEMOS, GRAPHICS, DATAFUN, UITOOLS, DOC, PUNCT, ARITH.

% Controlling multithreading setting.
%    maxNumCompThreads - Controls the maximum number of computational threads.

%    Copyright 1984-2011 The MathWorks, Inc.
%    Generated from Contents.m_template revision 1.1.6.13   $Date: 2010/06/15 01:38:28 $
```

显示信息中，第一行为工具箱的名称，第二行为 MATLAB 的版本信息和发布时间，中间部分为该工具箱中每个函数的名称和功能，最后两行为版权与修改时间等信息。

## 1.2 系统建模与仿真基础

仿真是模拟实际系统行为的一类方法和应用手段，是利用模型来研究实际系统中发生的本质过程，并通过对模型的分析来研究实际存在的系统或设计中的系统，又称为模拟实验。

### 1.2.1 系统建模的方法

对于某些系统，可以直接对实际的系统进行实验研究。例如，要检验提高地铁自动检票机的使用率能否提高检票的速度，可以要求乘客使用自动检票机，并以此统计出数据。这种实验研究方法如果可以保证系统其他方面不发生显著变化，就可以得到正确无误的结果，而且不必担心模仿的真实性。但在许多方面，直接对实际系统进行实验研究是相当困难的或者无法实现的。例如，若要验证关闭某地区一家银行支行的可行性，不能真的关闭这家支行。这种情况下，只能通过建立一个银行系统的网点分布模型来进行相关的研究工作。

模型可以分为物理模型和数学模型两大类，物理模型是将实际系统按照一定比例微缩制作出来便于分析的小规模系统，也就是实际系统的微缩版，例如，利用飞机模型进行风洞实验；数学模型是将实际系统归结成的一套反映其内部因素数量关系的数学公式、逻辑准则和具体算法，用以描述和研究客观现象的运动规律。仿真模型可分为物理模型和数学模型两大类，本书只讨论适合计算机仿真的数学模型和相关的仿真分析方法。

### 1.2.2 仿真的基本概念

仿真的英文名称是 Simulation，是指利用模型复现实际系统中发生的本质过程，并通过对系统模型的实验来研究实际存在的或设计中的系统，又称模拟。这里所指的系统很广泛，不仅包括电气、机械、化工、水力、热力等系统，也包括社会、经济、生态、管理等系统。当所研究的系统造价昂贵、实验的危险性大或需要很长的时间才能了解系统参数变化所引起的后果时，仿真是一种特别有效的研究手段。仿真的重要工具是计算机及相关仿真软件，仿真与数值计算、求解方法的区别在于它是一种实验技术。

### 1.2.3 建模与仿真的基本步骤

建模与仿真分析所涉及的领域非常广泛，不存在一个通用的方法，但可以根据各种仿真分析的方法，总结出一个基本步骤，如图 1-1 所示。

1）实际系统分析：不论系统是已有的，还是待建的，在分析研究之前都需要对系统加以实地考察，对系统的运行有一个直观和明确的了解，清楚系统是如何工作的。

2）建立数学模型：分析总结实际系统的运行规律，抓住其本质因素，忽略次要因素，建立一套反映其内部各因素数量关系的数学公式和逻辑准则，以便利用数学的概念、方法和理论进行深入的分析和研究，从而从定性或定量的角度来刻画实际问题，并为解决现实问题提供精确的数据或可靠的指导。

另外在建立数学模型时，还需要确定系统的输入参数、输出参数和反应系统当前状态的状态变量。

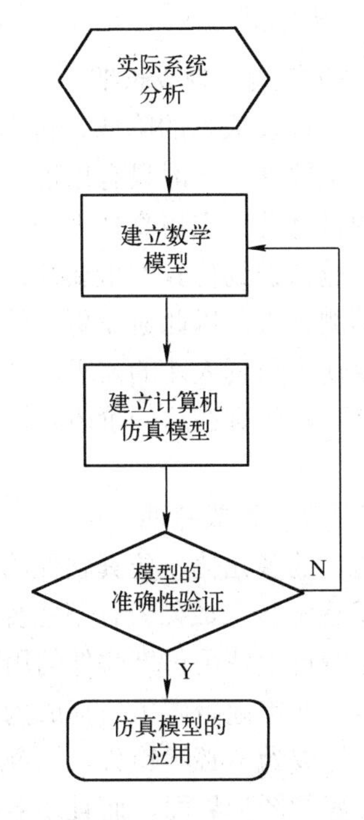


图 1-1 建模与仿真的一般步骤

3）建立计算机仿真模型：将已经建立好的数学模型转换成适合计算机处理的仿真模型，如用计算机语言编写源代码、用 Simulink 建立系统框图等。

4）验证模型：根据已有的实验数据、经验和常识性知识，判断仿真的结果是否正确，进而判断仿真模型和数学模型是否正确。

5）仿真模型的应用：根据所要研究的问题，修改模型的输入参数和状态变量，研究模型在不同参数下的输出，确定一个最佳方案。

通过实验可观察系统模型各变量的变化过程，为了寻求系统的最优结构和参数，常常要在仿真模型上进行多次实验。在系统的设计阶段，人们大多利用计算机进行数学仿真实验，因为修改、变换模型比较方便和经济。

### 1.2.4 建模与仿真的发展阶段

仿真技术作为信息时代的一门新型科研方法，其技术已经广泛应用于许多领域，例如，国防、能源、电力、交通、物流、教育、航天航空、工业制造、生物医学、医疗、石油化工、船舶、汽车、电子产品、虚拟仪器、农业、体育、娱乐、社会经济运行、环境及安全科学等，主要应用于各领域产品的研究、设计、开发、测试、生产、培训、使用、维护等各环节。随着计算机和仿真技术的发展，仿真技术大体上经历了三个发展阶段。

第一阶段，20 世纪 50 年代末到 60 年代，为诞生期。

根据有关文献资料显示，由于当时计算机的应用还不普及，仿真是一个投资大的工程，而且需要较强的专业人士，一般只有在大型企业（主要是钢铁和航空行业）进行大量投资时才会被采用，当时主要利用 FORTRAN 等计算机程序设计语言建立较大的仿真模型，通过计算机进行仿真模拟。

第二阶段，20 世纪 70 年代到 80 年代，为成长期。

随着计算机的运行速度越来越快以及成本的降低，仿真技术开始逐渐走入许多行业中。当时企业还没有足够认识到仿真的重要性，一般只有出现了重大问题时，才会考虑使用仿真寻找问题的所在，而不是在投入项目之前使用仿真技术分析预期的疑问。随着工业企业的发展以及一些项目的失利，人们越来越认识到仿真的重要性，工业企业也愿意在项目实施之前投入一定的资金对整个项目进行预测分析，以此避免更大的损失，这样也就推进了仿真技术的发展。由于工业企业的重视，促使了仿真人才的需求，从而有更多的学者和研究人员投入到仿真技术的学习和研究方面。然而，仿真在这一阶段还没有真正的普及，很多小企业几乎很少使用。

第三阶段，20 世纪 90 年代初至今，为成熟期。

随着计算机的普及化、程序语言的多元化、仿真软件的简洁化，许多小型企业有了使用仿真技术的能力，促使了仿真技术逐渐步入成熟。计算机操作系统 Windows 界面的出现，实现了仿真软件更强的易用性，这对首次使用仿真软件的用户及其重要。然而，建立仿真模型仍需要大量的时间和较高的技能，严重地阻碍了仿真成为更广泛、全方位的应用工具。有需必有供，仿真技术向前的发展已经成为了必然趋势。如今，以 MATLAB 为代表的计算机仿真软件不仅为用户提供了十分友好的图形界面，而且还专门根据相应行业的具体环境设计开发了建模所需的组件和模块，使设计分析人员能够较容易地建立仿真模型。

## 1.3 习题

1. 简述 MATLAB 的发展历程。
2. 简述 MATLAB 的功能特点。
3. 简述 MATLAB 的典型应用领域和所能完成的工作。
4. 对系统进行建模和仿真的目的是什么？其基本步骤是什么？

# 第 2 章　MATLAB 的使用基础

**本章要点**

- MATLAB 软件的安装
- MATLAB 的集成开发环境

MATLAB 软件为用户提供了窗口化的集成开发环境，熟悉 Windows 的用户都会很容易上手，掌握软件的开发环境可以为后续章节的学习打下良好的基础。本章主要介绍 MATLAB 软件的安装方法、启动方法、软件设置、命令窗口、历史命令窗口、工作空间、工具栏以及在线帮助等功能。

## 2.1　MATLAB 的安装

目前 MathWorks 可以提供多种版本的 MATLAB 供用户选择。本书以最常见的 Windows 版本的 MATALB 2012a 为例，介绍在个人电脑上安装 MATLAB 的步骤。安装之前需要确认已经获得 MathWorks 公司提供的“File Installation Key”（文件安装密钥）和“license.dat”（安装许可证文件）。

将 MATLAB 的安装光盘放入光驱，安装程序将自动运行，或者手动打开光驱，双击“setup.exe”图标，运行安装程序，安装程序界面如图 2-1 所示。

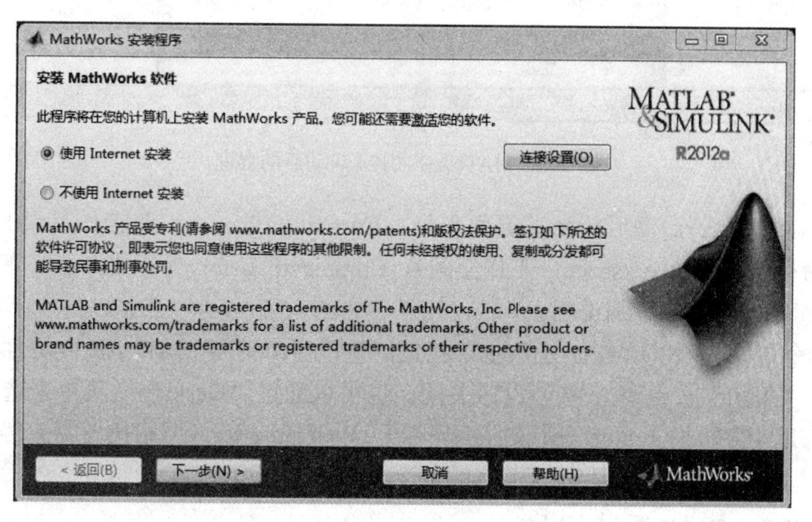


图 2-1　MATLAB 安装程序界面

选择“不使用 Internet 安装”单选按钮，单击“下一步”按钮，然后按安装程序的提示进行操作即可，直至安装完成。

## 2.2 MATLAB 的启动

成功安装 MATLAB 2012a 后，可能在桌面和“开始”菜单中都找不到任何有关 MATLAB 的启动方式，需要在安装目录（如：“D:\Program Files\Matlab2012a\bin”）下找到 MATLAB 的启动程序“matlab.exe”，双击执行；或者按住鼠标右键将其“拖动”到桌面，放开右键，从弹出的快捷菜单中选择“在当前位置创建快捷方式”命令，即可在桌面上创建 MATLAB 的图标。启动后的 MATLAB 如图 2-2 所示。

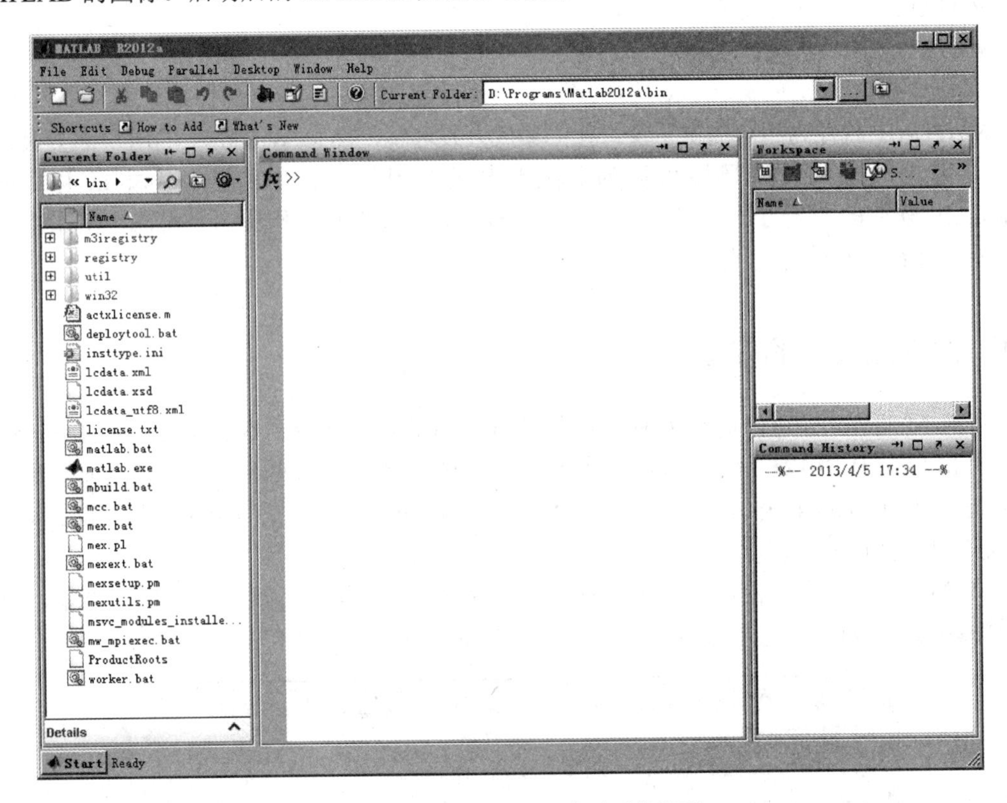


图 2-2 MATLAB 2012a 启动后的界面

MATLAB 2012a 启动后的默认界面包括：Current Folder（当前工作目录）、Command Window（命令窗口）、Workspace（工作空间）、Command History（历史命令）等几个窗口，各窗口功能将在 2.4 节中详细说明。

对于每个窗口，可以单击右上角的按钮，使该窗口脱离 MATLAB 主界面窗口而独立出来；单击“关闭”按钮，将该窗口关闭；也可以通过“Desktop”菜单来选择显示哪些窗口，如 Help（帮助）、Editor（M 文件编辑器）、Web Browser（网络浏览器）等。

## 2.3 MATLAB 的系统设置

选择“File”→“Preferences”命令，弹出“Preferences”（参数设置）对话框，如图 2-3 所示。

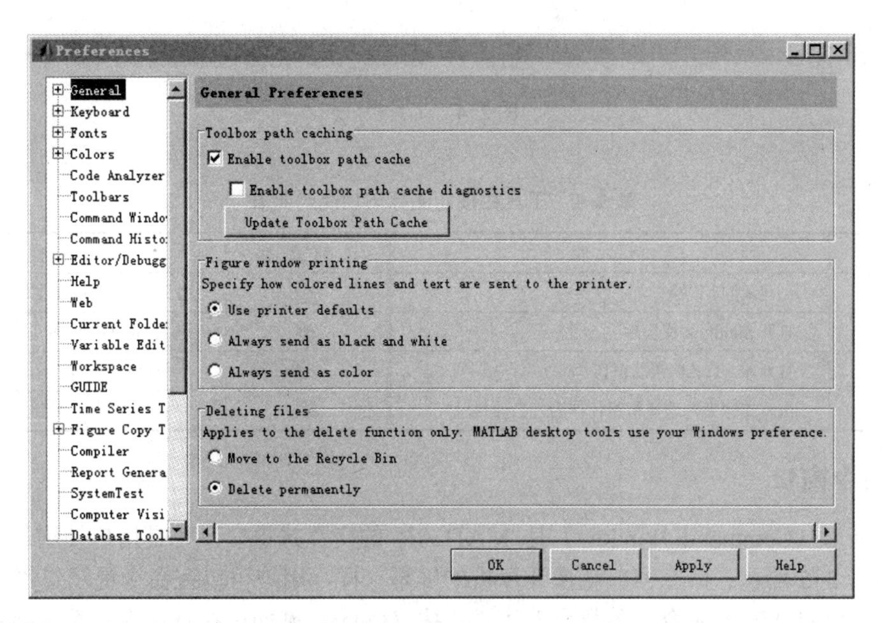


图 2-3 “Preferences”对话框

MATLAB 的通用参数和各功能窗口的参数都可以通过“Preferences”对话框设置，这里先介绍 General（通用参数）的设置。

1）“Toolbox path caching”（工具箱缓冲区）：对于远程使用 MATLAB 的用户，应选择“Enable toolbox path cache”（打开工具箱缓冲区）单选按钮，建立一个高速缓冲区，以提高远程的访问速度。对于本地用户，该选项的作用不大。

2）Figure window printing（图形窗口打印）：有 3 个选项，分别为“Use printer defaults”（打印机默认设置输出）、“Always send as black and white”（总是按黑白输出）、“Always send as color”（总是按彩色输出）。

在窗口左侧的树形结构中，选择“Fonts”项，可以设置字体和大小；选择“Colors”项，可以设置 Keywords（关键词）、Comment（注释）、String（字符串）、System commands（系统命令）、Syntax errors（语法错误）等的颜色。

## 2.4 MATLAB 的集成开发环境

MATLAB 的集成开发环境包括主窗口、命令窗口、历史命令窗口、工作空间等部分。主窗口中不仅嵌入了一些子窗口，还包括菜单栏和工具栏等公用的部分，用户可以使用“File”菜单下的“New”命令创建新的 MATLAB 文件，使用“Open”命令打开已有的 MATLAB 文件，使用“Inport Data”命令导入外部数据，使用“Save Workspace As”命令将工作空间中的变量保存成*.mat 文件，使用“Print”命令打印工作区间等。

### 2.4.1 工具栏

MATLAB 为用户提供了一些常用菜单命令的快捷按钮，即位于主窗口上方的一排小图标，如图 2-4 所示。工具栏中各按钮的功能如表 2-1 所示。

Current Folder: D:\Programs\Matlab2012a\bin

图 2-4　工具栏

**表 2-1　工具栏按钮图标与功能对照表**

| 按钮图标 | 功　能 | 按钮图标 | 功　能 |
| --- | --- | --- | --- |
|  | 创建新的 M 文件 |  | 打开已存在的 M 文件 |
|  | 打开 Simulink 模块库 |  | 进入 GUIDE 界面 |
|  | 打开 MATLAB 帮助窗口 | Current Folder: | 当前目录 |
|  | 浏览文件夹，选择新路径作为“当前目录” |  | “当前目录”返回到上一级目录 |

## 2.4.2　命令窗口

命令窗口（Command Window）是 MATLAB 的交互式窗口，也是用户使用最多的窗口之一，如图 2-5 所示。命令窗口就像计算机的屏幕一样，用户可以在命令提示符“>>”后面直接输入 MATLAB 的命令、函数或表达式，按〈Enter〉键即可执行命令，系统会将计算结果或反馈信息显示在命令窗口中。

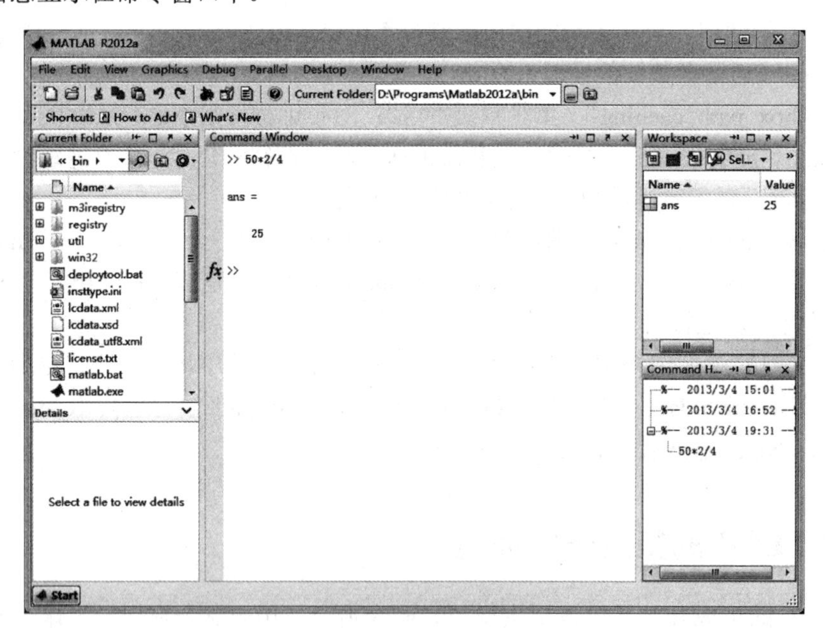


图 2-5　命令窗口

【例 2-1】 利用命令窗口计算 50*2/4 的值。

在命令窗口中直接输入 50*2/4，并按〈Enter〉键，显示信息如下：

```
>> 50*2/4

ans =

    25
```

输出的“ans”为系统预定义的临时变量，代表未定义变量名的计算输出结果。

### 2.4.3 历史命令窗口

为了方便用户查看以前执行过的命令，或者重复执行以前的某条命令，而不必重新输入，MATLAB 提供了一个 Command History（历史命令）窗口，如图 2-5 右下角的“Command History”小窗口所示。

历史命令窗口不仅记录了执行过的命令，还注明了执行的时间，用户可以随时翻看历史记录，双击某条“历史命令”就可以重复执行该命令，提高了工作效率。

用户可以通过选择“Edit”菜单下的“Clear Command History”命令来清除历史记录。也可以在某条历史命令上右击，在弹出的快捷菜单中选择“Evaluate Selection”（运行所选历史命令）、“Create Script”（创建 M 文件）、“Delete Selection”（删除所选历史命令）、“Clear Command History”（清除历史命令）等操作。

### 2.4.4 工作空间

Workspace（工作空间）窗口是 MATLAB 软件的一个变量管理中心，用于存储变量名和数值，如图 2-5 右上角的“Workspace”小窗口所示。用户可以双击某变量名，将弹出 Variable Editor（变量编辑器）窗口，如图 2-6 所示，用户可以方便地修改变量的格式、尺寸和数值，另外 MATLAB 使用不同的图标来表示不同的数据类型，如“”表示矩阵、“abc”表示字符数组等。

MATLAB 还对工作空间提供了丰富的命令管理方式，如在命令窗口中输入“who”命令，会列出当前工作空间的所有变量名；输入“whos”命令，会列出变量名、尺寸、所占内存字节数、数据类型等信息；输入“clear”命令，删除当前工作空间中的所有变量；输入“clc”，清空命令窗口，但不会删除工作空间中的变量。

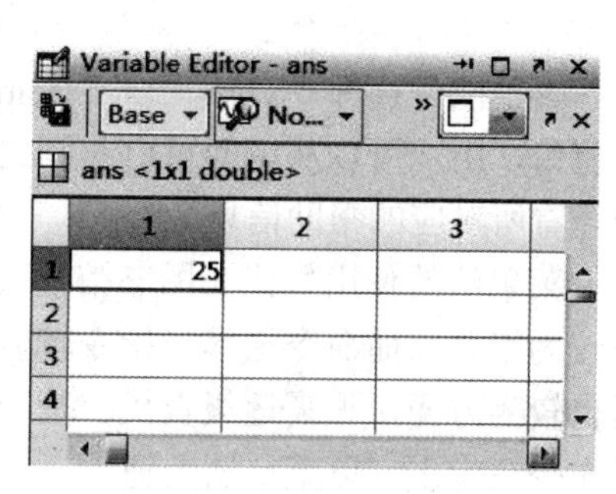


图 2-6 变量编辑器

需要注意的是，工作空间中的变量不会在关闭 MATLAB 软件后自动保存下来，如需保存数据，需要通过“File”→“Save Workspace”命令将工作空间中的变量以“*.mat”文件保存下来。

## 2.5 MATLAB 的帮助系统

MATLAB 的内容丰富、功能强大，拥有大量的工具箱和函数，而且这些工具箱和函数还会随着软件版本的提升不断地更新和扩充，不论新老用户都很难记住所有的函数和工具箱的使用方法。为此，MathWorks 公司在 MATLAB 软件中提供了功能强大的在线帮助系统，如图 2-7 所示，熟悉 MATLAB 的在线帮助系统是快速掌握和精通 MATLAB 软件的重要途径和方法。

MATLAB 中常用的查询方法主要有两种：命令法和菜单法。命令法是在命令窗口中输入查询帮助命令，如“help 函数名”、“lookfor 函数名”，即可查找所需了解的函数或工具箱的信息，详细情况可以参照 1.1.2 节。

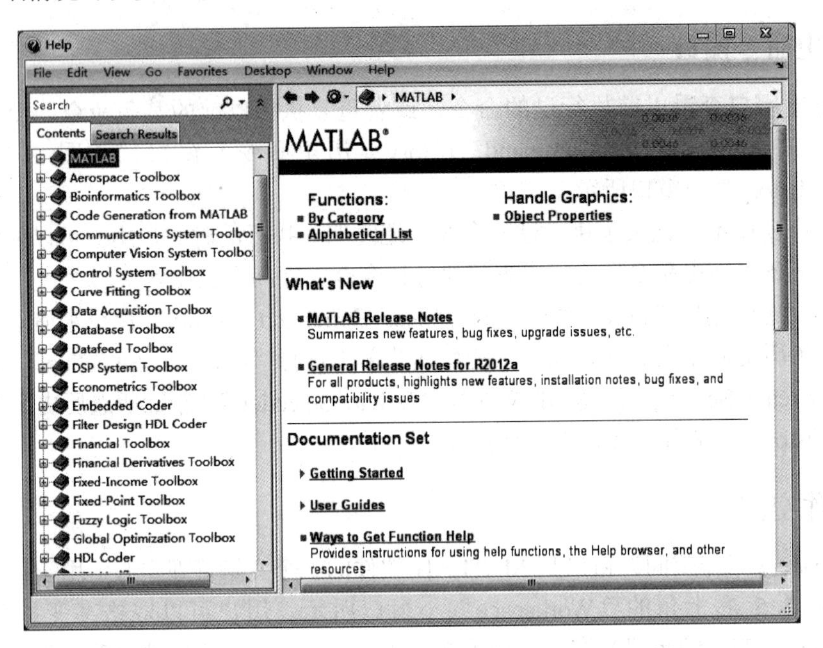


图 2-7　MATLAB 的帮助窗口

菜单法是选择“View”→“Help”命令，或者直接单击工具栏中的“ ”按钮，打开帮助窗口，用户可以从帮助窗口左侧的帮助导航选择帮助项目，从帮助窗口右侧的超文本浏览器查看所对应的帮助信息。

菜单法的使用好比在图书馆里查阅资料，需按内容分类逐级查找，尽管不需记住命令，但较为繁杂；而命令法尽管指令较多，但只需记住几个常用命令即可满足用户需要，而且使用也较为方便，无需逐级查找。基于以上特点，建议用户在使用 MATLAB 在线帮助时，应以命令法为主，以菜单法为辅。

## 2.6　习题

1. MATLAB 集成开发环境中有几个窗口？都有什么功能？
2. 熟悉 MATLAB 常用的系统命令，如 clc、clear、who、whos、help、lookfor 等。
3. 打开历史命令窗口，浏览使用过的命令，重复执行某一命令。

# 第3章　MATLAB的数值计算

**本章要点**

- MATLAB常用的数据类型
- 矩阵的运算
- 数组的运算
- 线性代数方程组的求解
- 微分方程初值问题的求解

MATLAB 作为一款世界领先的数学计算软件，在数值计算方面比其他计算机高级语言更加简捷、方便。因此，为了更好地使用 MATLAB 语言，本章介绍 MATLAB 常用数据类型、矩阵与数组的运算，并在线性代数方程组和微分方程初值问题的求解方面给出具体实例，以方便用户熟练地掌握MATLAB的数值计算方法。

## 3.1　MATLAB常用的数据类型

MATLAB 的数据主要包括数值、字符串、向量、矩阵等，而矩阵是 MATLAB 的基本运算单元。与 C 语言等其他高级程序设计语言不同，MATLAB 语言无须预先定义变量和数据类型，系统会自动根据新变量的第一条赋值语句来识别变量的数据类型。

在MATLAB中，变量名应遵循以下原则。

1）变量名必须以英文字母开头，之后可以是字母、数字或者下画线。

2）变量名不可以超过31个字符，超过的部分将被自动忽略。

3）变量名区分字母的大小写，即abc和ABC分别代表两个不同的变量。

### 3.1.1　简单数值计算

在 MATLAB 中进行简单的数值计算，只需在命令窗口中将表达式直接输入在提示符“>>”的后面，并按〈Enter〉键执行。

**【例3-1】** 计算$[4\times(5-1)+4]\div2^2$的值。

```
>> (4*(5-1)+4)/2^2;
>> (4*(5-1)+4)/2^2
ans =
      5
```

如果在命令行的末尾加分号“;”，则执行该命令后，计算结果不会显示在命令窗口中，但该结果已经保存到内存，用户可以到“工作空间”中查询。“ans”是 MATLAB 系统中的临时变量，代表未定义变量名的计算输出结果。也可以将计算结果赋值给一个变量，将中间结果保存起来，以便在后续的计算使用。

【例 3-2】 计算 $a=[4\times(5-1)+4]\div 2^2$， $b=3$， $x=a/b$ 的值，保留到小数点后 14 位。

```
>> a=(4*(5-1)+4)/2^2;
>> b=3;
>> x=a/b
x =
      1.6667
>> format long
>> x
x =
    1.666666666666667
```

在 MATLAB 中，数据的存储和运算都是以双精度进行的，但是可以有多种显示形式。默认情况下，若数据为整数，则以整数形式显示；若数据为实数，则四舍五入后保留到小数点后 4 位。用户可以使用 Format 命令控制命令窗口中数值显示的格式，如表 3-1 所示。

**表 3-1　数值的显示格式**

| 命　令 | 含　义 |
| --- | --- |
| Format bank | 银行格式，保留 2 位小数 |
| Format short | 短格式，4 位 |
| Format short e | 短格式，科学计数法，4 位 |
| Format short g | 短格式，自动，4 位 |
| Format long | 长格式，14 位 |
| Format long e | 长格式，科学计数法，14 位 |
| Format long g | 长格式，自动，14 位 |
| Format hex | 16 进制 |
| Format rat | 分数 |

### 3.1.2　常量

MATLAB 系统预先定义了一些特殊的变量，每次启动软件这些变量都会存在，且总是代表着固定的数值，称为常量，如表 3-2 所示。为了不引起混乱，通常不需要再给这类变量赋予其他的数值。

**表 3-2　常用的常量及其含义**

| 常　量　名 | 含　义 |
| --- | --- |
| ans | 临时变量名，代表未定义变量名的运算输出结果 |
| pi | 圆周率，3.1415926…… |
| inf 或 INF | 无穷大，如 1/0 |
| nan | 代表不定值，如 0/0，0*∞，∞/∞ |
| i，j | 虚数单位 |
| realmax | 最大正实数 |
| realmix | 最小正实数 |

### 3.1.3 向量

在 MATLAB 中，向量的书写格式应满足以下几点规定。

1）向量的所有元素必须都包含在方括号“[ ]”内。

2）建立行向量时，元素之间需要用空格或者逗号“,”分隔。

3）建立列向量时，行与行之间需要用分号“;”或者“回车”分隔。

另外，对元素有规律排列的向量，MATLAB 还提供了一种简单快捷的书写方式：

```
Vector =InitiaValue :Increment : FinalValue
```

向量中元素的初始值、增量、终止值之间用冒号分隔，其中增量可以省略，默认值为 1。

**【例 3-3】** 创建行简单的行向量和列相量。

```
>> A=[1 3 5]
A =
     1     3     5
>> B=[2;4;6]
B =
     2
     4
     6
>> t=1:10
t =
     1     2     3     4     5     6     7     8     9    10
>> t2=1:2:10
t2 =
     1     3     5     7     9
```

**【例 3-4】** 创建 $0\sim2\pi$ 之间，以 $\pi/4$ 为间隔的正弦函数矩阵。

```
>> x=0:pi/4:2*pi;
>> y=sin(x)
y =
  Columns 1 through 5
          0    0.7071    1.0000    0.7071    0.0000
  Columns 6 through 9
   -0.7071   -1.0000   -0.7071   -0.0000
```

### 3.1.4 矩阵

矩阵是 MATLAB 中最基本的数据类型和运算单元，数值可以看做是一行一列的矩阵，向量可以看做是只有一行或一列的矩阵。在 MATLAB 中，矩阵的书写格式和四则运算法则和线性代数中有关矩阵的规定几乎完全相同，下面分别介绍矩阵的创建和矩阵元素的访问、矩阵的四则运算和有关函数运算等。

**1. 矩阵的创建**

创建矩阵的方法有：在命令窗口直接输入矩阵元素，利用现有矩阵通过四则运算生成新矩阵、使用函数生成特殊矩阵、利用 M 文件产生矩阵等。在 MATLAB 中，矩阵的书写格式应满足以下几点规定。

1）矩阵的所有元素必须都包含在方括号“[ ]”内。

2）矩阵的同行元素之间需要用空格或者逗号“，”分隔。

3）矩阵的行与行之间需要用分号“；”或者〈Enter〉键分隔。

4）矩阵的大小不需要预先定义。

5）矩阵的元素可以是运算表达式。

**【例 3-5】** 通过在命令窗口直接输入矩阵元素的方法创建简单矩阵。

```
>> x=[1 3 5; 2 4 6]
x =
        1      3      5
        2      4      6
>> y=[1,3,5;2,4,6]
y =
        1      3      5
        2      4      6
>> z=[x;7 8 9]
z =
        1      3      5
        2      4      6
        7      8      9
```

线性代数中经常会用到较为特殊的矩阵，比如对角矩阵、单位矩阵、元素全为 1 的矩阵、随机矩阵等。为了提高编程运算效率，MATLAB 针对这些特殊矩阵提供了函数，如表 3-3 所示，详细使用方法也通过 MATLAB 帮助系统查询获得。

**表 3-3　MATLAB 常用生成特殊矩阵的函数**

| 函　数 | 含　义 |
| --- | --- |
| zeros() | 生成元素全为 0 的矩阵 |
| ones() | 生成元素全为 1 的矩阵 |
| eye() | 生成单位矩阵 |
| magic() | 生成魔方矩阵（即行列和值相等的方阵） |
| rand() | 生成随机元素矩阵 |
| company() | 生成伴随矩阵 |
| diag() | 生成对角矩阵 |
| trid() | 生成上三角矩阵 |
| tril() | 生成下三角矩阵 |

**【例 3-6】** 使用函数创建特殊矩阵。

```
>> i=3;
>> j=4;
>> zeros(i, j)
ans =
        0      0      0      0
```

```
        0     0     0     0
        0     0     0     0
>> ones(i, j)
ans =
        1     1     1     1
        1     1     1     1
        1     1     1     1
>> eye(i)
ans =
        1     0     0
        0     1     0
        0     0     1
>> rand(i)
ans =
    0.7922    0.0357    0.6787
    0.9595    0.8491    0.7577
    0.6557    0.9340    0.7431
>> magic(i)
ans =
        8     1     6
        3     5     7
        4     9     2
```

**2．矩阵元素的访问**

矩阵元素的访问主要有 4 种形式：访问单个元素、访问整行的元素、访问整列的元素、访问整块矩阵的元素，下面以一个简单的示例具体讲解这 4 种形式。

**【例 3-7】** 矩阵元素的访问举例。

```
>> C=[11, 12, 13, 14, 15;
      21, 22, 23, 24, 25;
      31, 32, 33, 34, 35;
      41, 42, 43, 44, 45]
C =
      11    12    13    14    15
      21    22    23    24    25
      31    32    33    34    35
      41    42    43    44    45
>> C(2, 3)
ans =
      23
>> C(2, :)
ans =
      21    22    23    24    25
>> C(:,3)
ans =
      13
      23
```

```
        33
        43
>> C(1:3, 4:5)
ans =
        14      15
        24      25
        34      35
```

从本例中可以看出，$C(i, j)$为访问矩阵 $C$ 的第 $i$ 行，第 $j$ 列的元素；$C(i, :)$为访问第 $i$ 行的所有元素；$C(:, j)$为访问第 $j$ 列的所有元素；$C(i1:i2, j1:j2)$为访问第 $i1$ 行到 $i2$ 行，第 $j1$ 列到 $j2$ 列的所有元素。

## 3.2 运算符

数值计算是对数据进行加工处理的过程，描述各种不同运算的符号称为运算符，而参与运算的数据称为操作数，MATLAB 中的运算符包括算术运算符、关系运算符和逻辑运算符 3 大类。

### 3.2.1 算术运算符

MATLAB 语言的算术运算符如表 3-4 所示。

**表 3-4　MATLAB 语言的算术运算符**

| 算术运算符 | 含　义 | 算术运算符 | 含　义 |
|---|---|---|---|
| + | 加 | .^ | 点乘方 |
| — | 减 | \ | 算术左除 |
| * | 乘 | .\ | 点左除 |
| .* | 点乘 | / | 算术右除 |
| ^ | 乘方 | ./ | 点右除 |

算术运算符中的加、减、乘、乘方运算与传统意义上的运算规则相同，用法也基本相同。而点乘、点乘方等点运算，是指元素点对点的运算，既矩阵内元素对元素之间的运算，要求参与运算的矩阵在结构上必须是相似的。

在 MATLAB 中，除法分为算术右除和算术左除，其中算术右除与传统的除法相同，即

$$a/b=\frac{a}{b}=a\div b$$

而算术左除与传统的除法相反，即

$$a\backslash b=\frac{b}{a}=b\div a$$

如果有线性方程组

$$\boldsymbol{A}x=\boldsymbol{B}\text{，}\quad x=\boldsymbol{A}\backslash\boldsymbol{B}$$

相当于用高斯消元法解线性方程或者用最小二乘法解欠定方程。

### 3.2.2 关系运算符

MATLAB 语言的关系运算符如表 3-5 所示。

**表 3-5 MATLAB 语言的关系运算符**

| 关系运算符 | 含　义 | 关系运算符 | 含　义 |
|---|---|---|---|
| == | 等于 | >= | 大于等于 |
| ~= | 不等于 | < | 小于 |
| > | 大于 | <= | 小于等于 |

关系运算符主要用于数与数、矩阵与数、矩阵与矩阵之间的比较，返回二者之间的关系，数“1”表示“真”(满足指定关系)，数“0”表示“假”(不满足指定关系)。

### 3.2.3 逻辑运算符

MATLAB 语言的逻辑运算符如表 3-6 所示。

**表 3-6 MATLAB 语言的逻辑运算符**

| 逻辑运算符 | 含　义 | 逻辑运算符 | 含　义 |
|---|---|---|---|
| & | 逻辑与 | ~ | 逻辑非 |
| \| | 逻辑或 | xor | 逻辑异或 |

MATLAB 语言进行逻辑判断时，所有非“0”数值都被认为是“逻辑真”，而“0”被认为是“逻辑假”。

## 3.3 数值运算

所谓矩阵运算，就是将矩阵看成一个整体，依照线性代数中的矩阵运算法则进行运算。而在 MATLAB 软件中，运算程序的编写格式与线性代数中矩阵的书写格式几乎完全相同，这也是 MATLAB 作为“矩阵实验室”的方便之处。

### 3.3.1 矩阵运算

**1．矩阵的四则运算**

矩阵的四则运算是指常见的加、减、乘、除、乘方等运算，按照线性代数中的基本运算规则进行。

1）两个矩阵进行加、减运算时，它们的行数和列数必须同等，即两个矩阵必须具有相同的阶数。

2）矩阵和一个常数进行加、减时，将对矩阵的每个元素与这个常数进行加、减运算。

3）两个矩阵相乘时，左边矩阵的列数需要与右边矩阵的行数相等。

4）方阵的 $n$ 次幂运算，当 $n$ 大于 0 时，输出的结果是 $n$ 个方阵相乘；当 $n$ 小于 0 时，输出的结果是 $n$ 个方阵相乘后的逆矩阵。

5）解矩阵方程 $\boldsymbol{A}x=\boldsymbol{B}$，可以采用左除法，即 $x=\boldsymbol{A}\backslash\boldsymbol{B}$，称为 $\boldsymbol{A}$ 左除 $\boldsymbol{B}$；解矩阵方程 $x\boldsymbol{A}=\boldsymbol{B}$，可以采用右除法，即 $x=\boldsymbol{B}/\boldsymbol{A}$，称为 $\boldsymbol{A}$ 右除 $\boldsymbol{B}$。

【例 3-8】 矩阵的四则运算举例。

```
>> A=[1, 2, 3; 4, 5, 6; 7, 8, 9]
A =
     1     2     3
     4     5     6
     7     8     9
>> B=[9, 8, 7; 6, 5, 4; 3, 2, 1]
B =
     9     8     7
     6     5     4
     3     2     1
>> A+B
ans =
    10    10    10
    10    10    10
    10    10    10
>> B-A
ans =
     8     6     4
     2     0    -2
    -4    -6    -8
>> A*B
ans =
    30    24    18
    84    69    54
   138   114    90
```

**2．矩阵函数运算**

MATLAB 中提供了大量的矩阵函数，包括求矩阵的特征值、奇异值、条件数、范数、矩阵的秩等，如表 3-7 所示。用户可以在命令窗口中输入“help matfun”或者“help + 矩阵函数名”，获得矩阵函数的意义及其使用方法。

**表 3-7　专用的矩阵函数**

| 函数名称 | 含　义 | 函数名称 | 含　义 |
|---|---|---|---|
| chol() | Cholesky 分解 | norm() | 矩阵的范数 |
| cond() | 矩阵的条件数 | normest() | 矩阵的 2-范数 |
| det() | 方阵对应行列式的值 | null() | 矩阵的零空间 |
| eig() | 矩阵的特征值和特征向量 | pinv() | 矩阵的伪逆 |
| expm() | 矩阵的指数 | poly() | 矩阵的特征多项式 |
| funm() | 矩阵的一般矩阵函数 | rank() | 矩阵的秩 |
| inv() | 矩阵的逆 | sqrtm() | 矩阵的平方根 |
| logm() | 矩阵的对数 | svd() | 矩阵的奇异值分解 |
| lu() | lu 分解 | trace() | 矩阵的迹 |

【例 3-9】 help matfun 示例。

```
>> help matfun
   Matrix functions - numerical linear algebra.
```

```
Matrix analysis.
  norm          - Matrix or vector norm.
  normest       - Estimate the matrix 2-norm.
  rank          - Matrix rank.
  det           - Determinant.
  trace         - Sum of diagonal elements.
  null          - Null space.
  orth          - Orthogonalization.
  rref          - Reduced row echelon form.
  subspace      - Angle between two subspaces.

Linear equations.
  / and /       - Linear equation solution; use "help slash".
  linsolve      - Linear equation solution with extra control.
  inv           - Matrix inverse.
  rcond         - LAPACK reciprocal condition estimator
  cond          - Condition number with respect to inversion.
  condest       - 1-norm condition number estimate.
  normest1      - 1-norm estimate.
  chol          - Cholesky factorization.
  ldl           - Block LDL' factorization.
  lu            - LU factorization.
  qr            - Orthogonal-triangular decomposition.
  pinv          - Pseudoinverse.
  lscov         - Least squares with known covariance.

Eigenvalues and singular values.
  eig           - Eigenvalues and eigenvectors.
  svd           - Singular value decomposition.
  gsvd          - Generalized singular value decomposition.
  eigs          - A few eigenvalues.
  svds          - A few singular values.
  poly          - Characteristic polynomial.
  polyeig       - Polynomial eigenvalue problem.
  condeig       - Condition number with respect to eigenvalues.
  hess          - Hessenberg form.
  schur         - Schur decomposition.
  qz            - QZ factorization for generalized eigenvalues.
  ordschur      - Reordering of eigenvalues in Schur decomposition.
  ordqz         - Reordering of eigenvalues in QZ factorization.
  ordeig        - Eigenvalues of quasitriangular matrices.

Matrix functions.
  expm          - Matrix exponential.
  logm          - Matrix logarithm.
  sqrtm         - Matrix square root.
  funm          - Evaluate general matrix function.
```

```
Factorization utilities
  qrdelete     - Delete a column or row from QR factorization.
  qrinsert     - Insert a column or row into QR factorization.
  rsf2csf      - Real block diagonal form to complex diagonal form.
  cdf2rdf      - Complex diagonal form to real block diagonal form.
  balance      - Diagonal scaling to improve eigenvalue accuracy.
  planerot     - Givens plane rotation.
  cholupdate   - rank 1 update to Cholesky factorization.
  qrupdate     - rank 1 update to QR factorization.
```

**【例 3-10】** 求矩阵的秩——rank 函数的用法。

```
>> help rank
 rank    Matrix rank.
    rank(A) provides an estimate of the number of linearly
    independent rows or columns of a matrix A.
    rank(A,tol) is the number of singular values of A
    that are larger than tol.
    rank(A) uses the default tol = max(size(A)) * eps(norm(A)).

    Class support for input A:
       float: double, single

    Overloaded methods:
       gf/rank
       xregdesign/rank

    Reference page in Help browser
       doc rank
```

**【例 3-11】** 求矩阵 $A$ 的特征向量、特征值和奇异值。

```
>> A=[1, 2, 3; 4, 5, 6; 7, 8, 9]
A =
     1     2     3
     4     5     6
     7     8     9
>> [x, y]=eig(A)
x =
   -0.2320   -0.7858    0.4082
   -0.5253   -0.0868   -0.8165
   -0.8187    0.6123    0.4082
y =
   16.1168         0         0
         0   -1.1168         0
         0         0   -0.0000
>> svd(A)
ans =
```

```
    16.8481
     1.0684
     0.0000
```

### 3.3.2 数组运算

在 MATLAB 语言中，数组与矩阵的表示方法相同，只是数组把矩阵中的元素看成是相互独立的数据，数组运算就是数组中对应元素的运算。

数组之间的加、减运算与矩阵没有区别，都是对应元素之间的加、减运算。但数组之间的乘、除法与矩阵略有不同，要求左右两个数组具有相同的阶数，运算符为“.*”（点乘）、“.\”（左点除）和“./”（右点除）。

**【例 3-12】** 数组的乘、除运算示例。

```
>> A=[1, 2, 3; 4, 5, 6; 7, 8, 9]
A =
     1     2     3
     4     5     6
     7     8     9
>> B=[9, 8, 7; 6, 5, 4; 3, 2, 1]
B =
     9     8     7
     6     5     4
     3     2     1
>> C=A.*B
C =
     9    16    21
    24    25    24
    21    16     9
>> D1=A.\B
D1 =
    9.0000    4.0000    2.3333
    1.5000    1.0000    0.6667
    0.4286    0.2500    0.1111
>> D2=A./B
D2 =
    0.1111    0.2500    0.4286
    0.6667    1.0000    1.5000
    2.3333    4.0000    9.0000
```

### 3.3.3 多项式运算

**1．创建多项式**

对于多项式 $P(x)=a_n x^n + a_{n-1}x^{n-1} + \cdots + a_2 x^2 + a_1 x + a_0$，可以用它的系数矢量

$$\boldsymbol{A}=[a_n, a_{n-1}, \cdots, a_2, a_1, a_0]$$

来唯一表示该多项式，即在 MATLAB 中，将多项式问题转化为了矢量问题，可以使用转换

函数 poly2sym 将多项式由系数矢量转换为符号形式。

【例 3-13】 创建多项式 $x^3+3x^2-2x+1$。

```
>> A=[1 3 -2 1];
>> poly2sym(A)
 ans =
 x^3 + 3*x^2 - 2*x + 1
```

**2. 多项式的计算**

【例 3-14】 求多项式 $x^3+3x^2-2x+1$ 在 2、4、5 点的值。

```
>> A=[1 3 -2 1];
>> polyval(A, [2, 4, 5])
ans =
    17    105    191
```

**3. 多项式的求根**

【例 3-15】 求多项式 $x^3+3x^2-2x+1=0$ 的根。

```
>> A=[1 3 -2 1];
>> r=roots(A)
r =
  -3.6274
   0.3137 + 0.4211i
   0.3137 - 0.4211i
```

## 3.4 常用运算函数一览

前面已经给出了一些运算函数和相应的示例，为了便于用户快速掌握 MATLAB 的数值计算，现给出 MATLAB 的基本数学函数和常用运算函数，如表 3-8 和表 3-9 所示。

**表 3-8 基本数学函数**

| 三角函数 | | | | | | | |
|---|---|---|---|---|---|---|---|
| sin | 正弦 | cos | 余弦 | tan | 正切 | cot | 余切 |
| asin | 反正弦 | acos | 反余弦 | atan | 反正切 | acot | 反余切 |
| 指数函数 | | | | | | | |
| exp | 指数 | pow2 | 2 的指数 | sqrt | 平方根 | | |
| log | 自然对数 | log2 | 以 2 为底的对数 | log10 | 常数对数 | | |
| 复数 | | | | | | | |
| i, j | 虚数单位 | abs | 幅值，绝对值 | angle | 相角 | | |
| real | 复数的实部 | imag | 复数的虚部 | | | | |

表 3-9 MATLAB 常用运算函数

| 运算函数 | 含义 |
| --- | --- |
| cumsum | 列阵累积和 |
| det | 方阵行列式 |
| diag | 生成对角矩阵 |
| dot | 向量的数量积（点积） |
| cross | 向量的向量积（差积） |
| eig | 矩阵的特征值和特征向量 |
| end | 阵列最后项的指针 |
| eye | 生成单位矩阵 |
| fliplr | 从左至右交换阵列元素 |
| flipud | 从底到顶交换阵列元素 |
| inv | 求方阵的逆 |
| length | 向量的长度 |
| linspace | 创建向量的等分元素 |
| magic | 生成魔方矩阵（即行列和值相等的方阵） |
| max | 阵列中最大值 |
| min | 阵列中最小值 |
| mesh | 生成线框几何面 |
| meshgrid | 将不同的两个向量转成具有相同长度的阵列 |
| ones | 生成单位为 1 的阵列 |
| zeros | 生成单位为 0 的阵列 |
| rank | 求矩阵秩 |
| size | 确定阵列的长度 |
| repmat | 复制阵列 |
| sort | 按升序排列阵列元素 |
| sum | 计算阵列元素的和值 |

**【例 3-16】** 如果用户希望了解基本数学函数的全部命令，可以将 Current Folder 修改为：C:\Programs Files\Matlab2012a\toolbox\matlab\elfun，然后在命令窗口中输入命令 type contents，或者 type contents.m。

```
>> type contents.m

% Elementary math functions.
%
% Trigonometric.
%     sin           - Sine.
%     sind          - Sine of argument in degrees.
%     sinh          - Hyperbolic sine.
%     asin          - Inverse sine.
%     asind         - Inverse sine, result in degrees.
```

```
%     asinh        - Inverse hyperbolic sine.
%     cos          - Cosine.
%     cosd         - Cosine of argument in degrees.
%     cosh         - Hyperbolic cosine.
%     acos         - Inverse cosine.
%     acosd        - Inverse cosine, result in degrees.
%     acosh        - Inverse hyperbolic cosine.
%     tan          - Tangent.
%     tand         - Tangent of argument in degrees.
%     tanh         - Hyperbolic tangent.
%     atan         - Inverse tangent.
%     atand        - Inverse tangent, result in degrees.
%     atan2        - Four quadrant inverse tangent.
%     atanh        - Inverse hyperbolic tangent.
%     sec          - Secant.
%     secd         - Secant of argument in degrees.
%     sech         - Hyperbolic secant.
%     asec         - Inverse secant.
%     asecd        - Inverse secant, result in degrees.
%     asech        - Inverse hyperbolic secant.
%     csc          - Cosecant.
%     cscd         - Cosecant of argument in degrees.
%     csch         - Hyperbolic cosecant.
%     acsc         - Inverse cosecant.
%     acscd        - Inverse cosecant, result in degrees.
%     acsch        - Inverse hyperbolic cosecant.
%     cot          - Cotangent.
%     cotd         - Cotangent of argument in degrees.
%     coth         - Hyperbolic cotangent.
%     acot         - Inverse cotangent.
%     acotd        - Inverse cotangent, result in degrees.
%     acoth        - Inverse hyperbolic cotangent.
%     hypot        - Square root of sum of squares.
%
% Exponential.
%     exp          - Exponential.
%     expm1        - Compute exp(x)-1 accurately.
%     log          - Natural logarithm.
%     log1p        - Compute log(1+x) accurately.
%     log10        - Common (base 10) logarithm.
%     log2         - Base 2 logarithm and dissect floating point number.
%     pow2         - Base 2 power and scale floating point number.
%     realpow      - Power that will error out on complex result.
%     reallog      - Natural logarithm of real number.
%     realsqrt     - Square root of number greater than or equal to zero.
%     sqrt         - Square root.
```

```
%    nthroot       - Real n-th root of real numbers.
%    nextpow2      - Next higher power of 2.
%
% Complex.
%    abs           - Absolute value.
%    angle         - Phase angle.
%    complex       - Construct complex data from real and imaginary parts.
%    conj          - Complex conjugate.
%    imag          - Complex imaginary part.
%    real          - Complex real part.
%    unwrap        - Unwrap phase angle.
%    isreal        - True for real array.
%    cplxpair      - Sort numbers into complex conjugate pairs.
%
% Rounding and remainder.
%    fix           - Round towards zero.
%    floor         - Round towards minus infinity.
%    ceil          - Round towards plus infinity.
%    round         - Round towards nearest integer.
%    mod           - Modulus (signed remainder after division).
%    rem           - Remainder after division.
%    sign          - Signum.

%    Copyright 1984-2002 The MathWorks, Inc.
%    $Revision: 5.16.4.3 $  $Date: 2005/05/31 16:30:51 $
```

## 3.5 常用数值算法举例

尽管 MATLAB 提供了丰富的函数库，但毕竟有限，不可能解决实际工程中所有的问题，所以用户有必要针对具体问题编写相应的程序，下面以线性代数方程组和微分方程初值问题为例，给出求解程序，以达到抛砖引玉的作用。

### 3.5.1 线性方程组的求解

由线性代数理论可知，线性代数方程组分为齐次和非齐次线性方程组，对于不同性质的线性方程组，其求解条件也不同。但不论哪种性质的方程组，都需求出系数矩阵的秩，需要用到的矩阵函数为 rank()。

对于齐次线性方程组 $\boldsymbol{Ax}=0$，其中，$\boldsymbol{A}$ 为 $m\times n$ 阶系数矩阵，$\boldsymbol{x}$ 为 $n$ 维列向量，其求解条件如下。

1）当系数矩阵的秩等于 $n$ 时，方程组有零解。

2）当系数矩阵的秩小于 $n$ 时，方程组有无穷多组解。此时如果 $\boldsymbol{x}\times\boldsymbol{x}'$ 等于单位方阵，则可以用 null($\boldsymbol{A}$)求出零空间的近似数值解或者用 null(sym($\boldsymbol{A}$))求出最接近零空间的数值解的有理式。

对于非齐次线性代数方程组 $\boldsymbol{A}x=\boldsymbol{B}$，其中，$\boldsymbol{A}$ 为 $m\times n$ 阶系数矩阵，其求解步骤如下。

1）确定系统矩阵[$\boldsymbol{A}$]的秩 $Ra$ 和增广矩阵[$\boldsymbol{AB}$]的秩 $Rb$。

2）当 $Ra=Rb=n$ 时，若 det($\boldsymbol{A}$)不等于零，则方程组有唯一解，可以通过左除法 $\boldsymbol{A}$\\$\boldsymbol{B}$，或者求逆 inv($\boldsymbol{A}$)*$\boldsymbol{B}$，或者符号矩阵 sym($\boldsymbol{A}$)\sym($\boldsymbol{B}$) 来求解 $x$。

3）当 $Ra=Rb<n$ 时，则方程组有无穷多解，其通解由 $\boldsymbol{A}x=0$ 的通解和 $\boldsymbol{A}x=\boldsymbol{B}$ 的特解构成。

4）依据高斯消去法原理编写程序求解。

5）对于大型烦琐的方程组可以考虑使用迭代法求解。

**【例 3-17】** 求解齐次线性代数方程组 $\begin{cases}x+3y+5z=0\\4x-y+2z=0\\x+y-4z=0\end{cases}$。

```
>> A=[1, 3, 5; 4, -1, 2; 1 1 -4];
>> R=rank(A)
R =
       3
```

系数矩阵 $\boldsymbol{A}$ 的秩等于 $\boldsymbol{A}$ 的列数，方程组有零解。

**【例 3-18】** 求解齐次方程组 $\begin{cases}4x+4y+2z=0\\-3x+12y+3z=0\\8x-2y+z=0\\2x+12y+4z=0\end{cases}$。

```
>> A=[4 4 2;-3 12 3;8 -2 1;2 12 4];
>> R=rank(A)
R =
       2
```

系数矩阵 $\boldsymbol{A}$ 的秩小于 $\boldsymbol{A}$ 的列数，方程组有无穷多组解，可用 null($\boldsymbol{A}$)函数求出零空间的近似数值解，或者用 null(sym($\boldsymbol{A}$))函数求出接近零空间的数值解的有理式。

```
>> x1=null(A)
x1 =
    0.1881
    0.2822
   -0.9407
>> x2=null(sym(A))
 x2 =
   -1/5
  -3/10
      1
```

于是，方程组的解[$x$ $y$ $z$]'=$k$[$x2$]，即 $x=-k/5$，$y=-3k/10$，$z=k$，其中 $k$ 为任意常数。可将

求的数值解带回方程组，验证解的正确性。

```
>> A*x1
ans =
    1.0e-14 *
    -0.0666
    -0.1776
     0.0111
    -0.1332
>> A*x2
 ans =
 0
 0
 0
 0
```

【例 3-19】 求解 $\begin{cases} x-2y+6z=54 \\ 3x+8y+z=-6 \\ 18x-y+3z=70 \end{cases}$。

首先确定系数矩阵和扩展矩阵的秩。

```
>> A=[1 -2 6;3 8 1;18 -1 3];
>> B=[54 -6 70]';
>> Ra=rank(A)
Ra =
      3
>> Rb=rank([A, B])
Rb =
      3
>> det(A)
ans =
 -875.0000
```

此时，系数矩阵与增广矩阵的秩 *Ra*=*Rb*=3，等于系数矩阵的列数；系数矩阵的行列式det(***A***)不等于零，方程组有唯一解，可以通过左除法 ***A\B*** 求解方程组。

```
>> xx=A\B
xx =
    2.4571
   -2.6354
    7.7120
```

【例 3-20】 求解 $\begin{cases} x+2y+3z=-1 \\ 4x+5y+6z=-2 \\ 7x+8y+9z=-3 \end{cases}$。

首先确定系数矩阵和扩展矩阵的秩。

```
>> A=[1 2 3;4 5 6;7 8 9];
>> B=[-1 -2 -3]';
>> Ra=rank(A)
Ra =
      2
>> Rb=rank([A B])
Rb =
      2
```

系数矩阵与增广矩阵的秩 $Ra=Rb=2<3$，则需要求出 $\boldsymbol{Ax}=0$ 的通解和 $\boldsymbol{Ax}=\boldsymbol{B}$ 的特解。

$\boldsymbol{Ax}=0$ 的通解为

```
>> x1=null(sym(A))
 x1 =
  1
 -2
  1
```

$\boldsymbol{Ax}=\boldsymbol{B}$ 的特解为

```
>> x2=A\B
Warning: Matrix is close to singular or badly scaled. Results
may be inaccurate. RCOND =    1.541976e-18.
x2 =
     0.3333
    -0.6667
            0
>> x3=sym(A)\sym(B)
Warning: System is rank deficient. Solution is not unique.
x3 =
   1/3
  -2/3
    0
```

则方程组 $\boldsymbol{Ax}=\boldsymbol{B}$ 的通解为 $\begin{bmatrix} x \\ y \\ z \end{bmatrix} = k\begin{bmatrix} 1 \\ -2 \\ 1 \end{bmatrix} + \begin{bmatrix} 1/3 \\ -2/3 \\ 0 \end{bmatrix}$，$k$ 为任意常数。

**【例 3-21】** 求方阵 $\boldsymbol{A}$=[1 3 5; 2 4 6; 7 8 9]的特征多项式、特征值和特征向量。

输入方阵 $\boldsymbol{A}$

```
>> A=[1 3 5; 2 4 6; 7 8 9];
```

*f*1 为求方阵 $\boldsymbol{A}$ 的特征多项式的系数，即

```
>> f1=poly(A)
f1 =
     1.0000  -14.0000  -40.0000    -0.0000
```

$f2$ 为特征多项式的表达式，即

```
>> f2=poly2str(f1, 'x')
f2 =
   x^3 - 14 x^2 - 40 x - 1.4686e-14
```

用 roots()函数求特征多项式 $f1$ 的根。

```
>> x1=roots(f1)
x1 =
   16.4340
   -2.4340
   -0.0000
```

用 eig()函数求方阵 ***A*** 的特征向量和特征值。

```
>> x2=eig(A)
x2 =
   16.4340
   -2.4340
   -0.0000
>> [d x3]=eig(A)
d =
    0.3532    0.5923    0.4082
    0.4521    0.4433   -0.8165
    0.8191   -0.6728    0.4082
x3 =

   16.4340         0         0
         0   -2.4340         0
         0         0   -0.0000
```

### 3.5.2 微分方程的求解

在 MATLAB 中可以使用符号命令 dsolve 求解常微分方程，也可以使用龙格库塔公式 ode23/ode45 求解常微分方程，还可以根据微分方程数值解的基本原理，自行设计程序进行求解，下面结合例子依次讲解。

**【例 3-22】** 用符号法求解二阶常微分方程 $\frac{d^2y}{dt^2}+y=1-t^2$ 的通解，及满足 $y(0)=0.4$，$y'(0)=0.7$ 的特解。

用符号法求解时，首先需将常微分方程符号化，可用 *'Dmy'* 表示函数的 *m* 阶导数；用小写字母 't' 表示自变量。综上，本例可以写成 $D2y+y=1-t^2$。

求解常微分方程通解。

```
>> y=dsolve('D2y+y=1-t^2')
 y =
 C2*cos(t) + C3*sin(t) - t^2 + 3
```

求解微分方程的特解。

```
>> y=dsolve('D2y+y=1-t^2', 'y(0)=0.4', 'Dy(0)=0.7')
y =
(7*sin(t))/10 - (13*cos(t))/5 - t^2 + 3
```

**【例 3-23】** 求解常微分方程$\begin{cases} \dfrac{dx}{dt} = 2x - 3y + 3z \\ \dfrac{dy}{dt} = 4x - 5y + 3z \\ \dfrac{dz}{dt} = 4x - 4y + 2z \end{cases}$的通解。

使用 dsolve()函数求解常微分方程。

```
[x, y, z]=dsolve('Dx=2*x-3*y+3*z', 'Dy=4*x-5*y+3*z', 'Dz=4*x-4*y+2*z', 't')
x =
exp(-t)*(C2 + C1*exp(3*t))
y =
exp(-2*t)*(C3 + C2*exp(t) + C1*exp(4*t))
z =
exp(-2*t)*(C3 + C1*exp(4*t))
>> x=simple(x)
x =
C1*exp(2*t) + C2*exp(-t)
>> y=simple(y)
y =
C1*exp(2*t) + C2*exp(-t) + C3*exp(-2*t)
>> z=simple(z)
z =
C1*exp(2*t) + C3*exp(-2*t)
```

程序中用到了 simple()函数，起到简化表达式的作用。

**【例 3-24】** 用 2/3 阶龙格库塔法求解二阶常微分方程$\dfrac{d^2y}{dt^2} + y = 1 - t^2$，满足 $y(0)=4$，$y'(0)=7$，$t \in [-10\ 10]$。

首先建立微分方程的 M 函数文件，以 m3_24 为文件名存盘。

```
function dy = m3_24( t, y )
    dy=zeros(2, 1);
    dy(1)=dy(2);
```

```
    dy(2)=-y(1)+1-t^2;
end
```

在 MATLAB 的命令窗口中输入 ode23 命令：

```
>> ode23(@m3_24,[-10 10], [4 7]),grid
```

则输出的图形如图 3-1 所示。

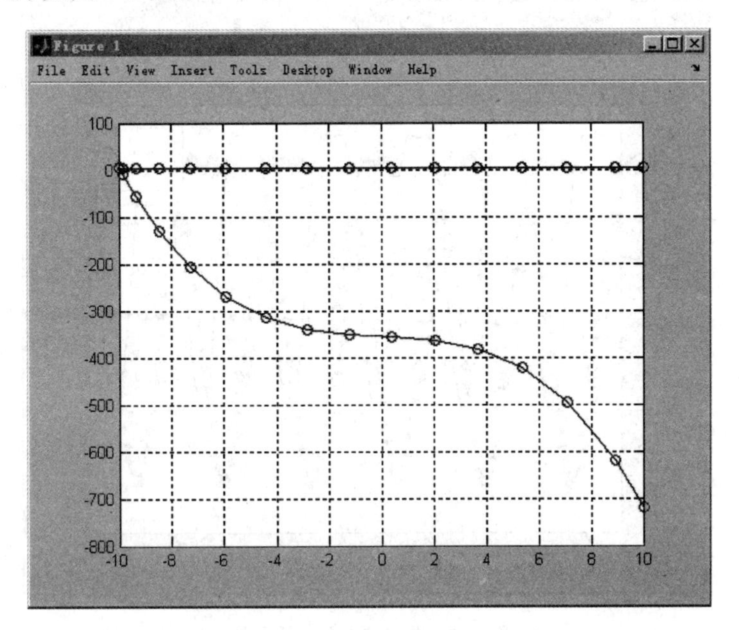


图 3-1　例 3-24 生成的曲线

【例 3-25】 已知微分方程组 $\begin{cases} y_1' = y_2 y_3 \\ y_2' = -y_1 y_3 \\ y_3' = -0.8 y_1 y_2 \\ y_1(0) = 1 \\ y_2(0) = 2 \\ y_3(0) = 3 \end{cases}$，绘制 $y1$、$y2$、$y3$ 曲线。

首先建立微分方程的 M 函数文件，以 m3_25 为文件名存盘。

```
function dy = m3_25(t, y)
    dy=zeros(3, 1);
    dy(1)=y(2)*y(3);
    dy(2)=-y(1)+y(3);
    dy(3)=-0.8*y(1)*y(2);
end
```

在 MATLAB 的命令窗口中输入 ode45 命令：

```
>> ode23(@m3_24,[-10 10], [4 7]),grid
>> [t, y]=ode45('m3_25',[0 20], [1 2 3]);
>> plot(t, y(:,1), '-', t, y(:, 2), '*', t, y(:, 3), '+')
>> legend('y1', 'y2', 'y3')
```

则输出的图形如图 3-2 所示。

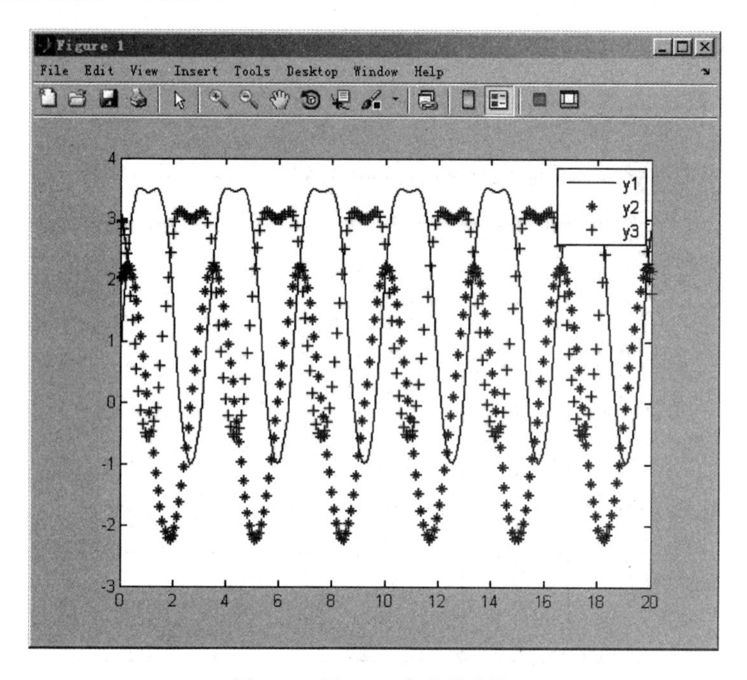


图 3-2　例 3-25 生成的曲线

**【例 3-26】** 依据泰勒展开法设计程序求解下面的联立常微分方程式。

$$\begin{cases} x'(t)=x(t)-y(t)+2t-t^2-t^3 \\ y'(t)=x(t)+y(t)-4t^2+t^3 \end{cases}$$，初值 $x(0)=1$，$y(0)=0$，$0\leqslant t\leqslant 1$。

首先建立微分方程的 M 命令文件，以 m3_26 为文件名存盘。

```
a=0; b= 1; m= 10;
X0=[1; 0] ;
   n=length(X0);
   rs=zeros(n,m) ;
   d1=zeros(n,1) ; d2=d1 ;d3=d1; d4=d1;
   t=a ; X=X0 ;
   h=(b-a)/m ;
   for k=1:m
% 计算 X', X'', X''' and X''''对 t 的导数
      d1(1)=X(1)-X(2)+t*(2-t*(1+t)) ;   % d1 is X'
      d1(2)=X(1)+X(2)+t^2*(-4+t) ;
      d2(1)=d1(1)-d1(2)+2-t*(2+3*t) ;   % d2 is X''
      d2(2)=d1(1)+d1(2)+t*(-8+3*t) ;
```

```
        d3(1)=d2(1)-d2(2)-2-6*t ;          % d3 is X'''
        d3(2)=d2(1)+d2(2)-8+6*t ;
        d4(1)=d3(1)-d3(2)-6 ;      % d4 is X4
        d4(2)=d3(1)+d3(2)+6 ;
  % 计算 X(t+h)
        for i=1:n
            X(i)=X(i)+h*(d1(i)+h*(d2(i)+h*(d3(i)+h*d4(i)/4)/3)/2);
            rs(i,k)=X(i) ;
        end   %for i
        t=t+h ;
    end % for k
  Rs = [X0 rs]    %增添初值的数据
```

执行命令文件，将在 MATLAB 的命令窗口中显示：

```
>> m3_26
Rs =
  Columns 1 through 6
    1.0000    1.1097    1.2371    1.3796    1.5341    1.6969
         0    0.1093    0.2347    0.3719    0.5169    0.6654
  Columns 7 through 11
    1.8639    2.0302    2.1905    2.3389    2.4687
    0.8129    0.9543    1.0845    1.1977    1.2874
```

## 3.6 习题

1．令 ***A***=magic(4)，按照以下给出的要求执行对 ***A*** 的运算。

1）第 2 行除以 2。

2）将第 1 列的元素加到第 3 列并保持第 1 列元素不变。

3）显示 ***A*** 中元素的最大值和最小值。

2．求解方程组 $\begin{cases} x_1 + 2x_2 + 3x_3 = 4 \\ 2x_1 + 3x_2 + 4x_3 = 6 \\ 3x_1 + 4x_2 + 4x_3 = 6 \end{cases}$。

3．求矩阵 ***A***=[-4 2 3;1 3 1;-5 2 4]的行列式值、特征多项式、特征值和特征向量。

4．用龙格库塔公式求解【例 3-20】。

## 3.7 上机实验

**1．实验目的**

1）熟悉 MATLAB 软件求矩阵的特征值和特征向量的命令。

2）培养数值运算编程与 MATLAB 上机调试能力。

**2. 实验原理**

对于 $n$ 阶方阵 $\boldsymbol{A}$，如果存在常数 $\lambda$，及非零 $n$ 维列向量 $x$，使 $\boldsymbol{Ax}=\lambda\boldsymbol{x}$ 成立，则称 $\lambda$ 是方阵 $A$ 的特征值，非零向量 $x$ 称为方阵 $\boldsymbol{A}$ 对应于特征值 $\lambda$ 的特征向量。$|\boldsymbol{E}\lambda\text{-}\boldsymbol{A}|$称为 $\boldsymbol{A}$ 的特征多项式，$|\boldsymbol{E}\lambda\text{-}\boldsymbol{A}|=0$ 称为 $\boldsymbol{A}$ 的特征方程。

在 MATLAB 中函数 poly(***A***)返回方阵 ***A*** 的特征多项式的系数组成的向量。

求 ***A*** 的特征值有两种方法：一种是用特征多项式求 roots(poly(***A***))；另一方法是用 eig(***A***)命令，eig(***A***)返回 ***A*** 的特征值组成的列向量。

例如在 MATLAB 命令窗口中输入：

```
>> A=[1 2 3;4 5 6;7 8 9];
>> F=poly(A)
F =
    1.0000   -15.0000   -18.0000    -0.0000
>> R=roots(F)
R =
   16.1168
   -1.1168
   -0.0000
>> D=eig(A)
D =
   16.1168
   -1.1168
   -0.0000
```

**3. 实验内容**

已知矩阵$\begin{pmatrix} 4 & -1 & 1 \\ -1 & 3 & -2 \\ 1 & -2 & 3 \end{pmatrix}$，求其特征多项式，并计算该矩阵主特征值及其特征向量。

**4. 实验要求**

1）在 MATLAB 语言环境下选择一种计算方法设计出求主特征值和相应特征向量的程序，并计算出结果。

2）利用 MATLAB 求特征多项式、特征值和特征向量

调用格式 1：eig(***A***)　　　% 得到特征值列向量

调用格式 2：$[\boldsymbol{D},\boldsymbol{X}]=\text{eig}(\boldsymbol{A})$ %其中 ***D*** 为由特征列向量构成的方阵，***X*** 为由特征值构成

%的对角阵。得到特征值和所对应的特征向量

# 第 4 章　MATLAB 的图形绘制

**本章要点**

- 常用二维图形的绘制
- 常用三维图形的绘制
- 常用图形对象及其属性

MATLAB 不仅具有强大的数据处理能力，还能方便地将数据以二维、三维乃至多维的图形表达出来，而且可以将图形在颜色、线型、曲面、视觉角度、文本等特征方面重点突出并表现出来。

针对不同层次用户的需求，MATLAB 提供了底层绘图指令和应用层绘图指令两种方法。底层绘图指令又称句柄绘图法，直接对图形句柄进行操作，具有很强的开放性，专业人士可开发满足自己需求的专业图形；而应用层绘图指令是在底层绘图指令的基础上建立起来的，具有很强的实用性，便于普通用户掌握，可以直接操作指令获得图形。

一般来讲，一组典型的图形生成表达式由处理函数、图形生成函数、注释函数、图形属性函数和管理函数构成。处理函数、图形生成函数和管理函数为必选项，其他两个函数为可选项。此外，除管理函数外，其他函数无顺序之分。

本章将结合实例介绍 MATLAB 中二维图形的绘制、三维图形的绘制、图形对象及属性等方面的内容。

## 4.1　二维图形的绘制

MATLAB 的二维图形绘制功能比较强大，而且种类繁多，大体上可以分为两种形式：基本绘图和特殊绘图形式。

### 4.1.1　基本图形的绘制

一个完整的二维图形应包括图形的生成、坐标轴名称、图形的标题、图形中曲线的注释、图形中曲线的线型及颜色等方面。下面将分别讲解以上几个方面，这里主要以常用的绘图命令 plot()为例，其他常用绘图命令参见 4.4 节，其他命令的具体使用方法可以通过 MATLAB 在线帮助系统获得。

plot()函数是 MATLAB 中最常用的二维绘图函数，可以生成单条或者多条曲线，其具体调用格式如下。

1）plot(***Y***)　绘制矢量 ***Y*** 对其元素序数的二维曲线，如【例 4-1】所示。

2）plot(***X***, ***Y***)　绘制以矢量 ***X*** 为横坐标，矢量 ***Y*** 为纵坐标所确定的二维曲线，如【例 4-2】所示。

3）plot(*X*, *Y*, 'LineType') 按照 LineType 所定义的线型、标记点和颜色绘图，如【例 4-3】所示。LineType 的使用方法如表 4-1 所示。

4）plot(*X*1, *Y*1, 'LineType1', *X*2, *Y*2, 'LineType2', ……) 按照(*X*1, *Y*1)、(*X*2, *Y*2)……绘制多组曲线，如【例 4-4】所示。

**表 4-1 线型、颜色和数据点形状对照表**

| 线型 | | 颜色 | | 数据点形状 | |
|---|---|---|---|---|---|
| 符号 | 线型 | 符号 | 色彩 | 符号 | 点状 |
| - | 实线 | b | 蓝色 | . | 点 |
| -- | 虚线 | c | 青色 | o | 圆 |
| : | 点线 | g | 绿色 | * | 星号 |
| -. | 点画线 | k | 黑色 | + | 加号 |
| | | m | 深红色 | s | 方块 |
| | | r | 红色 | d | 菱形 |
| | | y | 黄色 | p | 五角星 |
| | | w | 白色 | h | 六角星 |

**【例 4-1】** 绘制矢量 ***Y*** 对其元素序数的二维曲线图。

```
>> y=[0, 0.6, 2.3, 5, 8.3, 11.7, 15, 17.7, 19.4, 20];
>> plot(y)
```

程序运行结果如图 4-1 所示。

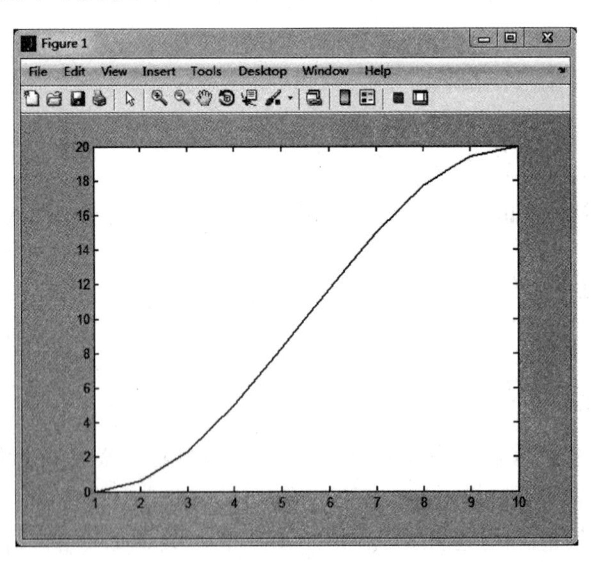


图 4-1 例 4-1 中单一矢量对其元素序列的二维曲线示例

单一矢量绘图是 MATLAB 中最简单的绘图方法，只需对矢量 ***Y*** 进行赋值，并调用 plot() 函数，系统会自动计算图中横坐标的范围和刻度。如例 4-1 中，矢量 ***Y*** 共有 10 个元素，则 ***X*** 轴被自动定义为[1, 2, 3, 4, 5, 6, 7, 8, 9, 10]。

**【例 4-2】** 绘制 $y=\sin(x)$，$x \in (0 \sim 2\pi)$ 范围内的二维曲线图。

```
>> x=0:2*pi/100:2*pi;
>> y=sin(x);
>> plot(x, y)
```

程序运行结果如图 4-2 所示。

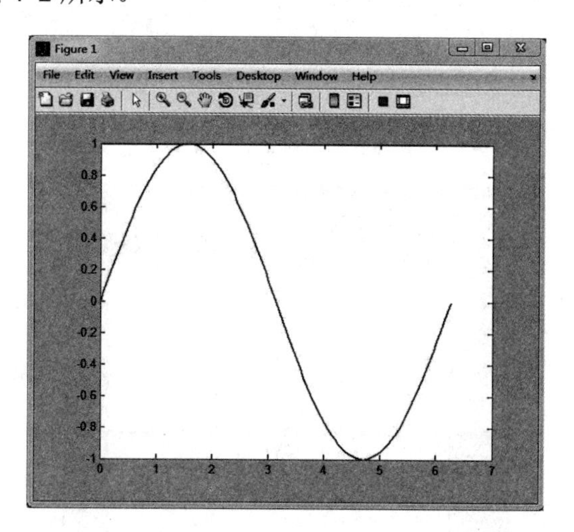


图 4-2　例 4-2 中以 X 为横坐标，Y 为纵坐标的二维曲线示例

**【例 4-3】** 绘制 $y=3x$，$x\in(1\sim10)$ 范围内的直线，要求用虚线，蓝色，数据点为星号*。

```
>> x=1:10;
>> y=3*x;
>> plot(x, y, '--g*')
```

程序运行结果如图 4-3 所示。

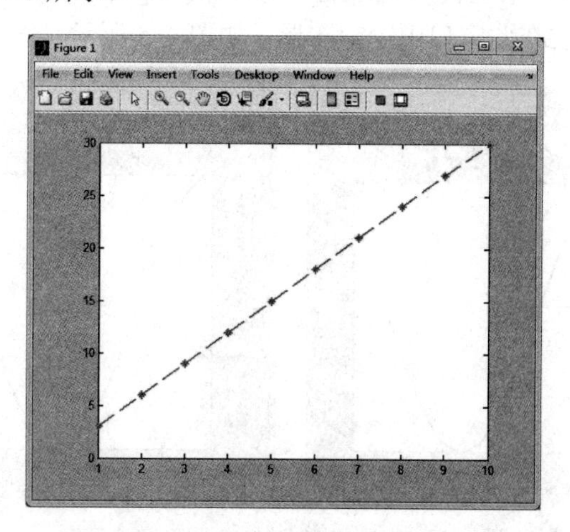


图 4-3　例 4-3 中指定线型、颜色和数据点形状示例

plot(***X***, ***Y***, 'LineType')函数是 MATLAB 中最常用的绘图方法之一，将绘制以矢量 ***X*** 为横坐标，以矢量 ***Y*** 为纵坐标所确定的二维曲线，矢量 ***X*** 和 ***Y*** 必须具有相同的长度。LineType 用来确定图形对象的属性，包括曲线线型、颜色、坐标点形状 3 部分，系统默认的属性为蓝

色实线。

【例 4-4】 在同一个窗口中绘制 $y1=\sin(t)$， $y2=\cos(t)$， $t\in(0\sim2\pi)$ 的双重曲线图。

```
>> t=0:2*pi/100:2*pi;
>> y1=sin(t);
>> y2=cos(t);
>> plot(t, y1, 'g-', t, y2, 'r--')
```

程序运行结果如图 4-4 所示。

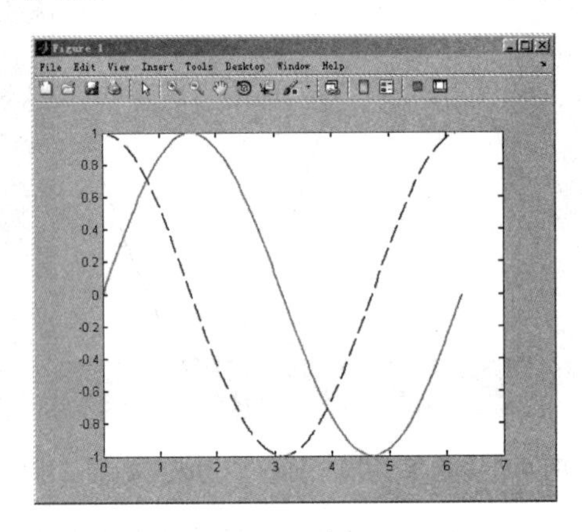

图 4-4　例 4-4 中双重曲线绘制示例

### 4.1.2　多个窗口的创建

在 MATLAB 中，所有的图形都将显示在图形窗口，figure()函数用于创建新的图形窗口。每创建一个图形窗口，系统会为其分配一个编号，figure(*n*)表示将第 *n* 个窗口作为当前窗口，随后的 plot()函数将在此窗口中绘制图形，如图 4-5 所示。

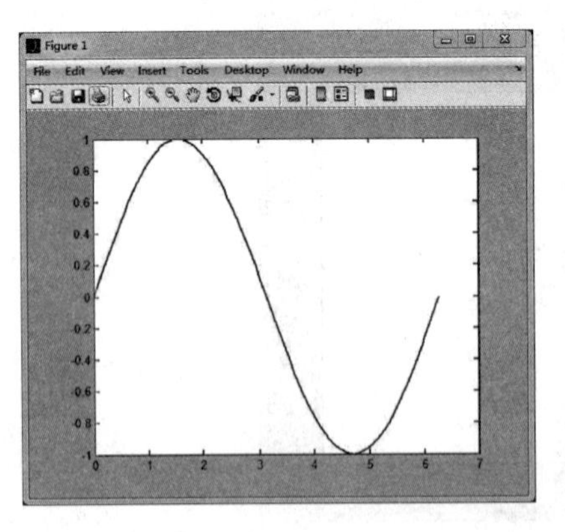

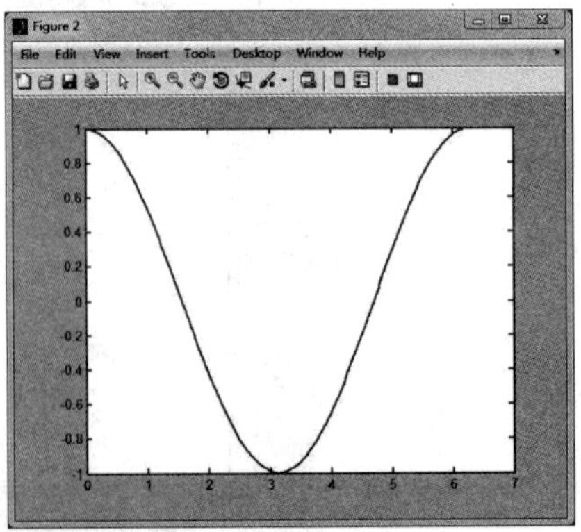

图 4-5　例 4-5 中创建多个图形窗口示例

【例 4-5】 创建两个图形窗口，分别绘制 $y1=\sin(t)$， $y2=\cos(t)$ 的曲线图。

```
>> t=0:2*pi/100:2*pi;
>> y1=sin(t);
```

```
>> y2=cos(t);
>> figure(1)
>> plot(t, y1)
>> figure(2)
>> plot(t, y2)
```

shg 命令用于将当前图形窗口放在最前端显示，clf 命令用于清除当前图形窗口中的图形，以便重新绘图时不发生混淆。

### 4.1.3 子窗口的创建

为了便于比较多条曲线之间的相关关系，通常希望在一个窗口内生成多个具有独立坐标系的子窗口，如图 4-6 所示。一般采用 subplot($m$, $n$, $p$)函数，将图形窗口分割成 $m*n$ 个子窗口，并把第 $p$ 个子窗口作为当前窗口，子窗口的排列顺序为从左到右，从上到下。

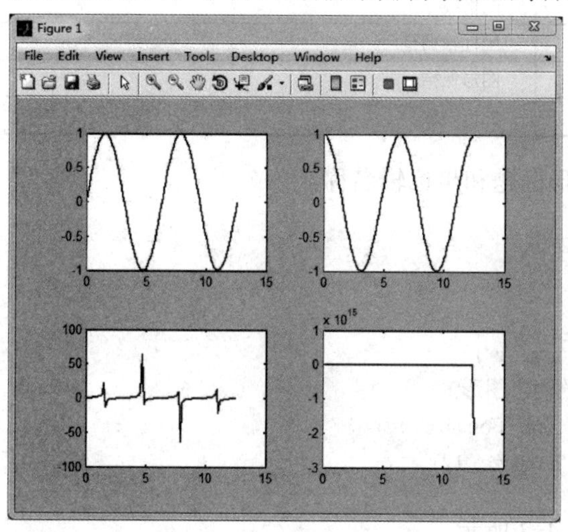


图 4-6 例 4-6 中创建子窗口示例

**【例 4-6】** 在一个图形窗口中分割出 4 个子窗口，分别计算(0～4π) 内的正弦、余弦、正切、余切值，并绘制曲线。

```
>> t=linspace(0, 4*pi, 100);
>> y1=sin(t);
>> y2=cos(t);
>> y3=tan(t);
>> y4=cot(t);
>> subplot(2, 2, 1)
>> plot(t, y1)
>> subplot(2, 2, 2)
>> plot(t, y2)
>> subplot(2, 2, 3)
>> plot(t, y3)
>> subplot(2, 2, 4)
>> plot(t, y4)
```

### 4.1.4 图形的标注

为清晰表达图形和图中曲线的意义，应在图形中加入适当的标注。MATLAB 提供的图形标注命令如表 4-2 所示。

表 4-2 常用图形标注命令

| 图形标注命令 | 含　义 |
| --- | --- |
| title | 图形标题 |
| xlabel | 对 $x$ 轴标注名称 |
| ylabel | 对 $y$ 轴标注名称 |
| text | 通过程序在图形指定位置放入文本字符串 |
| gtext | 点击鼠标指定位置放入文本字符串 |
| legend | 在图形中添加注解 |
| grid | 网格线 |
| axis | 坐标轴调整 |
| hold | 图形保持 |
| zoom | 图形缩放 |

**【例 4-7】** 设置图形标题和坐标轴名称。

```
>> t=0:2*pi/100:2*pi;
>> y1=sin(t);
>> y2=cos(t);
>> plot(t, y1, 'g-', t, y2, 'r-')
>> title('例 4-7 的输出图形')
>> xlabel('x=0 to 2\pi', 'Fontsize', 12)
>> ylabel('幅值', 'Fontsize', 12)
```

程序运行结果如图 4-7 所示。

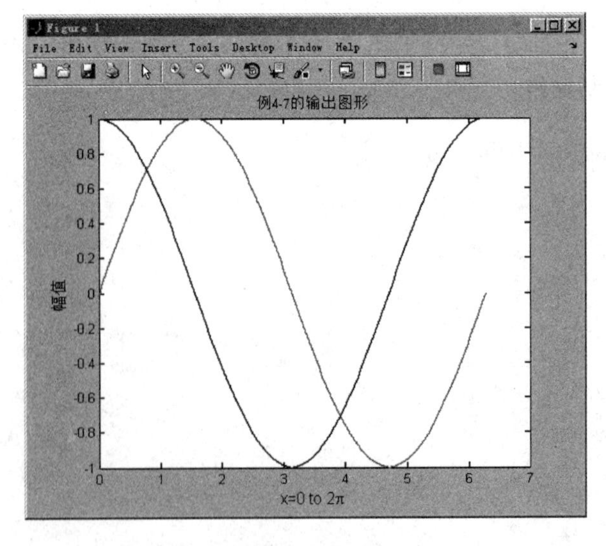


图 4-7 设置图形标题和坐标轴名称

## 4.2 特殊二维图形的绘制

除了使用 plot()命令绘制二维的连续曲线之外，MATLAB 还针对复数、向量、极坐标、对数坐标等特殊的函数关系，以及柱状图、火柴棍图、饼图等特殊图形，提供了丰富的绘图命令。

### 4.2.1 复数、向量、极坐标、对数坐标图的绘制

**1．绘制复数向量图**

当 $x$ 为复数时，plot($x$)等价于 plot(real($x$), imag($x$))，其中，real($x$)为实部坐标，imag($x$)为虚部坐标，绘制以实部为横坐标，虚部为纵坐标的二维曲线，如图 4-8 所示。

**【例 4-8】** 复数向量绘图示例。

```
>> t=0:pi/90:4*pi;
>> x=t.*exp(i*t);
>> plot(x)
```

程序中用到了 $t$ 点乘复指数函数，形成等距螺旋线。

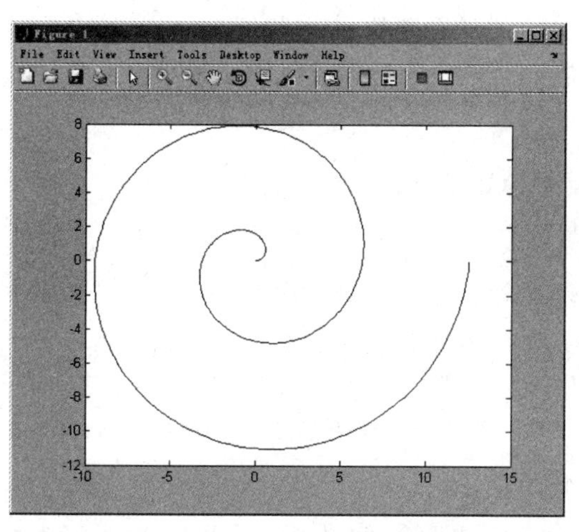


图 4-8　例 4-8 中绘制的复数相量图

**2．绘制极坐标图**

极坐标绘图的函数为 polar()，其具体调用格式如下：

1）polar(theta, rho)　绘制以 theta 为角度、rho 为半径的极坐标曲线，如图 4-9 所示。

2）polar(theta, rho, 'LineType')　按照 LineType 所定义的线型、标记点和颜色绘图。

**【例 4-9】** 绘制函数 $y$=sin(2$t$)*cos(2$t$)的极坐标曲线。

```
>> t=0:2*pi/100:2*pi;
>> sin2t=sin(2*t);
>> cos2t=cos(2*t);
>> polar(t, sin2t.*cos2t)
```

程序运行结果如图 4-9 所示。

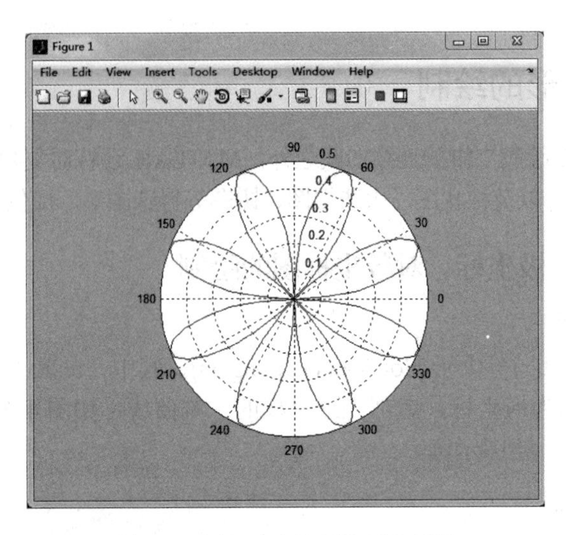


图 4-9　例 4-9 中绘制的极坐标图

**3．绘制对数坐标图**

对数坐标绘图的函数有单 $x$ 轴对数 semilogx($x$, $y$)、单 $y$ 轴对数 semilogy($x$, $y$)和双对数 loglog($x$, $y$)，其调用格式与二维绘图函数 plot()相似。

**【例 4-10】** 分别绘制 $y=\left|500\cos(3x)\right|+2$ 的单 $x$ 轴对数，单 $y$ 轴对数和双对数曲线图。

```
>> x=0:0.02:2*pi;
>> y=abs(500*cos(3*x))+2;
>> subplot(1, 3, 1)
>> semilogx(x, y)
>> subplot(1, 3, 2)
>> semilogy(x, y)
>> subplot(1, 3, 3)
>> loglog(x, y)
```

程序运行结果如图 4-10 所示。

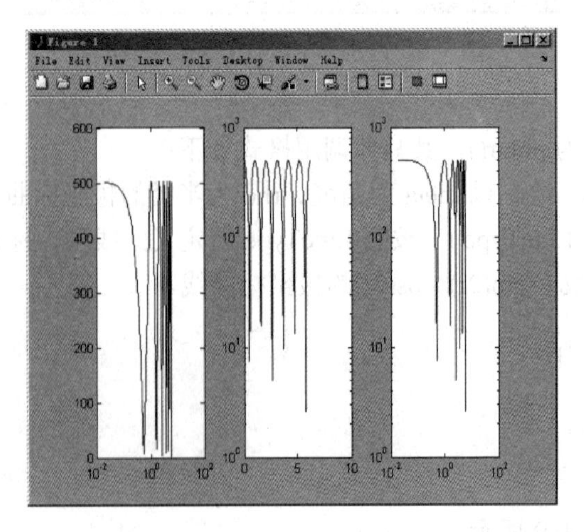


图 4-10　例 4-10 中生成的对数坐标图

### 4.2.2 柱状图、火柴杆图、饼图的绘制

**1．绘制柱状图**

柱状图的绘图函数为bar()和barh()，其具体调用格式如下。

- bar(y)：如果 ***y*** 是矢量，对其每一个元素绘制一个条形柱，横坐标是矢量 ***y*** 的元素序列如例 4-11 所示；如果 ***y*** 是矩阵，则对每一行中的元素进行分组，如例 4-12 所示。
- barh(*x*, *y*)：绘制水平柱状图。
- bar(*x*, *y*, width)：设置相邻条形柱的宽度，并使组内的条形柱分离开来。默认值为0.8，如果指定 width=1，则组内的条形柱将挨在一起。

**【例 4-11】** 对矢量 ***y*** 绘制柱状图。

```
>> y=[4, 3, 6, 8, 2, 5];
>> bar(y)
```

程序运行结果如图 4-11 所示。

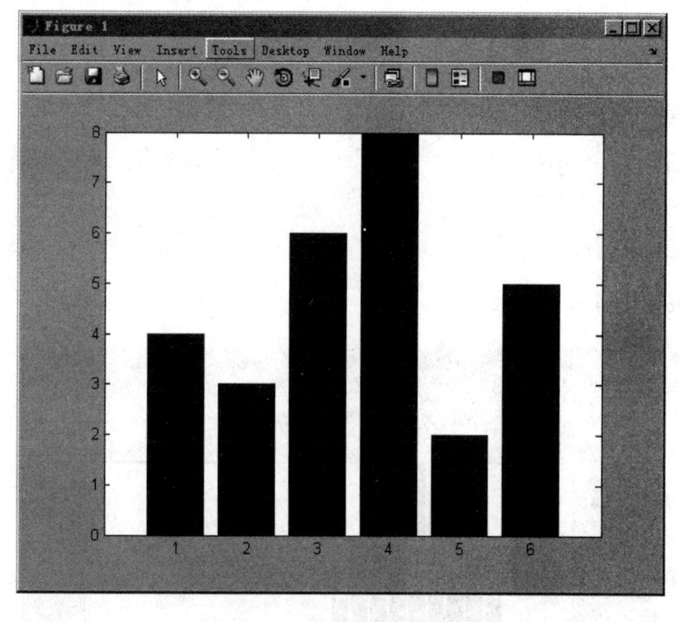


图 4-11　例 4-11 中的柱状图

**【例 4-12】** 对矩阵 ***y*** 绘制柱状图。

```
>> y=[9 8 6;
      2 5 8;
      6 2 9;
      5 8 7];
>> bar(y)
>> figure(2)
>> barh(y, 1)
```

程序运行结果如图 4-12 所示。

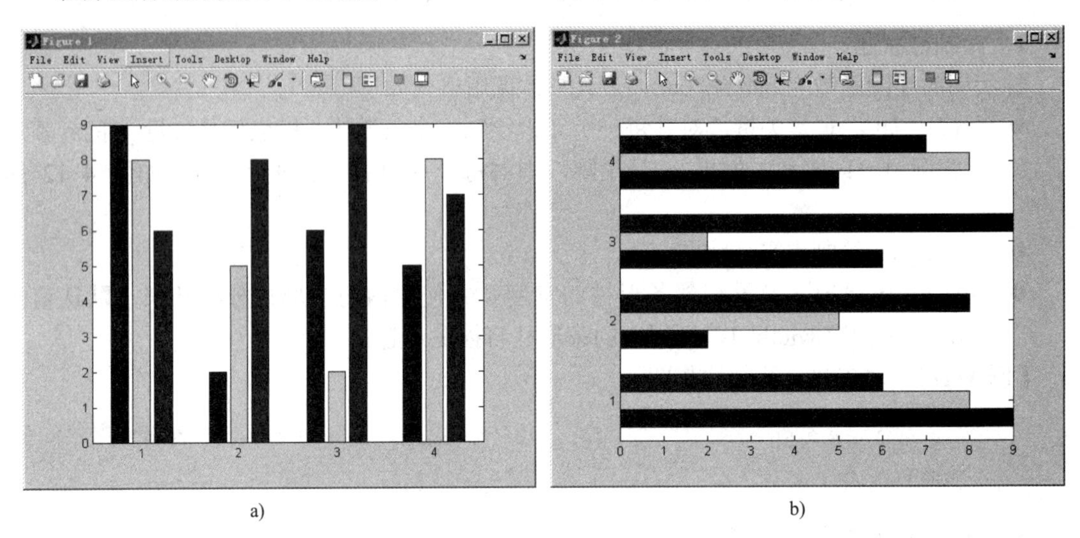


a)　　　　　　　　　　b)

图 4-12　例 4-12 中对矩阵绘制的柱状图

a) 竖直柱状图　b) 水平柱状图

【例 4-13】 绘制两个矢量的柱状图。

```
>> x=0:pi/10:2*pi;
>> y=sin(x);
>> bar(x, y)
```

程序运行结果如图 4-13 所示。

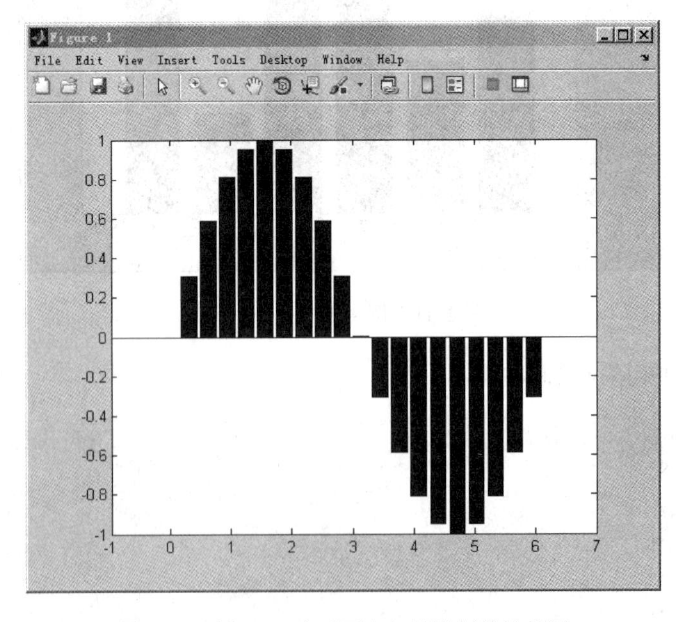


图 4-13　例 4-13 中对两个矢量绘制的柱状图

**2．绘制火柴杆图**

火柴杆图的绘图函数为stem()，其调用格式与bar()函数相类似。

【例 4-14】 绘制指数衰减函数 $y=1-e^{-t}\cos(2t)$ 的火柴杆图。

```
>> t=0:0.2:10;
>> y=1-exp(-t).*cos(2*t);
>> stem(t, y,'x')
```

程序运行结果如图 4-14 所示。

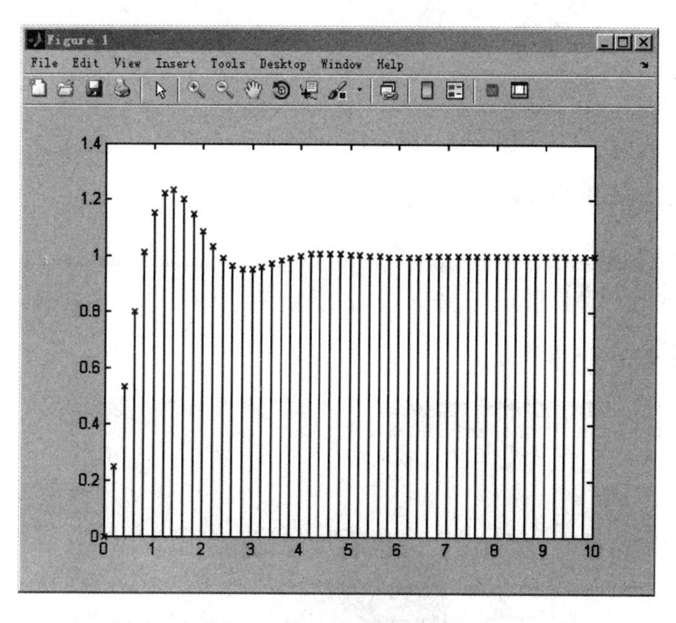


图 4-14 例 4-14 中指数衰减函数的火柴杆图

**3．绘制饼图**

饼图用于直观显示矢量或矩阵中各元素所占比例，MATLAB 提供了 pie()函数和 pie3()函数，其调用格式如下。

- pie(***X***)：使用矢量 ***X*** 中的数据绘制饼图，矢量中的每一个元素对应一个扇区。
- pie(***X***, ***explode***)：***explode*** 为一个与 ***X*** 尺寸相同的矢量，***explode*** 中非零元素所对应的元素将从饼图中分离出来显示，如例 4-15 所示。
- pie3（***X***）：绘制三维饼图，如例 4-16 所示。

【例 4-15】 绘制简单的饼图。

```
>> X=[3 2 2 2 1];
>> pie(X, [0 1 0 1 0])
```

程序运行结果如图 4-15 所示。

从本例中可以看出，MATLAB 会自动计算出矢量 ***X*** 中个元素值的和，然后在分别算出每个元素所占的比例，并按比例分配扇区的大小，以百分数的形式自动标注在相应的扇区旁。扇区分配的顺序从竖直位置开始，按逆时针的方向进行。

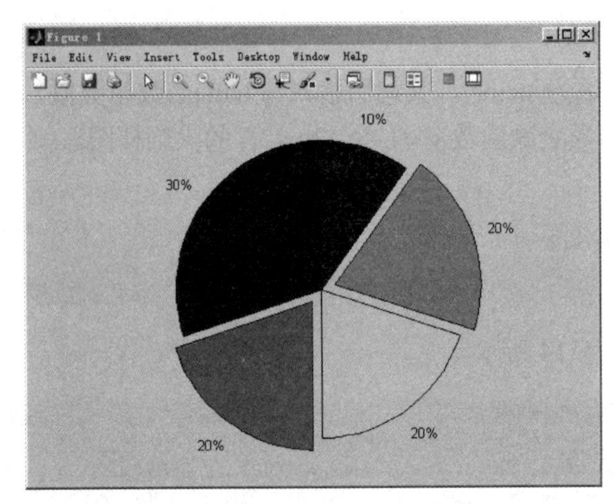


图 4-15　例 4-15 中绘制的简单饼图

【例 4-16】 绘制三维饼图。

```
>> X=[3 2 2 2 1];
>> pie3(X,[0 1 0 1 0])
```

程序运行结果如图 4-16 所示。

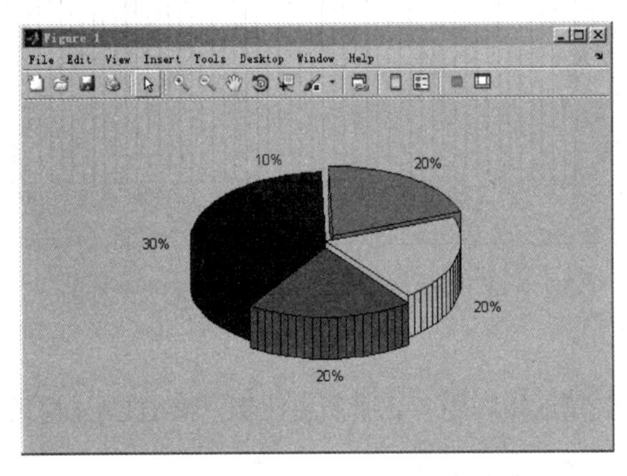


图 4-16　例 4-16 中绘制的三维饼图

## 4.3　三维图形的绘制

在科学与工程计算领域，三维绘图是一个很重要的技巧，MATLAB 提供了丰富的三维绘图函数，包括三维曲线图、三维曲面、网格图、曲面图等，还提供了控制颜色、光线和视角等绘图效果的函数和命令。

### 4.3.1　三维曲线的绘制

函数 plot3()是二维绘图函数 plot()的扩展，调用格式也基本相同，只是在参数中加入了第三维的信息。

【例 4-17】 绘制三维螺旋线。

```
>> t=0:pi/100:10*pi;
>> x=exp(-t/20).*sin(2*t);
>> y=exp(-t/20).*cos(2*t);
>> plot3(x,y,t,'-b')
>> xlabel('X 轴'), ylabel('Y 轴'), zlabel('Z 轴')
>> grid on
```

程序运行结果如图 4-17 所示。

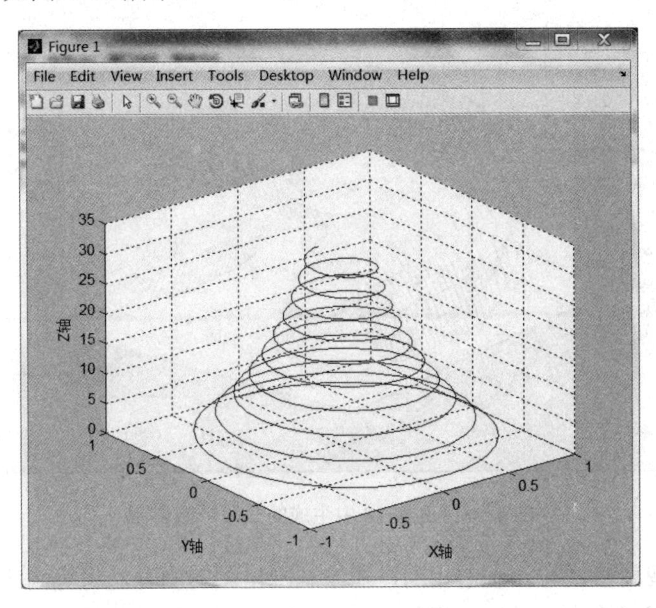


图 4-17　例 4-17 中绘制的三维螺旋线

### 4.3.2　三维网格图的绘制

**【例 4-18】** 绘制二元函数 $z=-x^4+y^4-x^2-y^2-2xy$ 所确定的马鞍形网格图。

```
>> x=-4:0.25:4;
>> y=x;
>> [X, Y]=meshgrid(x, y);
>> Z=-X.^4+Y.^4-X.^2-Y.^2-2*X*Y;
>> mesh(Z)
>> xlabel('X 轴'), ylabel('Y 轴'), zlabel('Z 轴')
```

程序运行结果如图 4-18 所示。

在本例中，meshgrid()函数用于生成网格矩阵，其调用格式为如下。

- [***X***, ***Y***]=meshgrid(***x***, ***y***)：输入向量 ***x***、***y*** 为函数在 *x*、*y* 轴的定义域，长度分别 *m*、*n*；输出矩阵 ***X***、***Y*** 为 *x*-*y* 平面上矩形定义域矩形分割点在横、纵坐标值矩阵，大小为 $m\times n$ 阶。
- [***X***, ***Y***]=meshgrid(***x***)：等价于[***X***, ***Y***]=meshgrid(***x***, ***x***)。

mesh()函数用于绘制三维网格图，其调用格式如下。

● mesh($Z$)：绘制 $x$-$y$ 平面的网格对应的 $z$ 坐标值所确定的三维网格图。

● mesh($X$, $Y$, $Z$)：绘制分别以矩阵 $X$、$Y$、$Z$ 的元素值为坐标的三维网格图，$X$、$Y$、$Z$ 必须为同阶矩阵。

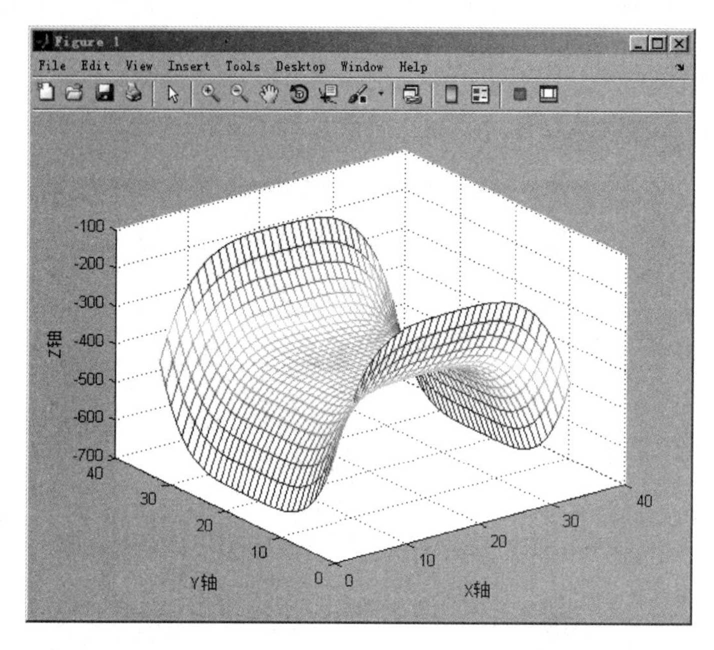


图 4-18　例 4-18 中生成的马鞍形网格图

● meshc()：调用格式与 mesh()相同，在绘制网格图的同时，将等高线图一起绘制。

● meshz()：调用格式与 mesh()相同，在绘制网格图的同时，将零基准平面一起绘制。

**【例 4-19】** 使用 MATLAB 提供的山峰演示函数 peaks()，绘制一个典型山峰的网格图，比较 plot3()、mesh()、meshc()、meshz()函数的不同之处。

```
>> [X,Y,Z]=peaks(30);
>> subplot(2,2,1)
>> plot3(X,Y,Z)
>> grid on
>> title('plot3 函数绘图')
>> subplot(2,2,2)
>> mesh(X,Y,Z)
>> title('mesh 函数绘图')
>> subplot(2,2,3)
>> meshc(X,Y,Z)
>> title('meshc 函数绘图')
>> subplot(2,2,4)
>> meshz(X,Y,Z)
>> title('meshz 函数绘图')
```

程序运行结果如图 4-19 所示。

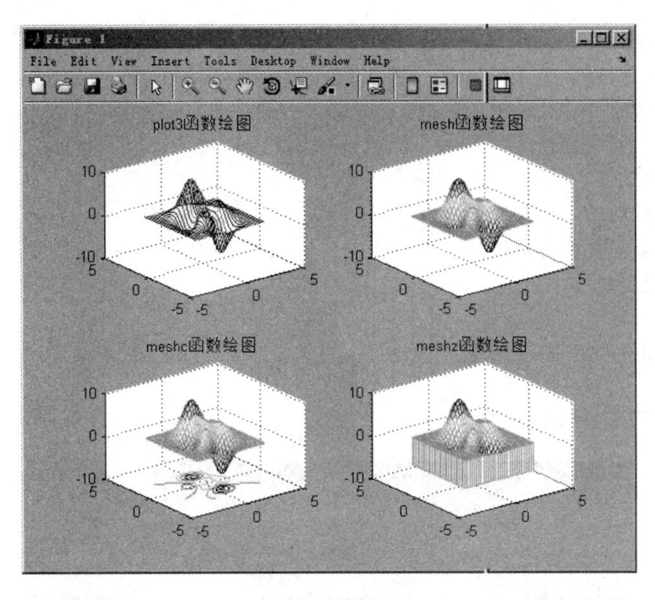


图 4-19　例 4-19 中由山峰函数绘制的三维网格图

从图 4-19 中可以看出，plot3()函数是用三维曲线将数据点连接起来，而 mesh()函数 是用网格将数据点连接起来。

### 4.3.3　三维曲面图的绘制

曲面图是在网格图的基础上，将网格之间的区域用颜色填充。

surf()函数用于绘制三维曲面图，其调用格式与绘制三维网格图的 mesh()函数相似。

- surf (***Z***)：绘制 *x-y* 平面的网格对应的 *z* 坐标值所确定的三维曲面图。
- surf (***X***, ***Y***, ***Z***)，绘制分别以矩阵 ***X***、***Y***、***Z*** 的元素值为坐标的三维曲面图，***X***、***Y***、***Z*** 必须为同阶矩阵。
- surfc()：调用格式与 surf()相同，在绘制曲面图的同时，将等高线图一起绘制。
- surfl()：调用格式与 mesh()相同，用于绘制有亮度的曲面图。

**【例 4-20】** 使用 MATLAB 提供的山峰演示函数 peaks()，绘制一个典型山峰的曲面图，比较 mesh()、surf()、surfc()、surfl()函数的不同之处。

```
>> [X,Y,Z]=peaks(30);
>> subplot(2,2,2)
>> surf(X,Y,Z)
>> subplot(2,2,3)
>> surfc(X,Y,Z)
>> subplot(2,2,4)
>> surfl(X,Y,Z)
>> subplot(2,2,1)
>> mesh(X,Y,Z)
>> [X,Y,Z]=peaks(30);
>> subplot(2,2,1)
>> mesh(X,Y,Z)
```

```
>> title('mesh 函数绘图')
>> subplot(2,2,2)
>> surf(X,Y,Z)
>> title('surf 函数绘图')
>> subplot(2,2,3)
>> surfc(X,Y,Z)
>> title('surfc 函数绘图')
>> subplot(2,2,4)
>> surfl(X,Y,Z)
>> title('surfl 函数绘图')
```

程序运行结果如图 4-20 所示。

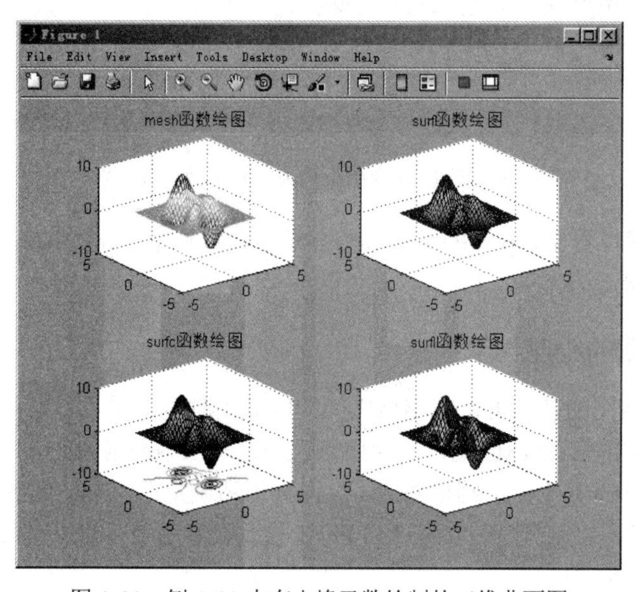


图 4-20　例 4-20 中有山峰函数绘制的三维曲面图

从图 4-20 可以看出，网格图与曲面图的区别在于是否给网格“着色”，网格图的线条是带颜色的，网格之间是透明的；而曲面图的线条是黑色的，网格之间是带颜色的。

**【例 4-21】** 试单独使用山峰演示函数 peaks()，观察其效果。

```
>> peaks(30)
  z =  3*(1-x).^2.*exp(-(x.^2) - (y+1).^2) ...
     - 10*(x/5 - x.^3 - y.^5).*exp(-x.^2-y.^2) ...
     - 1/3*exp(- (x+1).^2 - y.^2)
```

程序运行结果如图 4-21 所示。

MATLAB 提供了一座山峰演示函数 peaks()，其调用格式为如下。

- [***X***,***Y***,***Z***]=peaks(n)：创建 ***X***、***Y***、***Z*** 三个 $n\times n$ 阶的方阵，其中 ***X***、***Y*** 为 $x$-$y$ 平面上横、纵坐标值矩阵，***Z*** 为山峰的高度值，即

$$\boldsymbol{Z}=3(1-\boldsymbol{X})^2\mathrm{e}^{-\boldsymbol{X}^2-(\boldsymbol{Y}+1)^2}-10\left(\frac{\boldsymbol{X}}{5}-\boldsymbol{X}^3-\boldsymbol{Y}^5\right)\mathrm{e}^{-\boldsymbol{X}^2-\boldsymbol{Y}^2}-\frac{1}{3}\mathrm{e}^{-(\boldsymbol{X}+1)^2-\boldsymbol{Y}^2}。$$

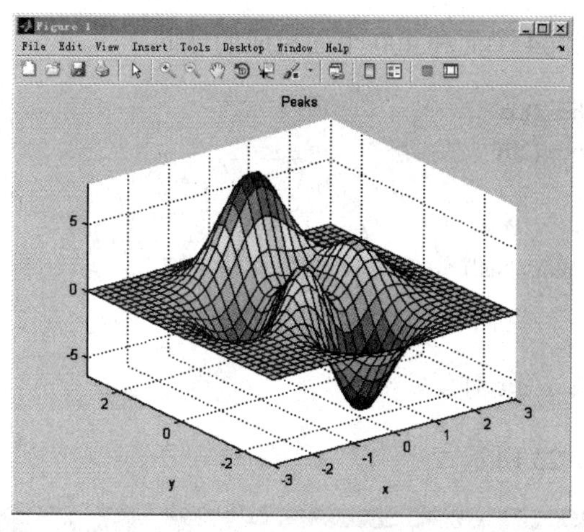


图 4-21　例 4-21 中单独使用山峰演示函数的绘图

- peaks(*n*)：直接使用 peaks()函数所创建的 ***X***、***Y***、***Z*** 三个矩阵绘制三维曲面图，相当于执行了[***X***,***Y***,***Z***]=peaks(*n*)、surf(***X***,***Y***,***Z***)和 title('Peaks')三个函数。

**【例 4-22】** 试画一个半径为 3，高度为 2 的圆柱面，和一个半径余弦规律变化的圆柱面。

```
>> t=0:pi/10:2*pi;
>> [X1,Y1,Z1]=cylinder(3,20);
>> Z1=2*Z1;
>> [X2,Y2,Z2]=cylinder(2+cos(t),20);
>> Z2=2*Z2;
>> subplot(1,2,1)
>> surf(X1,Y1,Z1)
>> title('圆柱面')
>> subplot(1,2,2)
>> surf(X2,Y2,Z2)
>> title('半径变化的圆柱面')
```

程序运行结果如图 4-22 所示。

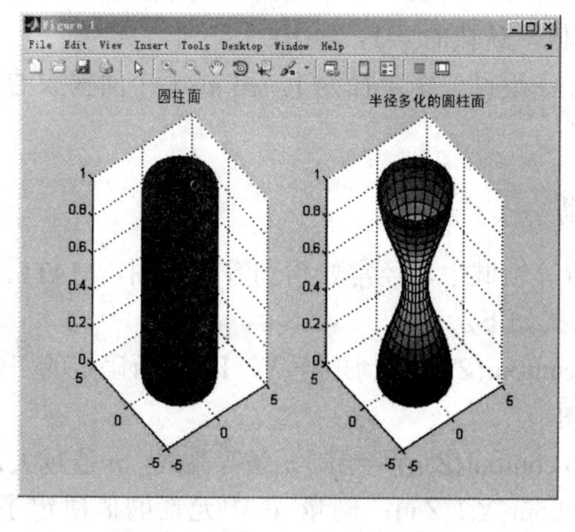


图 4-22　例 4-22 绘制的圆柱面

【例 4-23】 试画出由 64 个面和 400 个面构成的球面。

```
>> [X1,Y1,Z1]=sphere(8);
>> [X2,Y2,Z2]=sphere(20);
>> subplot(1,2,1)
>> surf(X1,Y1,Z1)
>> title('64 个面构成的球面')
>> subplot(1,2,2)
>> surf(X2,Y2,Z2)
>> title('400 个面构成的球面')
```

程序运行结果如图 4-23 所示。

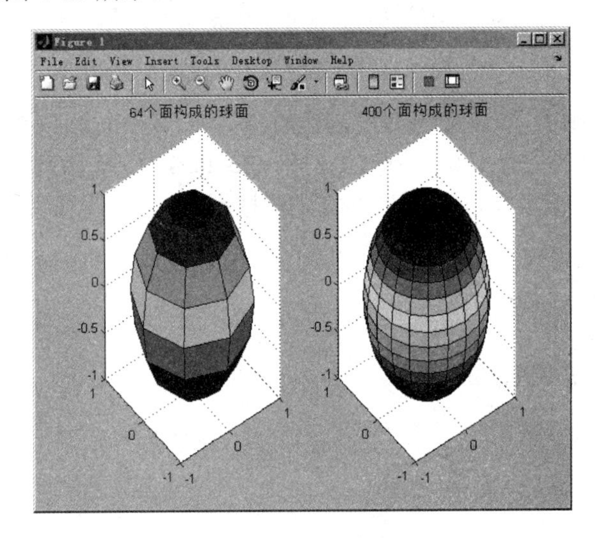


图 4-23 例 4-23 中绘制的球面

在 MATLAB 中，专门为绘制圆柱面和球面提供了 cylinder()函数和 sphere()函数，其调用格式如下。

- [***X***, ***Y***, ***Z***]=cylinder(*r*, *n*)：返回一个半径为 *r*，高度为 1，圆周方向 *n* 等分的圆柱体的 *x*、*y*、*z* 轴的坐标值，默认的 *r*=1，*n*=20。
- [***X***, ***Y***, ***Z***]=sphere(n)：返回一个半径为 1，由 *n*×*n* 个面构成的球面的 *x*、*y*、*z* 轴的坐标值，默认的 *n*=20。

### 4.3.4 等高线图的绘制

在地理、军事、旅游等领域中，经常要用到等高线图，MATLAB 为此提供了许多绘制等高线的命令，其调用格式如下。

- contour(***X***,***Y***,***Z***)和 contour(***Z***)：绘制矩阵 *X*、*Y*、*Z* 所确定的三维曲面在 *x*-*y* 平面投影产生的二维等高线图。
- contour(***X***,***Y***,***Z***,*n*)和 contour(***Z***, *n*)：绘制 *n* 条等高线，*n* 值越大，等高线越密集。
- contour(***Z***,***v***)和 contour(***X***,***Y***,***Z***,***v***)：向量 ***v*** 中元素的值决定了所要绘制等高线的高度值，***v*** 中元素的个数决定了所要绘制等高线的条数。

● [*C*,*h*]= contour(⋯)：返回等高线矩阵 *C* 和等高线句柄向量 *h*。
● *C*=contourc(⋯)：返回等高线矩阵 *C*。
● clabel(*C*)：为等高线添加高度值标签，标签的放置位置是随机的，标签值竖直显示，并在适当的位置显示一个“+”，以表示标签对应的等高线。
● clabel(*C*,*h*)：为等高线添加高度值标签，系统自动将标签旋转到适当的角度，插入到等高线中。
● contourf(⋯)：在相邻等高线之间用同一种颜色填充。

【例 4-24】 试绘制演示山峰的等高线图。

```
>> [X,Y,Z]=peaks(30);
>> subplot(2,2,1)
>> surf(X,Y,Z)
>> title('演示山峰的三维曲面图')
>> subplot(2,2,2)
>> contour(X,Y,Z,5)
>> title('演示山峰的等高线图')
>> subplot(2,2,3)
>> contourf(Z,5)
>> title('在相邻等高线之间用颜色填充')
>> subplot(2,2,4)
>> [C,h]=contour(Z,5);
>> clabel(C,h)
>> title('为等高线添加高度值')
```

程序运行结果如图 4-24 所示。

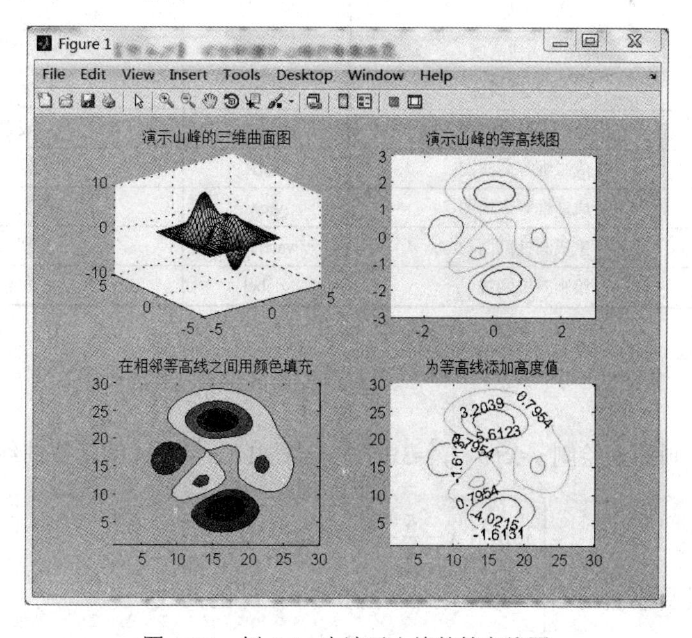


图 4-24 例 4-24 中演示山峰的等高线图

## 4.4 常用图形函数一览

为了便于使用和学习，现将常用二维绘图函数和三维绘图函数以表格的形式列出（如表 4-3 和表 4-4 所示），以便查阅。

表 4-3 常用二维图形函数一览

| 函 数 | 功 能 | 函 数 | 功 能 |
|---|---|---|---|
| axis | 设置坐标轴 | polar | 极坐标图形绘制 |
| bar | 生成柱形图 | print | 复制当前图形 |
| box | 打开/关闭轴边界 | semilogx | 对 $x$ 轴单对数坐标图 |
| factorial | 计算正整数的阶乘 | semilogy | 对 $y$ 轴单对数坐标图 |
| figure | 创建视图 | set | 设置图形对象属性 |
| fill | 填充颜色 | stairs | 生成梯形图 |
| grid | 打开/关闭栅格 | stem | 绘制离散图形 |
| hold | 图形保持 | subplot | 分割若干二维图形 |
| legend | 显示图注 | text | 添加文本 |
| linspace | 向量长度分割 | title | 添加标题 |
| loglog | 创建双对数坐标图 | xlabel | 标注 $x$ 轴 |
| perms | 排列值计算 | ylabel | 标注 $y$ 轴 |
| plot | 绘制二维图形 | zoom | 图形缩放 |

表 4-4 常用三维图形函数一览

| 函 数 | 功 能 | 函 数 | 功 能 |
|---|---|---|---|
| clabel | 标注等高线高度 | meshgrid | 产生二维网格数据 |
| colorbar | 设定条状图颜色 | plot3 | 绘制三维曲线 |
| colormap | 设定三维向量色彩 | shading | 设置阴影 |
| contour | 生成二维等高线图 | surf | 绘制曲面 |
| contour3 | 生成三维等高线图 | view | 改变图形视角 |
| cylinder | 生成圆柱剖面 | waterfall | 实现波纹效果 |
| mesh | 绘制三维网线 | zlabel | 标注 $z$ 轴 |

## 4.5 习题

1．在用一个画面上绘制 $y=x+3$，$y^2=3x-1$，$y=4x^2+1$，$x^2=4+y^2$ 的函数曲线。

2．绘制分段函数 $y(x)=\begin{cases}3\sin^2\left(x-\dfrac{\pi}{3}\right), & -9\leqslant x<0\\ 4x^2-1, & 0\leqslant x<7\\ x\mathrm{e}^{7-x}, & 7\leqslant x<18\end{cases}$ 的曲线。

3．分别绘制空间曲线、空间网线、空间曲面。

1）$\begin{cases} x = 4\sin t \\ y = 4\cos t \\ z = 4t \end{cases}$ 2）$x^2 + y^2 - z^2 = \cos\sqrt{x^2 - y^2}$

## 4.6 上机实验

**1．实验目的**

1）了解周期脉冲序列和单脉冲的频谱图。

2）掌握在 MATLAB 绘图命令绘制图形。

**2．实验原理**

一个脉宽为 $d$、周期为 $T$ 的周期矩形脉冲序列的信号频谱函数为

$$y(t) = \frac{f(t)T}{Ad} = c_0 + 2\sum_{n=1}^{\infty} c_n \cos(n\omega_0 t)$$

式中，$\begin{cases} \omega_0 = 2\pi / T \\ c_0 = 1 \\ c_n = \dfrac{\sin(n\pi d / T)}{n\pi d / T} \qquad n = 1, 2, 3, \cdots \end{cases}$

此处 $c_n$ 为信号谐波的幅值，其模为 $n$ 的函数，被称为信号的幅度谱。

当 $n$=1 时，脉冲为单脉冲，其频谱函数为

$$\begin{cases} z(0) = 1 & w \leqslant 0 \\ z(\omega) = \dfrac{y(\omega)}{Ad} = \dfrac{\sin(\omega d / 2)}{\omega d / 2} & \omega > 0 \end{cases}$$

此处 $y(\omega)$的绝对值被称为振幅密度频谱。

**3．实验内容**

使用 MATLAB 绘图命令在一个窗口内绘制两个图形，第一个图形是幅度谱图，也就是信号谐波的幅值和 $n$ 的关系曲线，其中 $n$ 为 1～60 的整数，$d/T$=0.2；第二个图形是 $z(\omega d)$的绝对值和 $\omega d$ 的关系曲线，其中 $0 \leqslant \omega d \leqslant 4\pi$ 。

注意：分母不能为 0。

# 第5章　MATLAB的程序设计

**本章要点**

- M文件
- MATLAB常用的编程语句
- MATLAB程序设计的基本原则
- 基于MATLAB的图形用户界面设计

MATLAB 作为一种计算机高级语言，用户不但可以方便地在命令窗口中，以命令行的方式完成交互式操作，而且可以像其他计算机高级语言一样，具有条件选择语句、循环控制语句和图形用户界面（GUI）设计的能力，可以用来开发各种计算机程序。

## 5.1　M文件

所谓的M文件，就是由MATLAB的命令、条件选择语句、循环控制语句和函数构成的文本文件，并以*.m为扩展名。M文件有两种形式，命令文件（Script）和函数文件（Function）。

### 5.1.1　M文件基础

**1．M文件的创建**

MATLAB中M文件的创建主要有3种方式：在命令窗口中直接输入edit命令；用鼠标直接单击工具栏中的“新建”按钮；选择“File New”子菜单下的Script或Function命令。

打开后的M文件编辑器（包括命令文件和函数文件），如图5-1所示，编辑器会自动给出基本的调试工具、语句行号和函数文件的函数定义部分。

a)

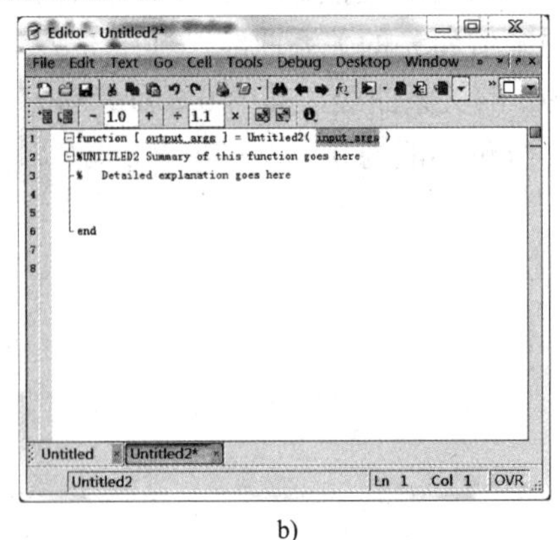


b)

图5-1　M文件编辑器

a) 命令文件的编辑器　b) 函数文件的编辑器

**2．M 文件的打开**

MATLAB 中 M 文件的打开也有 3 种方式：在命令窗口中直接输入“edit + M 文件名”；单击工具栏中的“打开”按钮；选择“File”→“New”→“Open”命令，从弹出的对话框中选择需要打开的 M 文件。

## 5.1.2　命令文件与函数文件

**1．命令文件**

命令文件也称为批处理文件，由一系列的命令和函数组成，也可以包括条件选择语句和循环控制语句。和命令窗口相似，程序将按从上到下的顺序逐行执行，新创建的变量将保存在工作空间中，也可以调用工作空间中已有的变量。命令文件结束后，这些变量仍然保存在工作控件中，直到遇到 clear（清除工作空间）命令，或者退出 MATLAB 为止。

命令文件不接受输入参数，也没有输出参数，只需要在命令窗口中输入 “M 文件名”即可运行。当需要在命令窗口中重复输入一段相同的命令时，可以考虑使用命令文件，避免了多次的重复输入，提高了工作效率。

**【例 5-1】** 将例 3-2 计算 $a=[4\times(5-1)+4]\div 2^2$，$b=3$，$x=a/b$ 的值，用命令文件重做一遍。

打开 M 文件编辑器（Editor），新建一个 M 命令文件，输入如下的命令语句，并以 m5_1.m 为文件名保存文件，如图 5-2 所示。

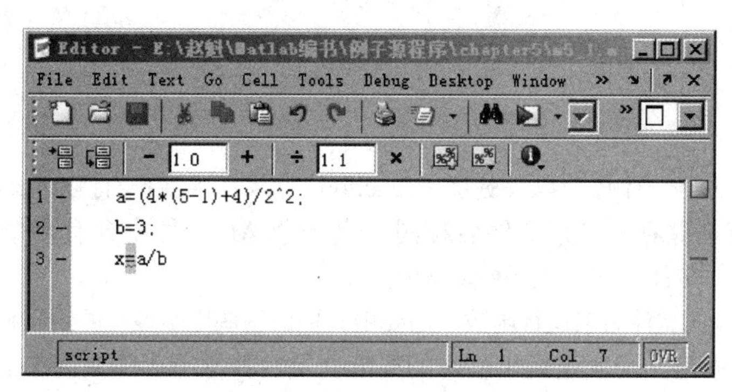


图 5-2　例 5-1 中简单的 M 文件示例

编写完成命令语句之后，单击工具栏中的“运行”按钮，执行命令文件。如果 MATLAB 主窗口中的“Current Folder”（当前文件夹）与 M 文件的存储文件夹不一致时，会弹出提示对话框，选择“Change Folder”（更改文件夹）即可。

运行命令文件之后，MATLAB 主窗口如图 5-3 所示。

对比图 5-2 中的命令语句和图 5-3 会发现，M 文件和命令窗口一样，在一条命令之后，仍然可以通过分号“;”来控制是否在命令窗口中显示该条命令的运行结果。同时 M 文件中创建的变量 a、b、x 也出现在 Workspace（工作空间）中。

**2．函数文件**

函数文件是以 function 语句开始、end 结束的 M 文件，可以接受输入参数并返回输出参数，将根据输入参数的不同而完成一定的功能。用户可以根据需要编制自己的函数文件，扩充 MATLAB 的功能。

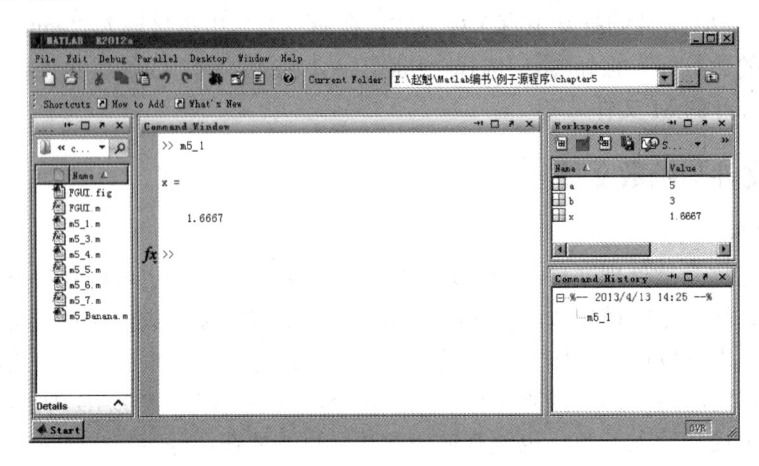


图 5-3 运行 M 文件后的 MATLAB 主窗口

函数文件的定义格式如图 5-1b 所示，其主要部分如下：

```
function [输出变量矩阵] = 函数名(输入变量矩阵)
%帮助文本的第一行，总体上说明函数名和函数的功能，使用 lookfor 命令时将只显示这一行
%帮助文本，详细介绍函数的功能和用法

函数的程序代码                                    %适当的注释

end
```

1）函数文件的第一行必须以关键字“function”开始，最后一行以“end”结尾。

2）函数名应与储存的 M 文件名相同。当一个 M 文件中含有多个函数时，第一个 function 为主函数，文件名应与主函数名相同。

3）不能利用输入文件名来运行函数，需要由其他语句调用函数，并给出相应的输入参数。

4）函数文件中定义的变量属于临时的局部变量，独立于工作空间中的变量，函数运行结束后，局部变量会被释放，不再占用内存空间。

5）可以使用关键字 global 把一个变量定义为全局变量，如 global A，习惯上将全局变量的变量名用大写字母表示。

6）注释语句需要以“%”开始，可以独立成一行，也可以跟在一条可执行语句的后面。帮助文本的第一行，必须紧跟在函数定义行后面，需要从总体上说明函数名和该函数的功能，在 MATLAB 的命令窗口中使用 lookfor 命令查找相关函数时，将只显示该行的内容。帮助文本的第一行和函数体之间的帮助内容，需要详细介绍该函数的功能、用法和其他注意事项，在命令窗口中使用 help 命令时，将显示这部分帮助内容。

**【例 5-2】** 已知一元二次方程 $y = 2x^2 + 5x + 10$，试编写程序，分别计算 $x = 1$，$x = 2$，$x = 3$ 时的值。

新建一个 M 函数文件，函数名为 m5_2，输入如下的命令语句，并以 m5_2.m 为文件名保存文件。

```
function [ y ] = m5_2( x )
%UNTITLED2 Summary of this function goes here
%    Detailed explanation goes here
y=2*x^2+5*x+10;

end
```

编写完成命令语句之后，在 MATLAB 命令窗口中输入如下语句，调用 m5_2 函数。

```
>> x1=1;
>> x2=2;
>> x3=3;
>> y1=m5_2(x1);
>> y2=m5_2(x2);
>> y3=m5_2(x3);
>> y1,y2,y3
y1 =
    17
y2 =
    28
y3 =
    43
```

**3．子函数**

和其他高级语言一样，在 MATLAB 中也可以定义子函数。所谓子函数，就是在同一个 M 文件中，第一个 function 所定义的函数为主函数，其他的函数就是子函数。子函数只能在所在的 M 文件中被调用。

局部函数是指编译过的 M 文件存储在 MATLAB 下的 private 目录下的函数。与子函数不同的是，局部函数可以被 private 目录下的任意函数所调用。

## 5.2 MATLAB 的程序结构

和其他高级语言一样，MATLAB 的常用编程语句也有顺序执行语句、条件选择语句和循环控制语句等。本书上面讲过的命令和函数都属于顺序执行语句，是最简单、最常用的程序结构，从程序的第一行开始，依次逐条执行直到程序的最后一行。

### 5.2.1 条件选择语句

在 MATLAB 中，可以采用两种条件选择语句，if 语句和 switch 语句。

**1．if-end 语句**

if-end 语句是最简单的条件选择语句，其结构形式如下：

```
if 逻辑运算式
      程序代码
end
```

如第 3.2.3 节所述，MATLAB 中没有表示“真和假”的布尔量，系统将根据逻辑运算式的值是否为零来判断，如果逻辑运算式的值不为零，则认为是“真”，执行 if 和 end 之间的程序代码；否则将跳过 if 结构，直接执行 end 后面的语句。

**2．if-else-end 语句**

可以在 if 和 end 之间增加一个 else（其他情况）的选择，其结构形式如下：

```
if 逻辑运算式 1
      程序代码 1
else
      程序代码 2
end
```

如果逻辑运算式 1 的值不为零，则执行程序代码 1；否则将执行程序代码 2。

**【例 5-3】** 使用 if-else-end 条件选择语句编写程序示例

$$\begin{cases} y = x^2 + 4x + 4, x \geqslant 0 \\ y = x^2 - 4x + 4, x < 0 \end{cases}$$

建立一个 M 函数文件 m5_3.m。

```
function y = m5_3(x)
%     if 语句编程示例
%     Detailed explanation goes here
if x>=0
      y=x^2+4*x+4;
else
      y=x^2-4*x+4;
end   %end if

end
```

在命令窗口中输入：

```
>> x1=5;
>> y1==m5_3(x1)
y1 =
          49
>> x2= -5;
>> y2==m5_3(x2)
Y2 =
          49
```

**3．if-elseif-end 语句**

还可以在 else 语句中嵌入一个 if 语句，构成 elseif 结构，以形成多重条件的选择，其结构形式如下：

```
if 逻辑运算式 1
      程序代码 1
```

```
elseif 逻辑运算式 2
      程序代码 2
⋮
elseif 逻辑运算式 n
      程序代码 n
else
      程序代码 n+1
end
```

如果逻辑运算式 1 的值不为零，则执行程序代码 1，然后跳出 if 结构；如果逻辑运算式 1 的值为零，而逻辑运算式 2 的值不为零，则执行程序代码 2，然后跳出 if 结构；依此类推，如果所有的逻辑运算式的值都为零，则执行 else 后面的程序代码 n+1。

### 4．switch-case-end 语句

switch 语句又称为开关语句，其结构形式如下：

```
switch  开关表达式
case  表达式 1
      程序代码 1
case  表达式 2
      程序代码 2
        ⋮
case  表达式 n
      程序代码 n
otherwise
      程序代码 n+1
end
```

switch 后面的开关表达式的值可以是数值变量或字符变量，将逐一与 case 后面的值进行比较，与哪个值相同就执行哪个 case 下面的程序代码；如果和所有的 case 值都不相同，则执行 otherwise 下面的程序代码。

**【例 5-4】** 使用 switch-case-end 语句编写程序示例。

首先建立一个 M 命令文件：m5_4.m。

```
x=80;
switch x
    case 100
        y='A';
    case 90
        y='B';
    case 80
        y='C';
    case 70
        y='D';
    case 60
        y='E';
    otherwise
```

```
        y='F';
end
y
```

运行命令文件 m5_4.m，命令窗口将显示：

```
>> m5_4
y =
C
```

### 5.2.2 循环控制语句

在 MATLAB 中，可以采用两种循环控制语句，for 语句和 while 语句。

**1．for-end 循环**

for 循环是最常用的循环语句，将循环的初值、增量、终值以及循环终止的判断条件都放在循环的开头，用于执行已知循环次数的情况，其结构形式如下：

```
for 循环次数变量 = Initial：Increment：FinalValue
    程序代码
end
```

Initial 是循环的初值，Increment 是循环的增量步长，默认值为 1，FinalValue 是循环的终值，Initial、Increment、FinalValue 可以取整数、小数、正数或负数。执行 for 循环时，循环次数变量将被赋予初值，执行程序代码，然后根据增量步长逐次增加，直到大于等于终值时为止。

**【例 5-5】** 使用 for 循环语句编写程序示例，要求：编写函数文件，求 1 到任意自然数的和。

首先建立一个 M 函数文件 m5_5.m。

```
function [ m,sum ] = m5_5(n )
%     求 1 到任意自然数 n 的和
%     Detailed explanation goes here

sum=0;
m=1;
for m=1:n
    sum=sum+m;
    m=m+1;
end
n=m-1;
end
```

在命令窗口中输入：

```
>> n=100;
>> [n,sum]=m5_5(n)
n =
    100
```

```
sum =
          5050
```

for 循环可以嵌套，即循环中还有循环，但是每一个 for 必须和一个 end 相匹配，否则程序执行时将会提示出错。同时还应使用空格或制表符〈Tab〉键实现代码的缩进，使代码的层次分明，便于阅读，如例 5-6 所示。

**【例 5-6】** 使用 for 循环语句编写嵌套的循环程序示例，要求：编写命令文件，建立三角形的乘法口诀表。

首先建立一个 M 命令文件 m5_6.m。

```
a=zeros(9,9);
for i=1:9
    for j=1:i
        a(i,j)=i*j;
    end   %end for j
end   %end for i
a
```

运行命令文件，在命令窗口中将显示：

```
a =
     1     0     0     0     0     0     0     0     0
     2     4     0     0     0     0     0     0     0
     3     6     9     0     0     0     0     0     0
     4     8    12    16     0     0     0     0     0
     5    10    15    20    25     0     0     0     0
     6    12    18    24    30    36     0     0     0
     7    14    21    28    35    42    49     0     0
     8    16    24    32    40    48    56    64     0
     9    18    27    36    45    54    63    72    81
```

**2．while-end 循环**

while 循环又称为条件循环，其结构形式如下：

```
while 条件表达式
    程序代码段
end
```

当条件表达式的值不为零时，就反复执行程序代码段，并反复判断条件表达式，直到条件表达式的值为零时为止，用于执行未知循环次数的情况。

**【例 5-7】** 使用 while 循环语句编写程序示例，要求：编写函数文件，求 1 到任意自然数的和。

首先建立一个 M 函数文件 m5_7.m。

```
function [sum] = m5_7(n)
%   求 1 到任意自然数 n 的和
%   Detailed explanation goes here
```

```
sum=0;
m=1;
while m<=n
      sum=sum+m;
      m=m+1;
end

end
```

在命令窗口中输入：

```
>> n=100;
>> sum=m5_7(n)
sum =
        5050
```

### 5.2.3 错误控制与循环终止

**1．try-catch 语句**

try-catch 语句用于检测程序中的错误，并改变程序流程，其结构形式如下：

```
try
      程序代码 1
catch
      程序代码 2
end
```

首先执行 try 下面的程序代码 1，如果没有错误，执行完成后跳出结构，执行 end 后面的程序；如果执行程序代码 1 的过程中出现错误，系统将捕获错误信息，存放在 lasterr 变量中，然后执行程序代码 2。try-catch 语句在调试程序时非常有用。

**【例 5-8】** 使用 try-catch 语句调试程序。

首先建立一个 M 命令文件 m5_8.m。

```
n=4;
A=rand(3)                              %生成随机的 3*3 阶矩阵
try
      a_n=A(n,:)                       %取 a 的第 n 行元素
catch
      A_end=A(end,:)                   %如果出错，改取 A 的最后一行元素
      disp('程序中有错误！')           %文本提示信息：
      disp('错误为：')
      lasterr                          %显示错误信息
end
```

运行命令文件，在命令窗口中将显示：

```
>> m5_8
A =
     0.8147     0.9134     0.2785
     0.9058     0.6324     0.5469
     0.1270     0.0975     0.9575
A_end =
     0.1270     0.0975     0.9575
程序中有错误！
错误为：
ans =
Attempted to access A(4,:); index out of bounds because size(A)=[3,3].
```

从例中可见，提示的错误信息是：试图读取矩阵的第 4 行元素，但超出了 3×3 阶矩阵 ***A*** 的范围。

**2．continue 语句**

continue 语句用在 for 循环或 while 循环结构中，与 if 语句相配合，用于跳过本次循环，即跳过 continue 语句后面的语句，直接进行下一次循环。在多层嵌套的循环结构中，continue 语句仅跳过它所在层次的本次循环。

**3．break 语句**

break 语句用在 for 循环或 while 循环结构中，与 if 语句相配合，用于终止循环，即直接跳出循环。在多层嵌套的循环结构中，break 语句仅终止它所在层次的循环。

**4．return 语句**

return 语句用于终止函数的运行，与 if 语句相配合，直接返回到调用它的函数或 MATLAB 命令窗口。在 MATLAB 中，函数运行结束后会自动返回到调用它的函数，而在程序代码中某处插入 return 语句，将根据 if 条件迫使程序提前结束，并返回到调用它的函数。

## 5.3 图形用户界面 GUI 的设计

图形用户界面（Graphical User Interface，GUI）是随着图形化操作系统（例如 Windows）一起发展起来的，用户可以通过鼠标单击按钮进行操作，控制程序的运行，或者与程序进行信息的交换。目前几乎所有的计算机高级语言都是以 GUI 作为应用程序开发的基础，如 VB、VC++、Java 等，MATLAB 也提供了丰富的图形用户界面的设计功能，用户可以自己设计人机交互界面，以显示各种计算的结果、图形，接受用户输入各种参数等。

### 5.3.1 GUI 设计向导

MATLAB 提供 GUI 设计向导，以方便用户选择适合自己程序的图形用户界面。启动 GUI 设计向导的方法有 3 种：

- 在 MATLAB 主界面，选择“File”→“New”→“GUI”命令。
- 在命令窗口中直接输入“guide”命令。
- 单击工具栏中的“GUI”按钮。弹出的 GUI 设计向导界面如图 5-4 所示。

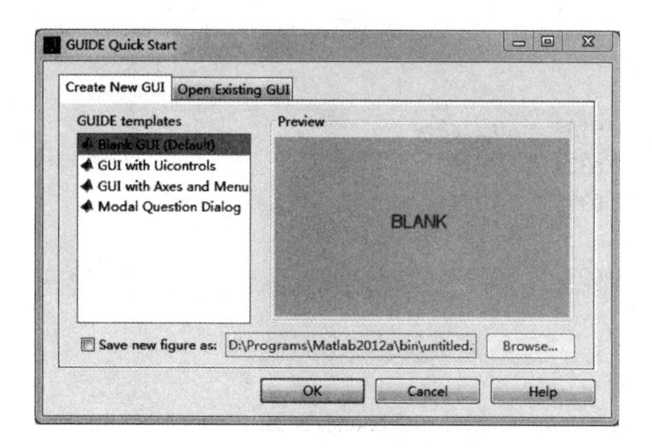


图 5-4　GUI 设计向导界面

GUI 界面主要有两种功能：

1）创建一个新的图形用户界面，即“Create New GUI”标签，包括以下内容。

- 空白 GUI（Blank GUI），如图 5-5a 所示。
- 控制 GUI（GUI with Uicontrols），如图 5-5b 所示。
- 图像与菜单 GUI（GUI with Axes and Menu），如图 5-5c 所示。
- 对话框 GUI（Model Question Dialog），如图 5-5d 所示。

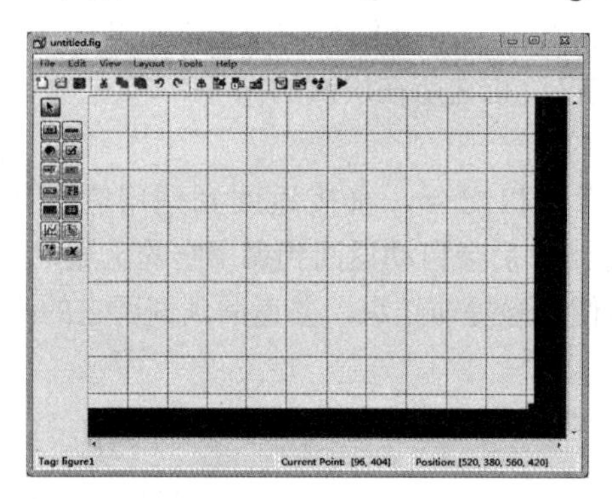

a)

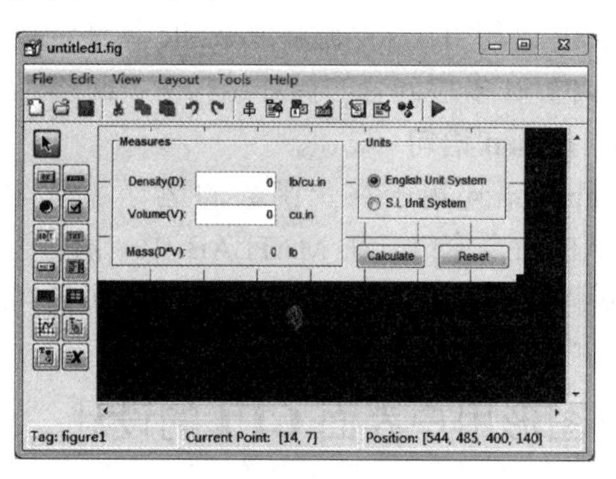


b)

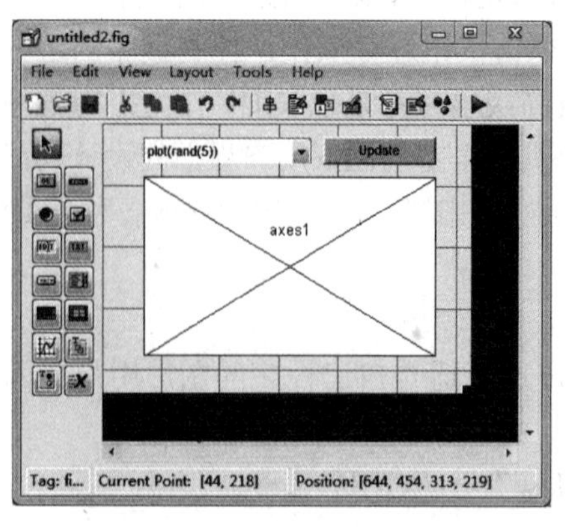


c)

d)

图 5-5　MATLAB 提供的 4 种图形用户界面

a) 空白 GUI　b) 控制 GUI　c) 图像与菜单 GUI　d) 对话框 GUI

2）打开一个已有的图形用户界面文件（*.fig），即“Open Existing GUI”标签。

MATLAB 将图形用户界面的控件布局信息存储在*.fig 文件中，同时还会生成一个同名的*.m 文件用于存储所调用的函数信息。

## 5.3.2 GUI 控件

MATLAB 提供了图形用户界面程序设计中常用的控件，如按钮、单选按钮、复选框等，表 5-1 列出了这些控件的图标及对应功能。

表 5-1 MATLAB 提供的 GUI 控件

| 图　标 | 英 文 提 示 | 对应功能功能 | 图　标 | 英 文 提 示 | 对应功能功能 |
|---|---|---|---|---|---|
| | Push Button | 按钮 | | Slider | 滚动条 |
| | Radio Button | 单选按钮 | | Check Box | 复选框 |
| | Static Text | 静态文本 | | Edit Text | 可编辑文本框 |
| | Listbox | 列表框 | | Popup Menu | 弹出菜单 |
| | Table | 表格 | | Axes | 坐标轴 |
| | Toggle Button | 开关按钮 | | Panel | 仪表板 |
| | ActiveX Control | ActiveX 控件 | | | |

单击某控件，光标指针将变成十字形状，移动光标到右侧编辑区的空白处，再次单击，即可完成该控件的创建工作，如图 5-6 所示。

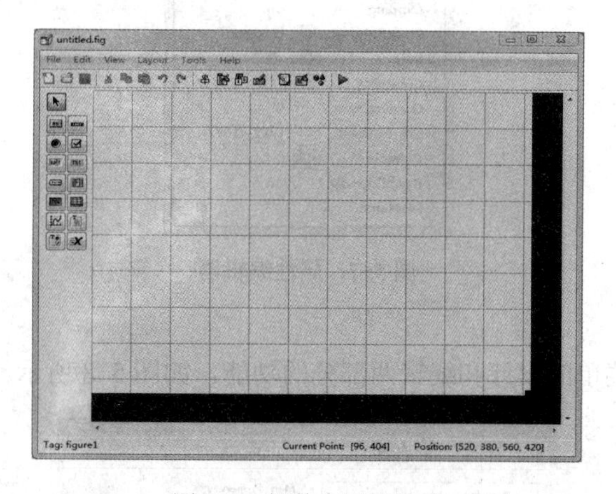


图 5-6 控件布局编辑器

## 5.3.3 GUI 设计工具

本节以最常用，也是最基础的空白 GUI（Blank GUI）界面的设计为例，如图 5-5a 所示，讲述图形用户界面的设计方法。MATLAB 提供了一组用于 GUI 开发的工具，主要包括以下几种。

- 控件布局编辑器。
- 属性编程器。
- 菜单编辑器。

- 几何排列工具。
- 对象浏览器。

### 1. 控件布局编辑器

控件布局编辑器的上部为菜单栏和工具栏，表 5-2 列出了工具栏中的图标及对应功能；左侧为控件区，详见 5.3.2 节；右侧为编辑区，可以放置各种控件，构成用户图形界面。

表 5-2　工具栏中的按钮图标

| 按 钮 图 标 | 英 文 提 示 | 对应功能功能 | 按 钮 图 标 | 英 文 提 示 | 对应功能功能 |
|---|---|---|---|---|---|
|  | Align Objects | 几何排列工具 |  | Editor | 打开对应的*.m 文件 |
|  | Menu Editor | 菜单编辑器 |  | Property Inspector | 属性编辑器 |
|  | Tab Order Editor | 〈Tab〉键顺序编辑器 |  | Object Figure | 对象浏览器 |
|  | Toolbar Editor | 工具栏编辑器 |  | Run Figure | 运行图形用户界面 |

### 2. 属性编辑器

属性编辑器用来设置控件的属性值，比如文本框控件显示的 String（字符）、FontName（字体）、FontSize（字号）等，如图 5-7 所示。

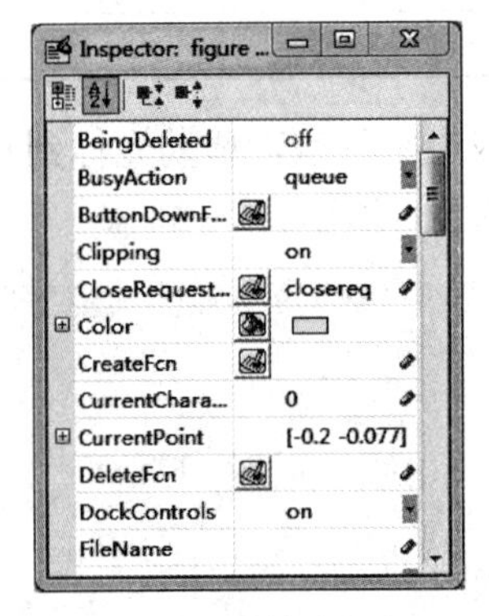


图 5-7　属性编辑器

### 3. 菜单编辑器

菜单编辑器包括菜单的设计和编辑两部分的功能，如图 5-8 所示。

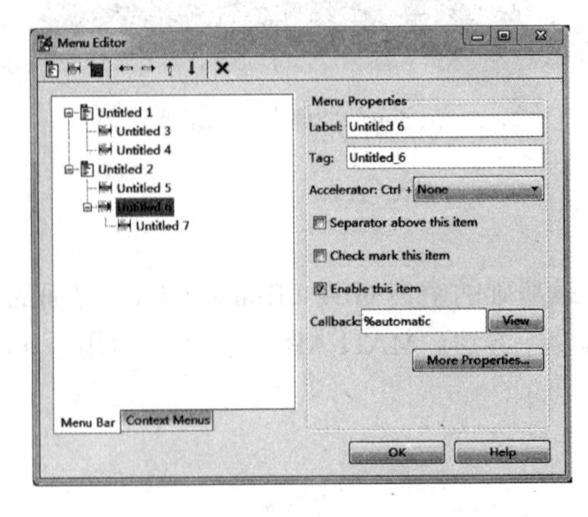


图 5-8　菜单编辑器

### 4．几何排列工具

几何排列工具用于调整各控件之间的相对位置，如顶端对齐、居中对齐、左对齐、设置间距值等，如图 5-9 所示。

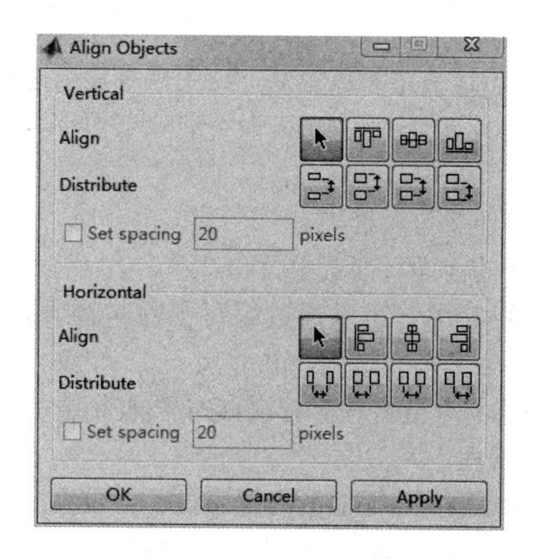


图 5-9　几何排列工具

### 5．对象浏览器

对象浏览器用于浏览当前 GUI 程序中所有菜单和控件的信息，如图 5-10 所示，用图标表示控件的类型，同时还有控件的名称和标识。只要在控件上双击，就可以打开该控件的属性编辑器。

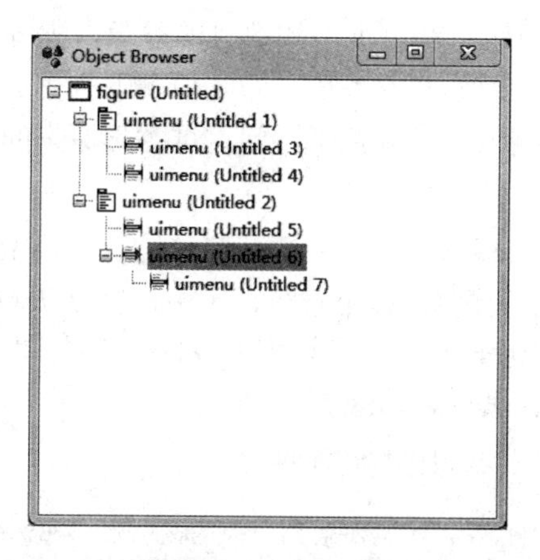


图 5-10　对象浏览器

## 5.4　MATLAB 程序设计的基本原则

为了便于用户熟练地使用 MATLAB 软件进行程序设计，而且养成良好的编程习惯，下面给出了 MATLAB 程序设计的基本原则。

1）MATLAB 程序的基本组成如下。

● % 命令行注释。

- 采用 clear、close 命令清除工作空间的变量。
- 定义变量，设置初始值。
- 编写运算指令、调用函数或调用子程序。
- 使用流程控制语句。
- 直接在命令窗口中显示运算结果或者通过绘图命令显示运算结果。

2）一般情况下主程序开头习惯使用 clear 命令清除工作空间变量，然而子程序开头不要使用 clear 命令。

3）程序命名尽量清晰，便于日后维护。

4）初始值尽量放在程序的前面，便于更改和查看。

5）如初始值较长或者较常用，可以通过编写子程序将所有的初始值进行存储，以便调用。

6）对于较大的程序设计，尽量将程序分解成每个具有独立功能的子程序，然后采用主程序调用子程序的方法进行编程。

7）充分地利用 M 文件编辑窗口里面的设置断点、单步执行和连续执行工具对程序进行调试。

## 5.5 MATLAB 程序设计实例

### 5.5.1 M 命令文件设计实例

**【例 5-9】** 猩猩吃香蕉问题：有一堆不知数目的香蕉，猩猩第一天吃掉一半，觉得没吃够，又多吃了一个。第二天依旧如此吃香蕉，即吃掉剩下香蕉的一半再加一个。以后天天如此，直至第十天早上发现只剩下一个香蕉了。问这堆香蕉原来的数目和每天剩余香蕉的数目是多少？

问题分析：此题初看起来感觉无从下手，其实这是一个典型的递推问题，即可以先假设第 1 天共有 $x1$ 个香蕉，第 2 天剩余 $x2$ 个香蕉，……，第 9 天剩余 $x9$ 个，第 10 天剩余 $x10$ 个。从题干中可以看出 x10=1，而且可以看出 $x1 \sim x10$ 之间存在 $x(i)/2-1=x(i+1)$，即 $x(i)=2\times[x(i+1)+1]$ 的关系，其中 $i=9,8,7,\cdots,1$。

建立 M 文件 m5_9.m，编写程序，求解问题：

```
%%%%%%%%%%%%%%%%%%%%%%%%%%%%%%%%%%%%%%%%%%%%%%%%%
%例 5-9
%猩猩吃香蕉问题
%%%%%%%%%%%%%%%%%%%%%%%%%%%%%%%%%%%%%%%%%%%%%%%%%
x=zeros(1,10);                               %1 行 10 列的零矩阵，保存每天香蕉的数目
x(10)=1;                                     %给定初值，第 10 天还剩 1 个香蕉
Total=0;                                     %预设香蕉总数变量
i=9;

for n=i:-1:1                                 %循环递推，计算每天的香蕉数目
    x(n)=2*(x(n+1)+1);
```

```
end   %end for n

Total=x(1)                                        %输出这堆香蕉原来的数目
x                                                 %输出每天剩余香蕉的数目
```

运行程序，显示计算结果：

```
Total =
        1534
x =
   Columns 1 through 5
        1534        766        382        190        94
   Columns 6 through 10
         46         22         10          4         1
```

### 5.5.2 M 函数文件设计实例

【例 5-10】 某商场对商品实行打折促销，具体标准如表 5-3 所示，试编写程序计算顾客的实际消费金额和所享受的折扣。

表 5-3 促销折扣表

| 消 费 额 度 | 折 扣 |
|---|---|
| 若总消费小于 300 元 | 无折扣 |
| 若总消费大于等于 300 元，并小于 500 元 | 1%折扣 |
| 若总消费大于等于 500 元，并小于 800 元 | 3%折扣 |
| 若总消费大于等于 800 元，并小于 1 500 元 | 5%折扣 |
| 若总消费大于等于 1 500 元，并小于 3 000 元 | 7%折扣 |
| 若总消费大于等于 3 000 元，并小于 10 000 元 | 9%折扣 |
| 若总消费大于 10 000 元 | 12%折扣 |

```
function [sjxf, zk] = m5_10(xf)
%促销折扣计算函数
%输入参数 xf 为顾客的消费金额;
%输出参数 sjxf 为顾客的实际消费金额，zk 为顾客享受的折扣
switch fix(xf/100)
    case {0,1,2}
        zk=0;
    case {3,4}
        zk=1/100;
    case {5,6,7}
        zk=3/100;
    case num2cell{8:14}     % 函数 num2cell(A)的作用是把数组 A 的每一个元素作为 cell 的元素
        zk=5/100;
    case num2cell {15:29}
        zk=7/100;
```

```
        case {30:99}
            zk=9/100;
        otherwise
            zk=12/100;
    end
    sjxf=xf*(1-zk);                    %折扣后的实际消费金额
    end
```

### 5.5.3 GUI 界面设计实例

应用程序的开发主要包括两个方面，一方面是图形用户界面（GUI）的设计；另一方面是程序功能代码的编写。

**【例 5-11】** 设计一个简单的波形显示程序，用户输入正弦波的三要素（有效值、频率、初相位），单击“绘图”按钮，就可以在坐标轴控件上绘制正弦波曲线。

**1．图形用户界面设计**

GUI 界面的设计步骤如下。

1）创建 GUI 界面：单击 MATLAB 主界面工具栏中的“GUI”按钮，启动 GUI 设计向导。在“Create New GUI”标签页下选择“Blank GUI（Default）”，创建空白的 GUI 界面并启动控件布局编辑器，如图 5-4 所示。

2）设置 GUI 界面的标题：单击“控件布局编辑器”工具栏中的“编辑”按钮，启动属性编辑器，将 name 属性设置为“正弦波发生器”。

3）添加控件：在控件布局编辑器中添加 1 个坐标轴，6 个静态文本框，3 个可编辑文本框和 1 个按钮，如图 5-11 所示。

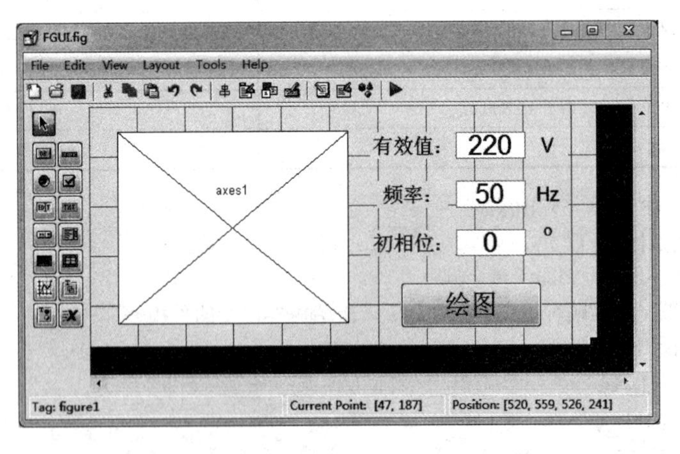


图 5-11　例 5-11 中的用户界面

4）设计控件属性：为了美观和显示比例协调，将静态文本框的 FontSize 属性设置为 16（单位像素），String 设置为“有效值：”“频率：”“初相位：”等。

5）设置控件的标识：控件的标识（Tag）用于在程序中识别各个控件，设置坐标轴的 Tag 属性为 axes_Wave，3 个可编辑文本框的 Tag 属性依次为 edit_Voltage、edit_Frequency、edit_Phase，按钮的 Tag 属性为 pushbutton_Draw。由于静态文本框不需要有返回值，也就不需要设置他们的 Tag 属性，保持系统的缺省值就可以了。

6）调整控件位置：使用几何排列工具，调整控件的几何排列位置，如水平居中对齐、竖直居中对齐等。

7）设置好的 GUI 界面如图 5-11 所示，单击控件布局编辑器工具栏中的“运行”按钮 ▶。

**2．编写代码**

为了实现应用程序的功能，还需要编写一些功能代码，从 GUI 界面得到用户的输入信息，中间的计算，输出数据或绘制输出曲线等。

```
function pushbutton_Draw_Callback(hObject, eventdata, handles)
% hObject      handle to pushbutton_Draw (see GCBO)
% eventdata    reserved - to be defined in a future version of MATLAB
% handles      structure with handles and user data (see GUIDATA)

%从 GUI 界面的可编辑文本框中得到输入值，并由 string 类型转换为 double 类型
U = str2double(get(handles.edit_Voltage,'string'));                %电压的有效值
f=str2double(get(handles.edit_Frequency,'string'));                %频率
phase=str2double(get(handles.edit_Phase,'string'));                %初相位

T=1/f;                                                             %计算周期
t=0:T/100:2*T;                                                     %时间轴 t,
y=sqrt(2)*voltage*sin(2*pi*frequency*t+phase);

axes(handles.axes_Wave)
plot(t, y)
set(handles.axes_Wave,'XMinorTick','on')
grid on
```

**3．运行程序**

执行上述操作并编写相应代码，最后程序的运行结果如图 5-12 所示。

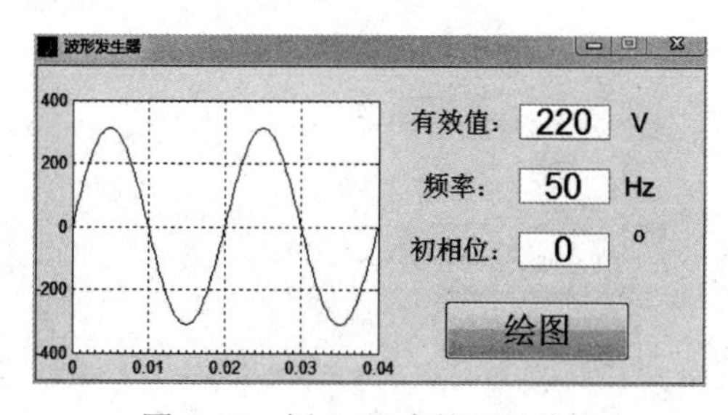


图 5-12　例 5-11 中的运行结果

## 5.6　习题

1．简述脚本文件和 M 函数的不同。

2．编写一个 M 函数，任意输入一个字符串，先判断字符是否为字母，如不是，则保持

原样输出，如果是字母，再判断字母是否为小写，若不是将其改为小写。

3．编写程序实现如下功能：随机获得 10 个数，并将此随机数按照从小到大的顺序排列，并输出。

4．锯齿波的周期为 0.5s，幅值为 5，编写 GUI 程序绘制出锯齿波的波形。

## 5.7 上机实验

**1．实验目的**

1）了解 MATLAB 程序设计流程。

2）熟练使用 MATLAB 编程求解所需问题。

**2．实验原理**

在 MATLAB 里，矩阵的加减乘除的运算已经在本书第 3 章讲解过了，详细运算方式请参照本书第 3 章的内容。

**3．实验内容**

已经矩阵 ***A***=[1 2 3;4 5 6;7 8 9]，***B***=[9 8 7;6 5 4;3 2 1]，编写一个 Function 函数实现矩阵的加、减、乘和开根号的功能。

# 第 6 章　Simulink 建模与仿真基础

**本章要点**

- Simulink 的公共模块库和专业模块库简介
- Simulink 建模与动态仿真的基本方法
- Simulink 建模举例

1993 年，MathWorks 公司推出 MATLAB 4.0 版本时，还专门设计了一种基于结构框图的系统仿真工具，即 Simulink 仿真环境。该仿真工具是基于 MATLAB 软件平台的附属软件包，用户无需注重语言的编程，而是利用模块化的图形输入/输出来构建系统模型，从而实现动态系统的建模与仿真。

本章主要介绍 Simulink 的功能和特点、Simulink 的模块库、Simulink 建模与动态仿真的基本方法以及 Simulink 建模举例。

## 6.1　Simulink 基础

Simulink 是 MATLAB 最重要的组件之一，它提供一个动态系统建模、仿真和综合分析的集成环境。在该环境中，无需编写大量的代码，只需要通过简单直观的鼠标操作，就可以构造出复杂的系统。Simulink 具有适应面广、结构和流程清晰、仿真精细、效率高、灵活等优点，Simulink 已被广泛应用于控制理论和数字信号处理的复杂仿真和设计。同时有大量的第三方软件和硬件可应用于或被要求应用于 Simulink。

### 6.1.1　Simulink 的启动

在 MATLAB 主界面中，单击工具栏中的“Simulink”按钮，或者在命令窗口中输入 Simulink，将启动 Simulink Library Browser（模块库浏览器），如图 6-1 所示。

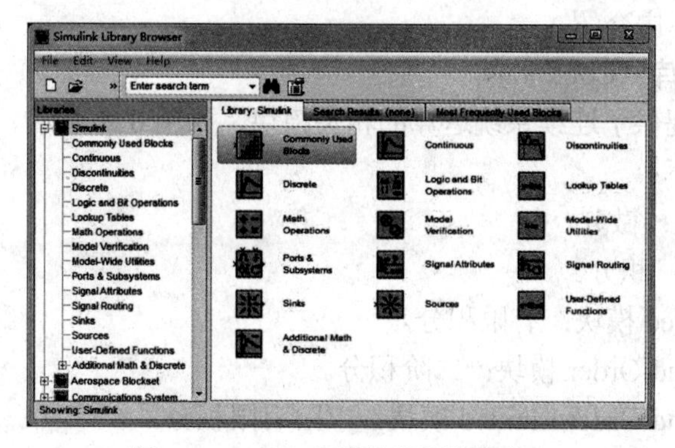


图 6-1　Simulink 模块库浏览器窗口

在 Simulink Library Browser 窗口左侧的 Libraries 中，以树形结构列出当前 MATLAB 系统中已安装的所有 Simulink 模块库和各子模块库；右侧分为 3 个标签项。

- Library：列出了当前模块库中的所有可用模块。
- Search Results：列出了搜索到的模块。
- Most Frequently Used Blocks：列出了用户最常用的模块。

### 6.1.2 Simulink 的模型窗口

在 Simulink Library Browser 界面中单击“新建”按钮，或者选择菜单命令“File”→“New”→“Model”命令，将打开 Simulink 的模型窗口，如图 6-2 所示。

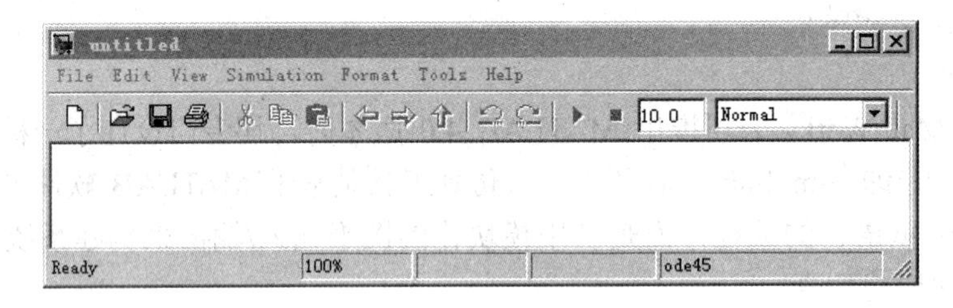


图 6-2　Simulink 模型窗口

## 6.2 Simulink 的模块库

Simulink 模块库主要分为公共模块库和专业模块库两大类，其中又包含了大量的子模块，由于篇幅限制，这里仅对模块库的总体功能做简单介绍。如果用户需要了解模块的具体使用方法，可以利用帮助系统或者双击某个模块查看该模块的简介和参数设置。

### 6.2.1 公共模块库

Simulink 的公共模块库包含 15 个基础模块库和 1 个自定义模块库，不同专业领域的建模与仿真中所要用到的公用模块都聚集于此。

**1．常用模块库（Commonly Used Blocks）**

为了方便用户快速调用所需要的模块，Simulink 从其他公共模块库中提取出较为常用的模块，构成常用模块库（Commonly Used Blocks），里面包含了 23 个模块，如图 6-3 所示，其功能将在各个模块库中介绍。

**2．连续系统模块库（Continous）**

连续系统模块库提供了连续系统运算的相关模块，如图 6-4 所示。

各模块的功能如下：

- Derivative 模块：微分。
- Integrator 模块：积分。
- Integrator Limited 模块：有限积分。
- Integrator Second-Order 模块：二阶积分。
- Integrator Second-Order Limited 模块：二阶有限积分。
- PID Controller 模块：PID 控制器。

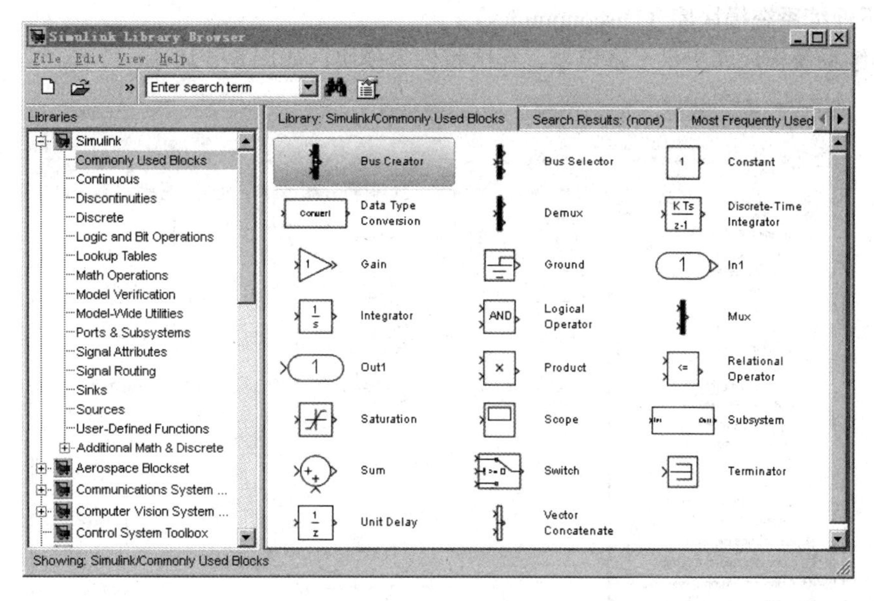


图 6-3　常用模块库

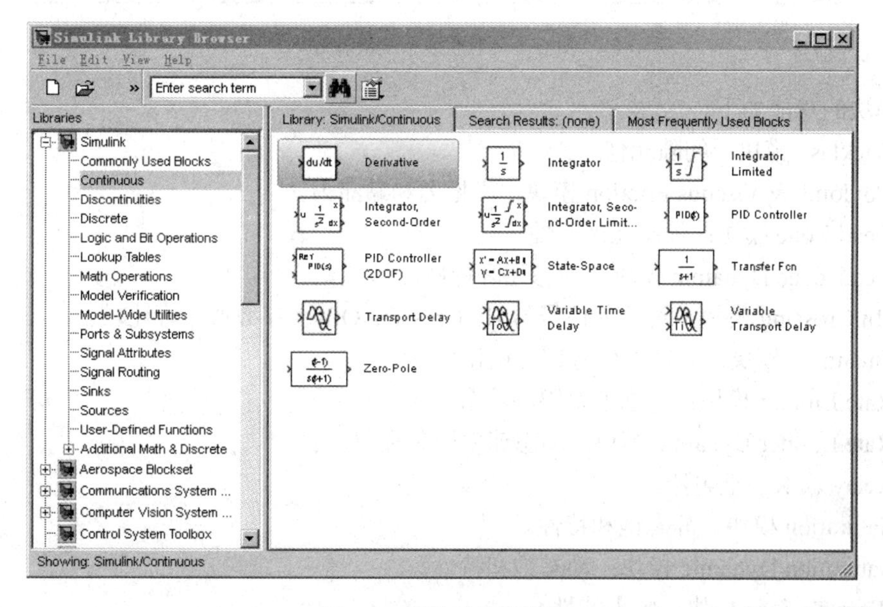


图 6-4　连续系统模块库

- PID Controller (2DOF)模块：二自由度 PID 控制器。
- State-Space 模块：状态方程。
- Transfer Fcn 模块：传递函数。
- Transport Delay 模块：固定时间的传输延迟。
- Variable Time Delay 模块：可变时间的传输延迟。
- Variable Transport Delay 模块：可变传输延迟。
- Zero-Pole 模块：零极点。

### 3．不连续系统模块库（Discontinuities）

不连续系统模块库提供了继电器、死区特性等模块，如图 6-5 所示。

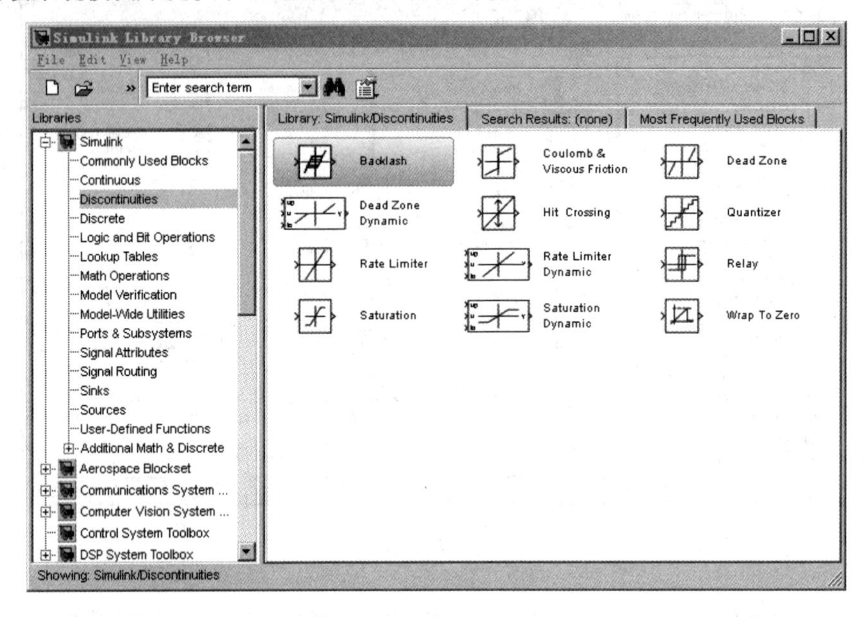


图 6-5　不连续系统模块库

各模块的功能如下。

- Backlash 模块：间隙元件。
- Coulomb & Viscous Friction 模块：库伦力和黏滞力。
- Dead Zone 模块：静态死区特性。
- Dead Zone Dynamic 模块：动态死区特性。
- Hit Crossing 模块：将输入信号与 Hit Crossing Offset 参数值进行比较。
- Quantizer 模块：对输入信号进行量化处理。
- Rate Limiter 模块：静态速率限制环节。
- Rate Limiter Dynamic 模块：动态速率限制环节。
- Relay 模块：继电器。
- Saturation 模块：静态饱和特性。
- Saturation Dynamic 模块：动态饱和特性。
- Wrap To Zero 模块：限零特性。

### 4．离散系统模块库（Discrete）

离散系统模块库提供了滤波器、传递函数、采样保持器等离散系统模块，如图 6-6 所示。

各模块的功能如下。

- Delay 模块：延迟。
- Difference 模块：差分。
- Discrete Derivative 模块：微分。
- Discrete FIR Filter 模块：离散数字滤波器。

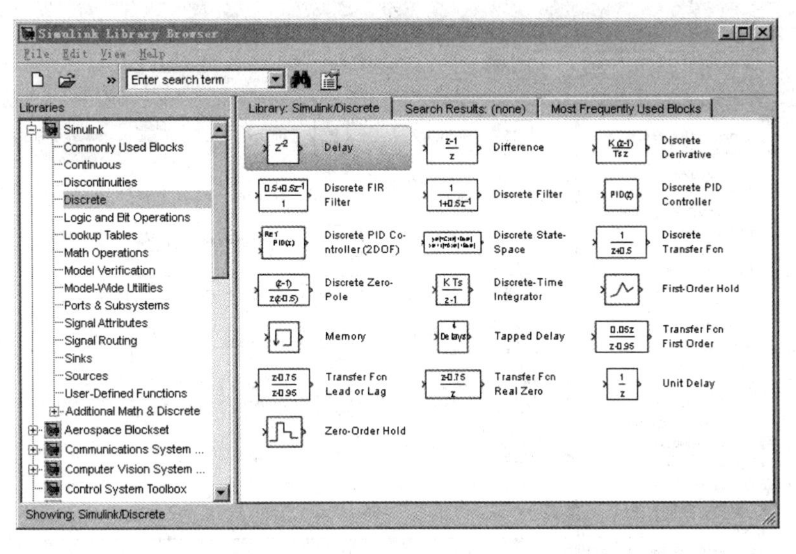


图 6-6　离散系统模块库

- Discrete Filter 模块：离散滤波器。
- Discrete PID Controller 模块：离散 PID 控制器。
- Discrete PID Controller (2DOF)模块：离散 PID 控制器（2 自由度）。
- Discrete State-Space 模块：离散系统的状态方程。
- Discrete Transfer Fcn 模块：离散系统的传递函数。
- Discrete Zero-Pole 模块：离散系统的零极点。
- Discrete-Time Integrator 模块：离散时间变量的积分。
- First-Order Hold 模块：离散信号的一阶采样保持器。
- Memory 模块：单步积分延迟。
- Tapped Delay 模块：N 步延迟。
- Transfer Fcn First Order 模块：离散系统的一阶传递函数。
- Transfer Fcn Lead or Lag 模块：离散系统的超前或滞后传递函数。
- Transfer Fcn Real Zero 模块：离散系统的带零点传递函数。
- Unit Delay 模块：单位延迟。
- Zero-Order Hold 模块：离散信号的零阶采样保持器。

**5. 逻辑与位操作模块库（Logic and Bit Operations）**

逻辑与位操作模块库提供了位操作的相关模块，如位清除、位设置，位的逻辑运算等，如图 6-7 所示。

各模块的功能如下。

- Bit Clear 模块：位清除。
- Bit Set 模块：位设置。
- Bitwise Operator 模块：位的逻辑运算。
- Combinatorial Logic 模块：查找逻辑真值。
- Compare To Constant 模块：常数比较。

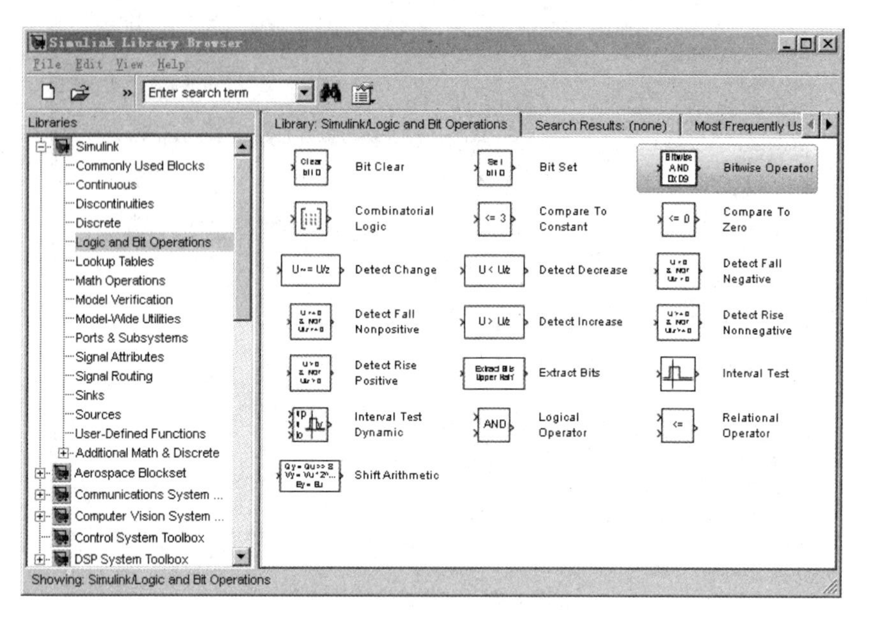


图 6-7　逻辑与位操作模块库

- Compare To Zero 模块：与零比较。
- Detect Change 模块：检测信号的变化。
- Detect Decrease 模块：检测信号的减小。
- Detect Fall Negative 模块：检测信号的变负。
- Detect Fall Nonpositive 模块：检测信号的非正。
- Detect Increase 模块：检测信号的增大。
- Detect Rise Nonnegative 模块：检测信号的非负。
- Detect Rise Positive 模块：检测信号变正。
- Extract Bits 模块：选择部分位。
- Interval Test 模块：检测静态区间。
- Interval Test Dynamic 模块：检测动态区间。
- Logical Operator 模块：逻辑运算。
- Relational Operator 模块：关系运算。
- Shift Arithmetic 模块：移位运算。

**6．查表模块库（Lookup Tables）**

查表模块库中各模块的如图 6-8 所示。

各模块的功能如下。

- 1-D Lookup Table 模块：一维线性内插值。
- 2-D Lookup Table 模块：二维线性内插值。
- Cosine 模块：余弦函数。
- Lookup Table（n-D）模块：n 维内插值运算。
- Interpolation using PreLookup 模块：内插值运算。
- Lookup Table Dynamic 模块：一维线性动态内插值。

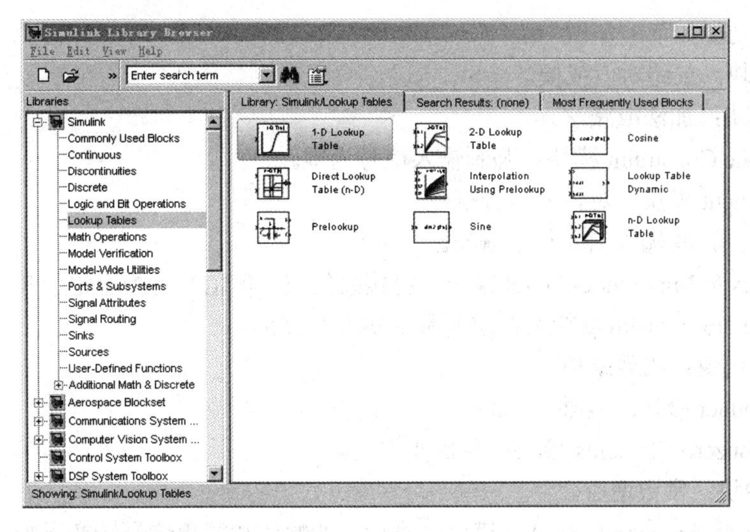


图 6-8　查表模块库

- PreLookup 模块：查找输入信号所在的位置。
- Sine 模块：正弦函数。
- n-D Lookup Table 模块：n 维线性插值。

**7．数学运算模块库（Math Operations）**

数学运算模块库提供了各种用于数学运算的模块，包括数学运算、关系运算、逻辑运算和复数运算等，如图 6-9 所示。

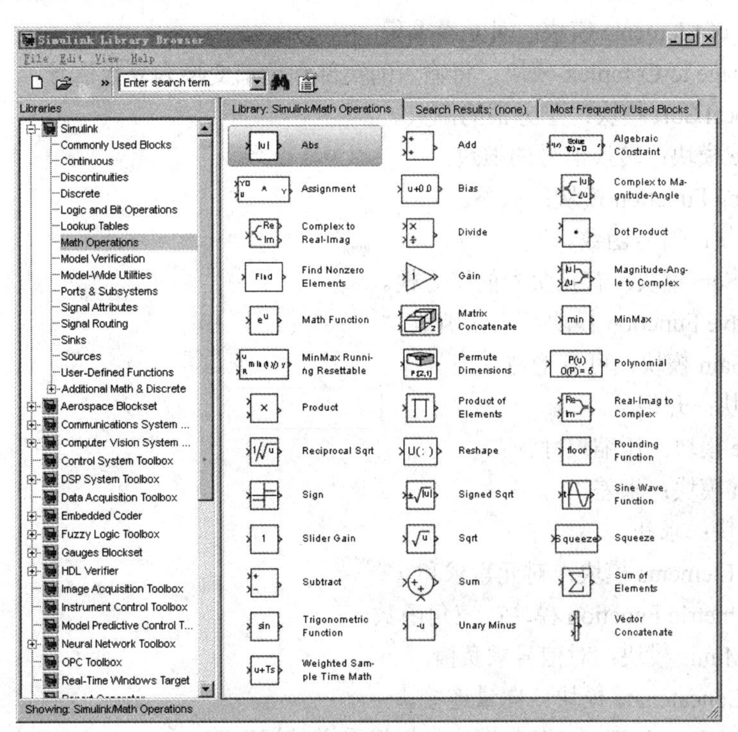


图 6-9　数学运算模块库

各模块的功能如下。

- Abs 模块：求绝对值或模。
- Add 模块：加法或减法。
- Algebraic Constraint 模块：强制输入信号为零。
- Assignment 模块：对输入信号赋值。
- Bias 模块：将输入信号加上偏差。
- Complex to Magnitude-Angel 模块：将接收的双精度信号转换至幅值和幅角。
- Complex to Real-Imag 模块：求复数的实部和虚部。
- Divide 模块：相乘或相除。
- Dot Product 模块：点乘。
- Find Nonzero Elements 模块：寻找非零元素。
- Gain 模块：常数增益。
- Magnitude-Angle to Complex 模块：将输入的幅值和幅角信号转换至复数信号。
- Math Function 模块：数学运算函数。
- Matrix Concatenation 模块：将输入矩阵串联。
- MinMax 模块：求最小值或最大值。
- MinMax Running Resettable 模块：求可复位的最小值或最大值。
- Permute Dimensions 模块：排列尺寸。
- Polynomial 模块：计算多项式的值。
- Product 模块：乘法或除法。
- Product of Elements 模块：对元素求积。
- Real-Image to Complex 模块：将输入的实部和虚部变换为复数信号。
- Reciprocal Sqrt 模块：平方根的倒数。
- Reshape 模块：转换信号的维数。
- Rounding Function 模块：取整。
- Sign 模块：符号函数。
- Signed Sqrt 模块：有正负号的平方根。
- Sine Wave Function 模块：正弦函数。
- Slider Gain 模块：可变增益。
- Sqrt 模块：开根号。
- Squeeze 模块：压缩尺寸。
- Subtract 模块：求差。
- Sum 模块：求和。
- Sum of Elements 模块：对元素求和。
- Trigonometric Function 模块：三角函数。
- Unary Minus 模块：对信号求负值。
- Vector Concatenate 模块：向量连接。
- Weighted Sample Time Math 模块：加权采样时间运算。

**8．模型验证模块库（Model Verificaiton）**

模型验证模块库提供了检验模型正确性的相关模块，如图 6-10 所示。

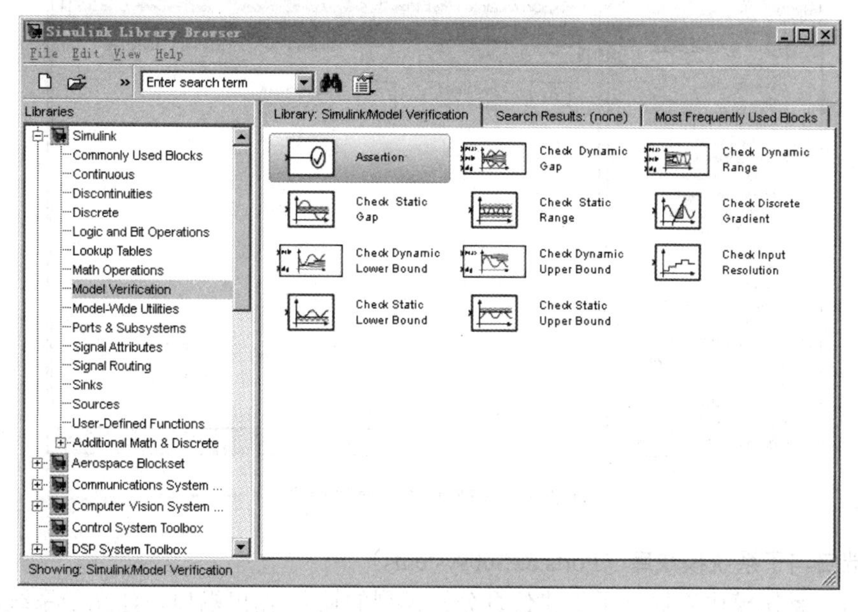


图 6-10　模型验证模块库

各模块的功能如下。

- Assertion 模块：声明输入信号非零。
- Check Dynamic Gap 模块：检测动态间隙。
- Check Dynamic Range 模块：检测动态范围。
- Check Static Gap 模块：检测静态间隙。
- Check Static Range 模块：检测静态范围。
- Check Discrete Gradient 模块：检测离散信号的梯度。
- Check Dynamic Lower Bound 模块：检测动态下限。
- Check Dynamic Upper Bound 模块：检测动态上限。
- Check Input Resolution 模块：检测输入信号分辨率。
- Check Static Lower Bound 模块：检测静态下限。
- Check Static Upper Bound 模块：检测静态上限。

**9．模型扩充工具模块库（Model-Wide Utilities）**

模型扩充工具模块库提供了一些扩充模型功能的实用工具，如图 6-11 所示。各模块的功能如下。

- Block Support Table 模块：支持表。
- DocBlock 模块：文本编辑器。
- Model Info 模块：模型信息编辑器。
- Timed-Based Linearization 模块：用给定时间对模型进行线性化。
- Trigger-Based Linearization 模块：用触发信号对模型进行线性化。

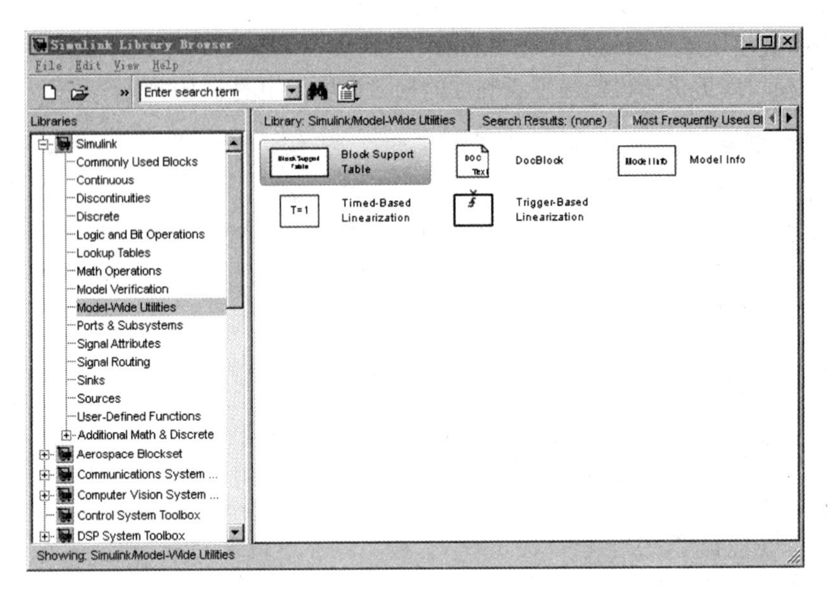


图 6-11　模型扩充工具模块库

**10．端口与子系统模块库（Ports & Subsystems）**

端口与子系统模块库提供了创建仿真分析模型的输入/输出端口，建立子系统的工具，如图 6-12 所示。

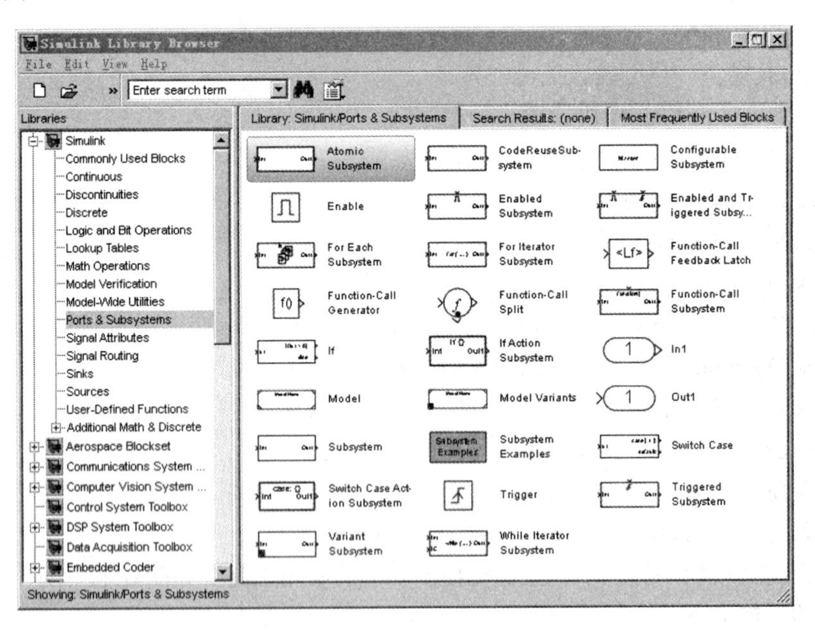


图 6-12　端口与子系统作模块库

各模块的功能如下。

- Atomic Subsystem 模块：原子子系统。
- Code Reuse Subsystem 模块：代码重用子系统。
- Configurable Subsystem 模块：可配置子系统。

- Enable 模块：启动。
- Enabled Subsystem 模块：启动子系统。
- Enabled and Triggered Subsystem 模块：启动触发子系统。
- For Each Subsystem 模块：for 循环每一个子系统。
- For Iterator Subsystem 模块：for 循环子系统。
- Function-Call Feedback Latch 模块：函数调用反馈锁。
- Function-Call Generator 模块：函数调用发生器。
- Function-Call Split 模块：函数调用分支。
- Function-Call Subsystem 模块：函数调用子系统。
- If 模块：If 条件结构。
- If Action Subsystem 模块：If 条件执行子系统。
- In1 模块：子系统输入端口。
- Model 模块：模型。
- Model Variants 模块：模型变体。
- Out1 模块：子系统输出端口。
- Subsystem 模块：子系统。
- Subsystem Examples 模块：子系统举例。
- Switch Case 模块：开关。
- Switch Case Action Subsystem 模块：开关条件执行子系统。
- Trigger 模块：设置触发信号。
- Triggered Subsystem 模块：触发子系统。
- Variant Subsystem 模块：变体子系统。
- While Iterator Subsystem 模块：while 循环结构子系统。

**11. 信号特征模块库（Signal Attributes）**

信号特征模块库提供了修改信号特征的工具，如图 6-13 所示。

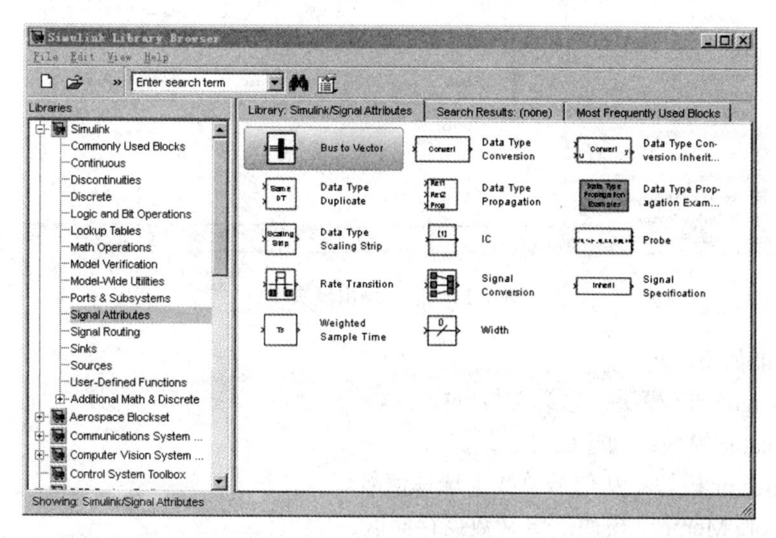


图 6-13 信号特征模块库

各模块功能如下。

- Bus to Vector 模块：向量总线。
- Data Type Conversion 模块：数据类型转换。
- Data Type Conversion Inherited 模块：数据类型继承与转换。
- Data Type Duplicate 模块：数据类型复制。
- Data Type Propagation 模块：数据类型传播。
- Data Type Propagation agation Examples 模块：数据类型举例。
- Data Type Scaling Strip 模块：数据类型剔除。
- IC 模块：设置信号初始值。
- Probe 模块：信号探测器。
- Rate Transition 模块：速率转换。
- Signal Conversion 模块：信号转换。
- Signal Specification 模块：修改信号属性。
- Weighted Sample Time 模块：加权采样时间运算。
- Width 模块：输入信号宽度。

**12．信号路由模块库（Signal Routing）**

信号路由模块库提供了十多种用于信号处理的模块，如图 6-14 所示。

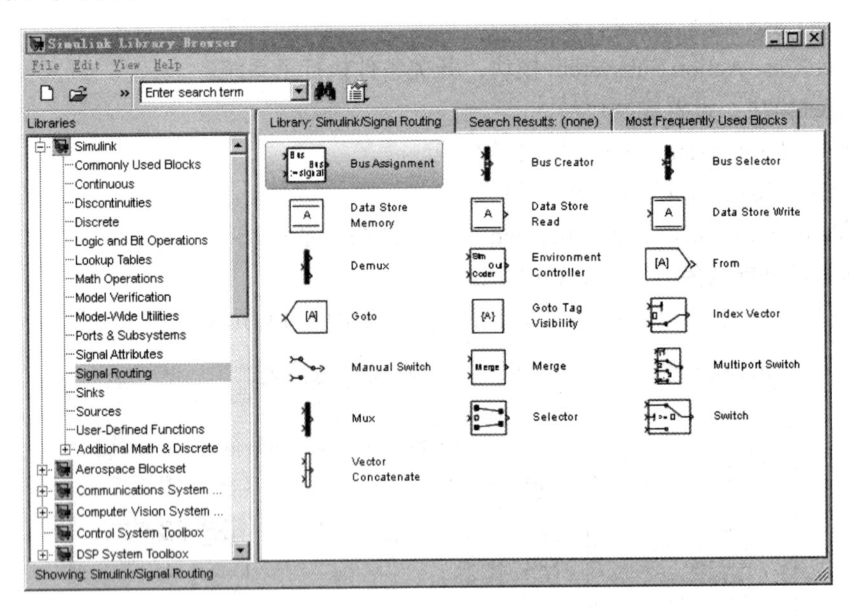


图 6-14　信号路由模块库

各模块功能如下。

- Bus Assignment 模块：总线信号分配。
- Bus Creator 模块：创建信号总线。
- Bus Selector 模块：从信号总线中选择信号。
- Data Store Memory 模块：定义数据存储区。
- Data Store Read 模块：从存储区读取数据。

- Data Store Writer 模块：将数据写入存储区。
- Demux 模块：多路分离器。
- Environment Controller 模块：环境控制器。
- From 模块：从 Goto 模块接收信号。
- Goto 模块：向 From 模块发送信号。
- Goto Tag Visibility 模块：为 Goto 模块做可视化标识。
- Index Vector 模块：索引向量。
- Manual Switch 模块：手动选择。
- Merge 模块：将多个输入信号合并为一个输出信号。
- Multiport Switch 模块：多端口输出选择器。
- Mux 模块：多路复合器。
- Selector 模块：信号选择器。
- Switch 模块：两端口输出选择器。
- Vector Concatenate 模块：向量连接。

**13．输出模块库（Sinks）**

输出模块库为仿真系统提供了不同的输出方式，包括示波器的图形显示、实时数值显示、将仿真数据保存到文件等，如图 6-15 所示。

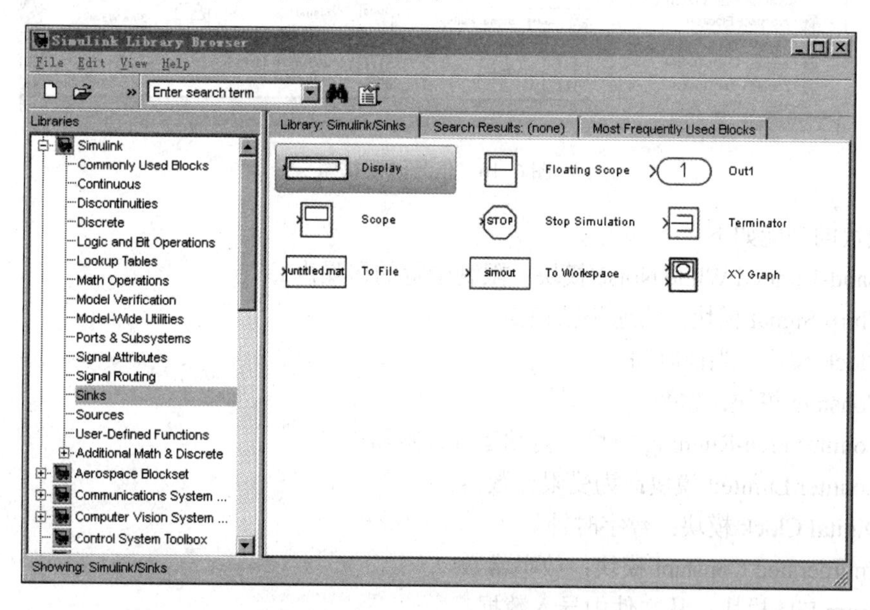


图 6-15　输出模块库

各模块的功能如下。

- Display 模块：实时数值显示。
- Floating Scope 模块：可选示波器。
- Out1 模块：创建输出端口。
- Scope 模块：示波器。
- Stop Simulation 模块：输入不为 0 时，停止仿真。

- Terminator 模块：通用终端。
- To File 模块：将仿真数据写入*.mat 格式的文件。
- To Workspace 模块：将仿真数据写入到 MATLAB 工作空间。
- XY Graph 模块：将仿真数据显示在 X-Y 平面图形。

**14. 信号源模块库（Sources）**

信号源模块库为仿真系统提供了不同的信号输入方式，如图 6-16 所示。

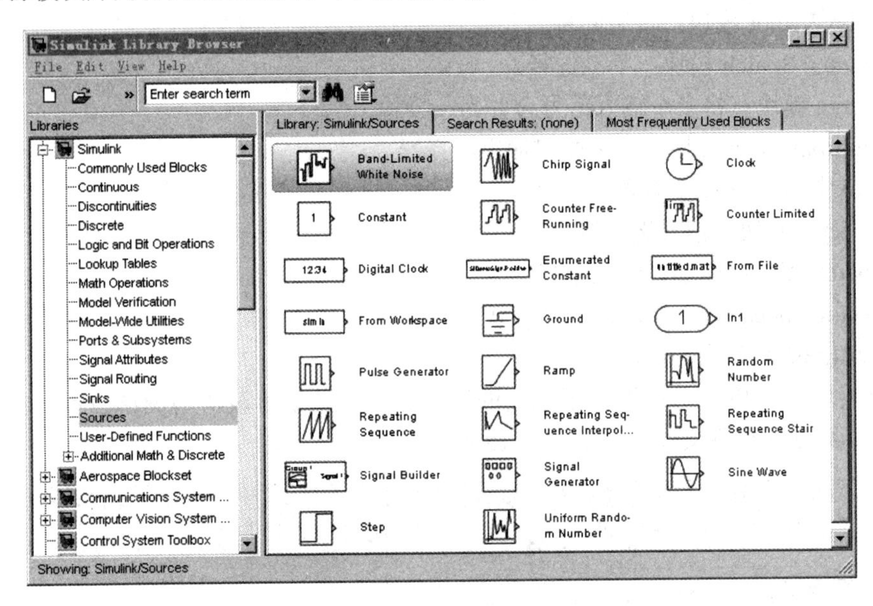


图 6-16　信号源模块库

各模块的功能如下。

- Band-Limited White Noise 模块：限制带宽的白噪声。
- Chirp Signal 模块：快速正弦扫描。
- Clock 模块：当前时间。
- Constant 模块：常数。
- Counter Free-Running 模块：自动运行计数器。
- Counter Limited 模块：为受限计数器。
- Digital Clock 模块：数字时钟。
- Enumerated Constant 模块：枚举常数。
- From File 模块：从文件中导入数据。
- From Workspace 模块：从 MATLAB 工作空间中导入数据。
- Ground 模块：接地。
- In1 模块：创建输入段。
- Pulse Generator 模块：脉冲发生器。
- Ramp 模块：斜坡信号。
- Random Number 模块：高斯分布的随机信号。
- Repeating Sequence 模块：任意波形的周期信号。

- Repeating Sequence Interpolated 模块：重复的内插值序列。
- Repeating Sequence Stair 模块：重复的梯级序列。
- Signal Builder 模块：交替的分段信号组。
- Signal Generator 模块：信号发生器。
- Sine Wave 模块：正弦波信号发生器。
- Step 模块：阶跃信号。
- Uniform Random number 模块：均匀分布的随机信号。

**15. 附加的数学和离散模块库（Additional Math & Discrete）**

系统初始的附加的数学与离散模块库中没有模块，用户可以根据自己的需要在其中添加功能模块。

### 6.2.2 专业模块库

Simulink 的专业模块库主要用于具体专业方面的建模与仿真，MATLAB 共提供了 32 个专业模块库，其中又包含了大量的子模块库，如图 6-17 所示。

- Aerospace Blockset 模块库：主要用于航空航天专业方面的建模与仿真。
- Communications System Toolbox 模库块：为通信系统工具箱。
- Computer Vision System Toolbox 模库块：为计算机视觉系统工具箱，提供特征提取、运动检测、目标检测、目标跟踪、立体视觉、视频处理、视频分析等算法。
- Control System Toolbox 模库块：为控制系统工具箱，提供了线性时不变系统的仿真工具。
- DSP System Toolbox 模库块：为数字信号处理器工具箱。
- Data Acquisition Toolbox 模库块：为数据采集工具箱。
- Embedded Coder 模库块：为嵌入式系统模块库。
- Fuzzy Logic Toolbox 模库块：为模糊逻辑工具箱，提供了模糊控制的建模与仿真的工具。
- Gauges Blockset 模块库：提供了建筑行业图形仪表、计量表等模块。
- HDL Verifier 模块库：用于硬件代码描述语言的代码生成和验证。
- Image Acquisition ToolBox 模库块：为图像采集模块库。

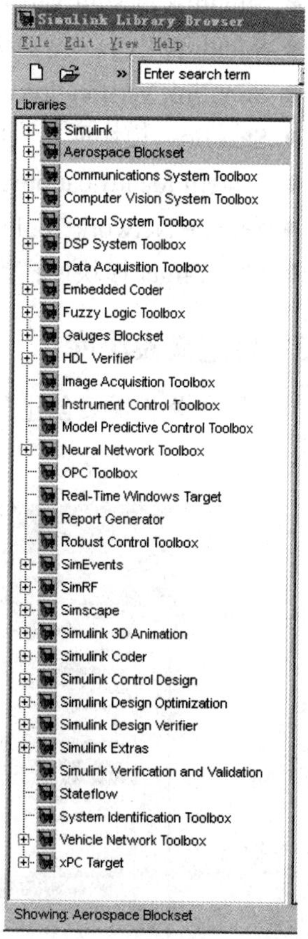

图 6-17　Simulink 的专业模块库

- Instrument Control Toolbox 模库块：为测控系统工具箱。
- Model Predictive Control Toolbox 模库块：为模型预测与控制工具箱。

- Neural Network Blockset 模块库：为神经网络建模与仿真的模块组。
- OPC Toolbox 模块库：用户可以从支持 OPC 数据访问标准的设备中读取写入和记录 OPC 数据，例如分布式控制系统、监控系统和 PLC 系统。
- Real-Time Windows Targets 模块库：为实时目标模型窗口。
- Report Generator 模块库：可以以多种格式将模型和数据生成文档。
- Robust Control Toolbox 模块库：为鲁棒性工具箱，用于需要验证可靠性的系统设计。
- SimEvents，为事件模拟器模块库。
- SimRF 模块库：用于射频滤波器、传输线、放大器和混频器的建模与仿真。
- Simscape 模块库：用于模拟物理模型的行为。
- Simulink 3D Animation 模块库：提供了三维动画与虚拟现实的相关模块。
- Simulink Coder 模块库：代码生成器，可以从 Simulink 图、Stateflow 图和 MATLAB 函数生成并执行 C 和 C++代码。
- Simulink Control Design 模块库：为仿真控制设计模块组。
- Simulink Design Optimization 模块库：为 Simulink 设计优化器。
- Simulink Design Verifier 模块库：为 Simulink 设计验证工具。
- Simulink Extras 模块库：为 Simulink 扩展模块库。
- Simulink Verification and Validation 模块库：为 Simulink 仿真检验与确认。
- Stateflow 模块库：为状态流模型库。
- System Identification Toolbox 模块库：为系统辨识工具箱。
- Vehicle Network Toolbox 模块库：为交通网络仿真工具箱。
- xPC Target 模块库：为 xPC 仿真的模块组。

### 6.2.3 自定义模块库

用户可以根据需要创建自己的功能函数、模块，并加入到 Simulink 模块库中，如图 6-18 所示。

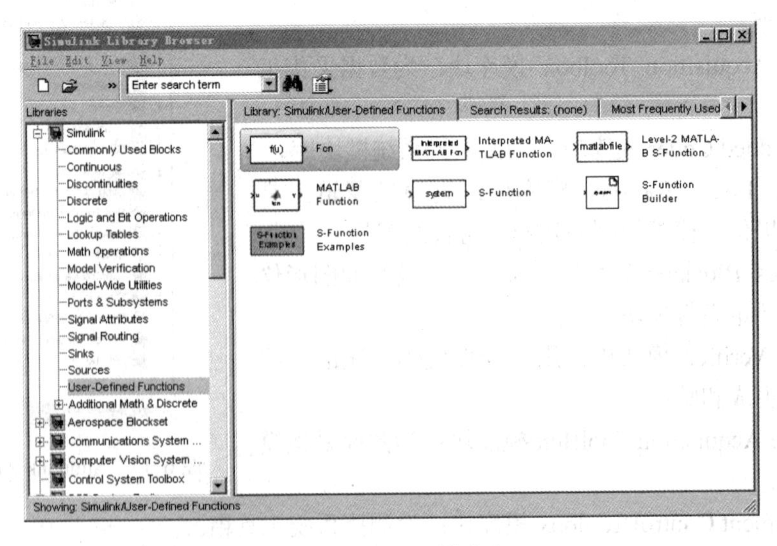


图 6-18　自定义模块库

各模块的功能如下。

- Fcn 模块，通过自定义函数或表达式进行运算。
- Interpreted MATLAB Function 模块：用于 MATLAB 函数的嵌入。
- Level-2 MATLAB S-Function 模块：为 M 文件的 S 函数。
- MATLAB Funtion 模块：调用 MATLAB 现有的函数。
- S-Function 模块：调用自编写的 S 函数。
- S-Function Builder 模块：将用户提供的 S 函数和 C 语言的源代码组合成一个 MEX S-function 函数。
- S-Function Examples 模块：S 函数示例。

## 6.3 Simulink 建模的基本方法

Simulink 环境下建模与仿真的基本方法包括模块的查找与选择、模块的基本操作、模型的搭建、模块参数设置、仿真参数配置以及 Simulink 仿真的运行与保存。为了更直观地介绍模型建立的基本步骤，下面给出一个简单的例子予以说明。

### 6.3.1 模型建立的基本步骤

**【例 6-1】** 用 Simulink 显示正弦信号 $y(t)=\sin(t)$ 的波形。

1）启动 Simulink，在 Simulink Library Browser 界面的工具栏中单击“新建”按钮，新建一个模型窗口，并以“S6-1.mdl”为文件名保存，如图 6-19a 所示。

2）在 Simulink Library Browser 的公共模块库的 Source（信号源模块库）下面找到 Sine Wave（正弦信号发生器）模块，并拖拽到模型窗口中；在 Sinks（输出模块库）下找到 Scope（示波器）模块，并拖动到模型窗口中。

3）在模型窗口中双击 Sine Wave 模块，进入模块参数设置页面，详见 6.3.4 节，设置振幅 Amplitude=4，直流偏置量 Bias=0，频率 Frequency=2，相位 Phase=0（单位：弧度），其他保持系统默认。

4）将光标放在 Sine Wave 模块的输出端附近，光标指针将自动变成十字形状，按住左键并拖动到 Scope 模块的输入端，完成信号线的绘制，如图 6-19a 所示。

5）在模型窗口中选择“Simulation”→“Configuration Parameters”命令，打开仿真参数配置对话框，详见 6.3.5 节，将“Solver options”（求解器选项）下的“Solver”设置为“discrete（no continuous states）”（离散的，没有连续状态）；将“Max step size”（最大步长）设置为“1E-2”，其他保存系统默认。

需要说明的是，仿真参数的配置需要根据具体的仿真模型来设置，上面的设置仅适用于例 6-1 的仿真模型，对其他模型未必合适。

6）单击模型窗口菜单栏中的“运行”按钮，运行仿真模型。

7）双击 Scope 模块，打开示波器，观察系统的仿真输出波形，如图 6-19b 所示。

### 6.3.2 模块的查找与选择

为了方便用户快速查找与选择所需要的模块，Simulink Library Browser（模块库浏览器）提供了查找功能，如图 6-20 所示。直接输入所需模块的名称，然后单击“搜索”按钮进行查找。也可以单击“高级查找”按钮，进行高级查找选项的设置，其中“Regular expression”为规则表达式，“Match case”为匹配部分关键字，“Match whole word only”为匹配全部关键字。

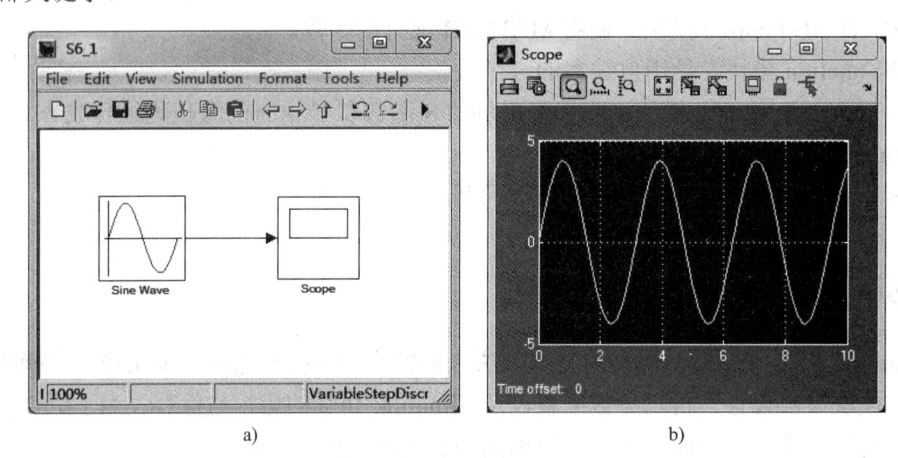


a) b)

图 6-19 简单的 Simulink 仿真实例

a) Simulink 的仿真模型窗口 b) 示波器模块输出的仿真波形

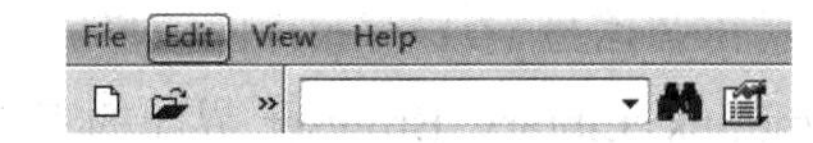


图 6-20 Simulink Library Browser 的查找窗口

**【例 6-2】** 查找并选择在例 6-1 中所需要的正弦信号发生器 Sine Wave 模块。

首先在模块查找窗口中输入 Sine，然后按〈Enter〉键或单击“搜索”按钮，系统就会搜索出所有与 Sine 有关的模块，如图 6-21 所示。当查找结果为多个相近的模块时，可以双击，打开模块参数设置页面，上面的部分就是该模块功能的详细描述。

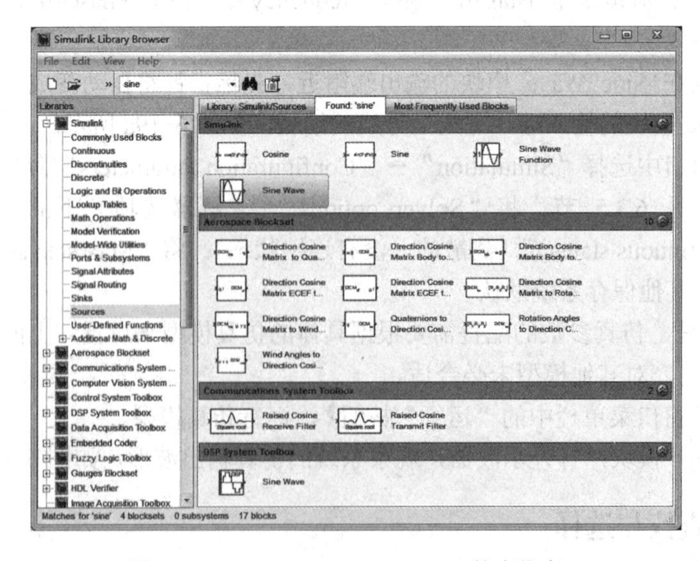


图 6-21 Simulink Library Browser 的查找窗口

对于比较熟悉 Simulink 模块库的用户，或者不清楚模块库内的每个功能模块的具体名称，也可以直接通过模块库浏览器的树状目录进行查找。

### 6.3.3 模块的基本操作

模块的基本操作包括模块的添加、模块的命名、模块的移动、模块的外观调整、信号线的连接、信号线的分支等，下面将分别加以介绍。

**1．模块的添加**

在 Simulink Library Browser 界面中单击需要的模块，并按住左键拖拽到模型窗口中即可；或者右击模块，在弹出的快捷菜单中选择“Add to S6-1”命令，将模块添加到对应的模型窗口。

**2．模块的命名**

将模块添加到模型窗口后，在每个模块的下方出现模块的默认名称，如图 6-22a 所示；如需重新命名模块，在模块的名称处单击，修改文字即可，如图 6-22b 所示。

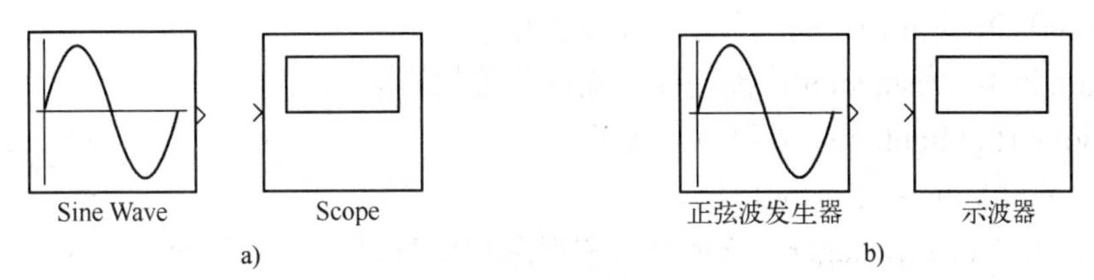


图 6-22　修改模块名称

a) 模块的默认名称　b) 模块修改后的名称

观察模块会发现，在模块的左右两侧会有箭头。模块左侧向内的箭头为输入端口，用于连接来至前一级的输入信号；模块右侧向外的箭头为输出端口，用于作为输出信号连接到下一级，不同的模块具有不同数量的输入端口和输出端口。

**3．模块的移动**

在模型窗口中，选择待移动的模块，然后拖至合适的位置即可。

**4．模块的外观调整**

模块的外观调整主要包括模块大小的调整、模块格式的设置、模块颜色的设置。

（1）模块大小的调整

选择待调整模块，将光标移动到模块四个角的任意一处，当光标指针变成双向的小箭头时，按住鼠标不放，拖拉至所需的大小即可。

（2）模块格式的设置

选中待设置的模块，右击，在弹出的快捷菜单中选择“Format”命令，弹出下一级子菜单，分别是：Font（设置字体），Hide Name（隐藏模块名），Flip Name（将模块名放置模块的上方），Flip Block（将模块反转 180°），Rotate Block（将模块反转 90°），Show Drop Shadow（显示模块的阴影部分），使模块看上去有立体感，如图 6-23 所示。

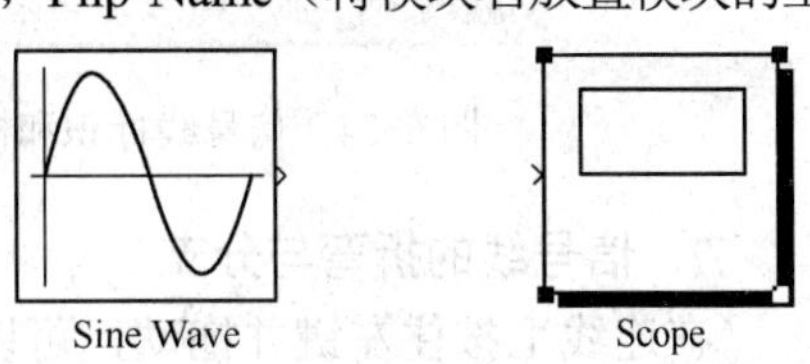


图 6-23　显示模块的阴影部分

（3）模块颜色的设置

在待设置的模块上右击，在弹出的快捷菜单中选择“Foreground ColorFormat”命令，设置模块的前景颜色；选择“Background Color”命令，设置模块的背景颜色。

**5．信号线的连接**

将光标放在待输出信号模块的输出端，将自动变成十字形状，按住左键并拖动到待接收信号模块的输入端，即可完成信号线的连接。

**6．信号线的标识**

双击信号线，会出现一个文本框，可以输入信号线的标识，如图 6-24 所示；或者在信号线上右击，在弹出的快捷菜单中选择“Signal Properties”命令，弹出信号线属性设置窗口，可以在“Signal name”后的文本框中输入信号线的标识。

事实上可以在模型窗口的任意位置双击，在弹出的文本框中输入模型的标题、文字说明等内容。如图 6-24 所示模型标题为“简单的 Simulink 仿真实例”。并且可以通过模型窗口的“Format”菜单下“Font”命令修改字体的大小。

在信号线上右击，弹出的快捷菜单如图 6-25 所示，其中各命令的功能如下。

- Highlight To Source：高亮显示输出信号的模块。
- Highlight To Destination：高亮显示输入信号的模块。
- Remove Highlighting：去除高亮显示。
- Show Port Value：显示端口值。
- Signal & Scope Manager：管理信号和视图观察窗口。
- Open Viewer：打开视图观察器。
- Create & Connect Viewer：创建和连接视图观察器。
- Disconnect Viewer：断开视图观察器。
- Disconnect & Delete Viewer：断开并删除视图观察器。
- Signal Properties：信号线属性设置。
- Linearization Points：对节点进行线性化处理。

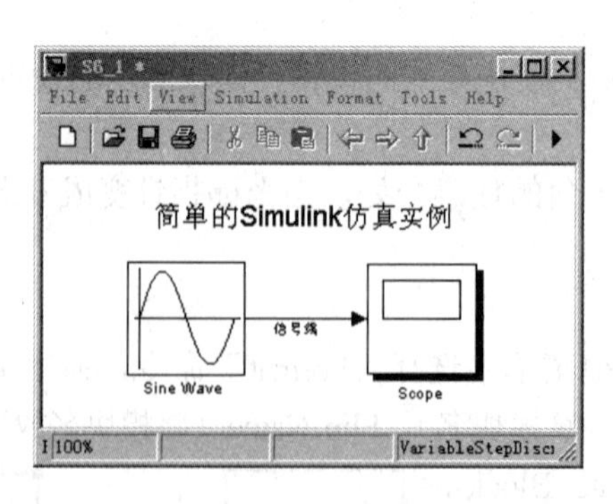


图 6-24　信号线标识和模型标题

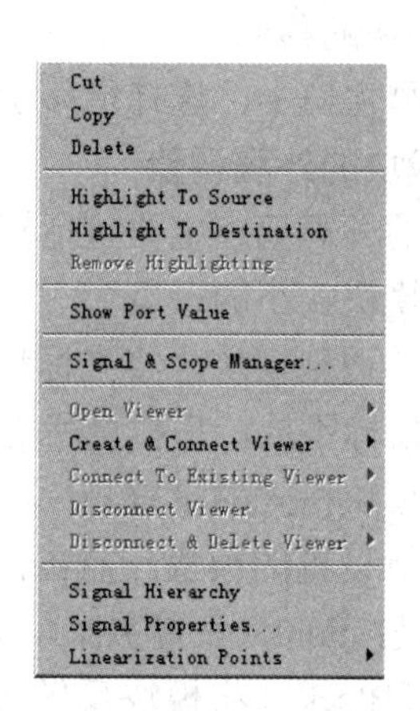


图 6-25　信号线的功能快捷菜单

**7．信号线的折弯与分支**

在连线上按住左键并拖动，可以改变折线的平行位置，如图 6-26a 所示；选择信号线，按住〈Shift〉键并拖动鼠标，可以拉出来斜线，如图 6-26b 所示；在已有信号线上的某一位置按住鼠标右键并拖动，可以拉出一条分支线，如图 6-26c 所示，用于将同一个模块的输出信号送给多个模块。

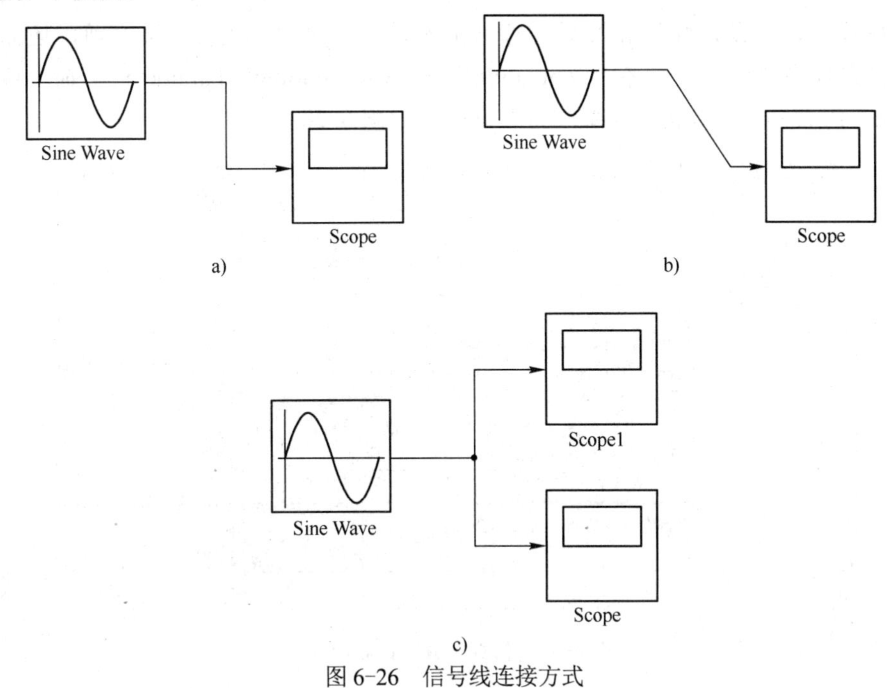


图 6-26　信号线连接方式

a) 信号线的折弯　b) 斜向的信号线　c) 信号线的分支

### 6.3.4　模块参数的设置

不同的模块具有不同的参数设置页面，下面以 Sine Wave 模块为例，介绍如何了解模块的功能和各参数的含义，并进行适当的设置。

在模型窗口中双击需要设计参数的模块，打开“模块的参数设置”对话框，如图 6-27 所示。对话框的上半部分为模块的详细功能描述，下半部分为模块的参数设置。如果用户不了解模块参数设置项的具体含义，可以先阅读模块功能描述部分再对模块的参数进行设置。

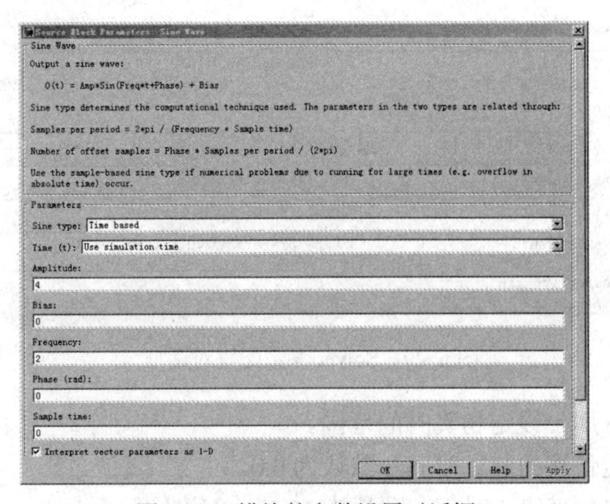


图 6-27　模块的参数设置对话框

## 6.3.5 仿真参数的配置

建立好模型，并设置好各输入/输出模块的参数，在对模型进行仿真之前，还需要配置仿真参数。在模型窗口中，选择“Simulation”→“Configuration Parameters”命令或者直接按〈Ctrl+E〉组合键，打开仿真参数配置对话框，如图 6-28 所示。

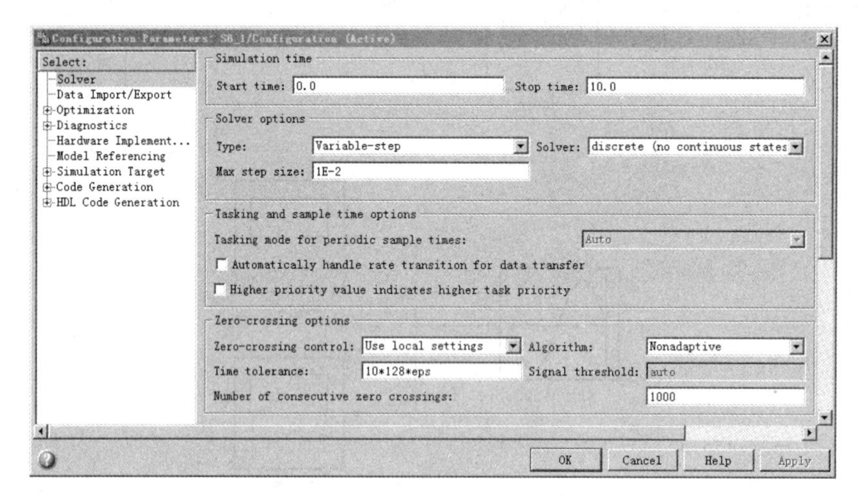


图 6-28　仿真参数配置对话框

从图 6-28 的左侧可以看出，仿真参数配置共有 9 部分，分别为 Solver（求解器）、Data Import/Export（数据输入/输出）、Optimization（最优化）、Diagnostics（模型诊断）、Hardware Implement（硬件实现）、Model Referencing（模型定位）、Simulation Target（模拟目标）、Code Generation（代码生成）和 HDL Code Generation（硬件描述语言代码生成），下面将逐一进行介绍。

**1. Solver 项的参数配置**

Solver 为求解器，用于配置仿真过程中的一些基本内容，包括两组参数配置选项：Simulation time 和 Solve options，如图 6-29 所示。

Simulation time
Start time: 0.0　Stop time: 10.0
Solver options
Type: Variable-step　Solver: ode45 (Dormand-Prince)
Max step size: auto　Relative tolerance: 1e-3
Min step size: auto　Absolute tolerance: auto
Initial step size: auto　Shape preservation: Disable All
Number of consecutive min steps: 1

图 6-29　Solver 参数配置对话框

1）Simulation time 用于设定仿真时间范围。

- Start time：设定仿真的起始时间，默认为 0.0。
- Stop time：设定仿真终止时间，默认为 10.0，单位为秒（s）。

2）Solver options 为仿真求解器的选项配置，其选项配置内容由 Type 步长类型决定。

当 Type 类型为变步长（Variable-step）时，Solver 求解方法可选择 discrete（离散求解器）、ode45（4/5 阶龙格库塔求解器）、ode23（2/3 阶龙格库塔求解器）、ode113（多步求解器）、ode15s（基于数字微分公式的求解器）、ode23s（单步求解器）、ode23t（基于梯形规则的自由插值求解器）、ode23tb（2 阶隐式龙格库塔求解器）。

- Max step size：设置求解时的最大步长。
- Min step size：设置求解时的最小步长。
- Initial step size：设置求解时的初始步长。
- Zero crossing control：打开零交叉检测功能。
- Relative tolernace：设置求解时所允许的相对误差。
- Absolute tolerance：设置求解时所允许的绝对误差。

当 Type 类型为固定步长（Fixed-step）时，Solver 求解方法可选择 discrete（离散求解器）、ode5（5 阶龙格库塔求解器）、ode4（4 阶龙格库塔求解器）、ode3（3 阶龙格库塔求解器）、ode2（改进的欧拉算法求解器）、ode1（欧拉算法求解器）、ode14x。

- Periodic sample time constraint：设置求解时的周期采样时间限制，其中 Unconstrained 为无限制，Ensure sample time independent 为继承参考模型的样本时间限制，Specified 为划分模型样本时间范围限制。
- Fixed-step size：设置求解时的基础采样时间。
- Tasking mode for periodic sample time：设置求解时周期采样时间的任务模式。

**2．Data Import/Export 项的参数配置**

Data Import/Export 用于设置仿真数据输入/输出参数设置，包括 5 组参数配置选项：Load from workspace、Save to workspace、Signals、Data Store Memory 和 Save Options，如图 6-30 所示。

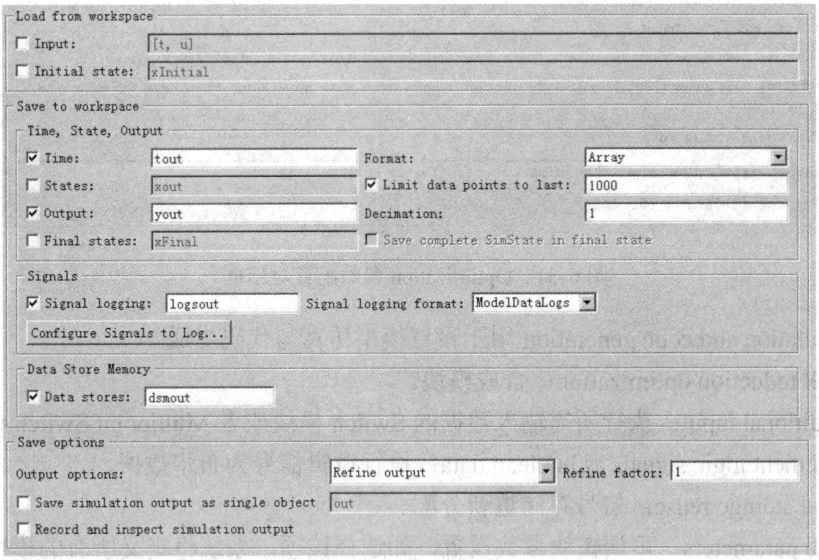

Load from workspace
Input: [t, u]
Initial state: xInitial
Save to workspace
Time, State, Output
Time: tout　Format: Array
States: xout　Limit data points to last: 1000
Output: yout　Decimation: 1
Final states: xFinal　Save complete SimState in final state
Signals
Signal logging: logsout　Signal logging format: ModelDataLogs
Configure Signals to Log...
Data Store Memory
Data stores: dsmout
Save options
Output options: Refine output　Refine factor: 1
Save simulation output as single object　out
Record and inspect simulation output

图 6-30　Data Import/Export 参数配置对话框

1）Load from workspace 用于设置从 MATLAB 工作空间载入数据。

- Input：设置 MATLAB 工作空间的列向量。
- Initial state：设置初始状态。

2）Save to workspace 是将仿真数据保存至 MATLAB 工作空间。

- Time：设置输出时间变量。
- States：设置状态变量。
- Output：设置输出变量。
- Final states：设置最终存储状态变量。
- Signal logging：设置仿真过程中的信号记录。

3）Save options 用于设置与保存数据相关的选项。

- Limit data points to last：限制保存至 MATLAB 工作空间的数据数量。
- Decimation：设置输出数据的频率。
- Format：设置载入或保存数据的格式。

**3．Optimization 项的参数配置**

Optimization 为优化选项，用于提高模型仿真性能和代码生成设置，包括 3 组参数配置选项：Simulation and code generation、Code generation 和 Acceleration simulations，如图 6-31 所示。

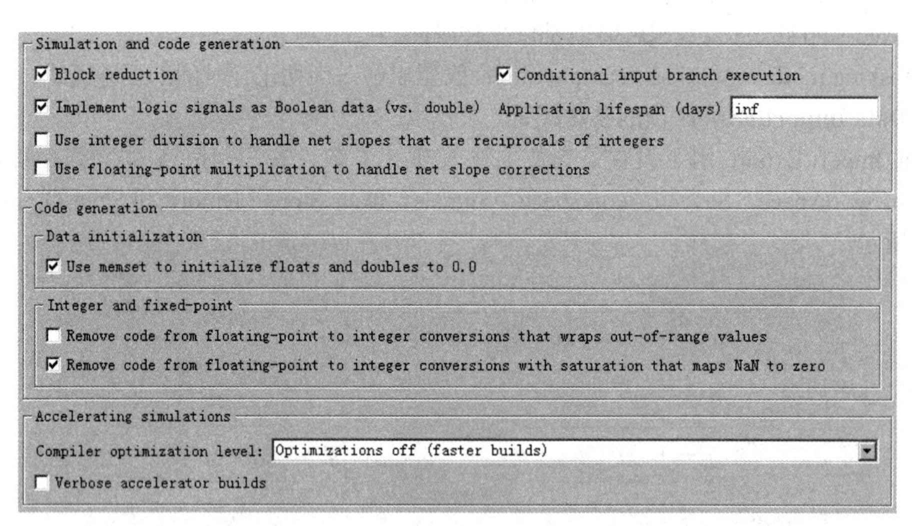


图 6-31　Optimization 参数配置对话框

1）Simulation and code generation 用于设置模型仿真与代码生成。

- Block reduction optimization：合成模块。
- Conditional input：执行所需输入数据的 Switch 模块或者 Multipoint Switch 模块。
- Implement logic signals as boolean data：执行逻辑信号为布尔数据。
- Signal storage reuse：信号存储重新分配。
- Inline parameters：可调模块参数设置，如选择该项，系统将定义所有的模块都为不可调模块。
- Application lifespan：设置系统模型的活动时间。

2）Code generation 用于生成代码的信号设置以及整型和定点型设置，该项的设置仅对代码生成有效。

3）Acceleration simulations 用于加速仿真模拟的速度，其 Compiler Optimization level（编译器优化等级）可以选择 Optimization off（faster builds）（关闭优化，编译速度最快）和 Optimization on（faster run）（开启优化，运行速度最快）。

**4. Diagnostics 项的参数配置**

Diagnostics 为系统模型诊断参数配置，用于设置仿真运行中编译与调试异常的处理方式，如图 6-32 所示。包括 7 个子参数配置选项：Solver、Sample Time、Data Integrity、Conversion、Connectivity、Compatibility 和 Model Referencing。

Solver

| | |
|---|---|
| Algebraic loop: | warning |
| Minimize algebraic loop: | warning |
| Block priority violation: | warning |
| Min step size violation: | warning |
| Sample hit time adjusting: | none |
| Consecutive zero crossings violation: | error |
| Unspecified inheritability of sample time: | warning |
| Solver data inconsistency: | none |
| Automatic solver parameter selection: | warning |
| Extraneous discrete derivative signals: | error |
| State name clash: | warning |
| SimState interface checksum mismatch: | warning |
| SimState object from earlier release: | error |

图 6-32　Diagnostics 参数配置对话框

**5. Hardware Implement 项的参数配置**

Hardware Implement 用于硬件执行参数设置，包括两组参数配置选项：Embedded hardware（嵌入式硬件设置）和 Emulation hardware（仿真式硬件设置），如图 6-33 所示。

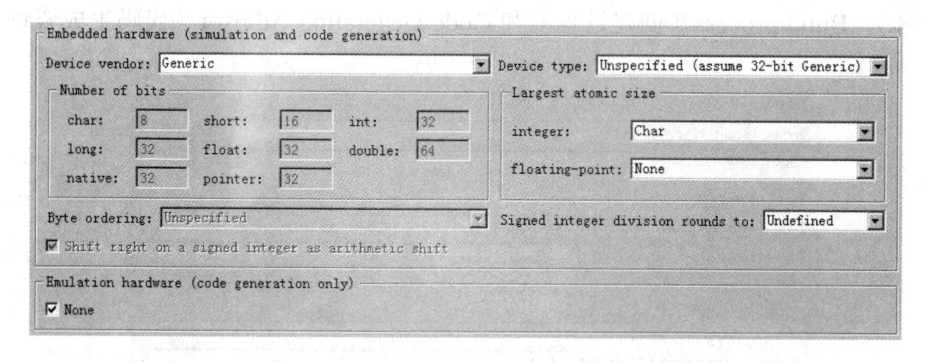


图 6-33　Hardware Implement 参数配置对话框

**6. Model Referencing 项的参数配置**

Model Referencing 用于模型定位参数设置，包括两组参数配置选项：Build options for all referenced models（重建所有定位模型选项）和 Options for referencing this model（定位某个模型选项），如图 6-34 所示。

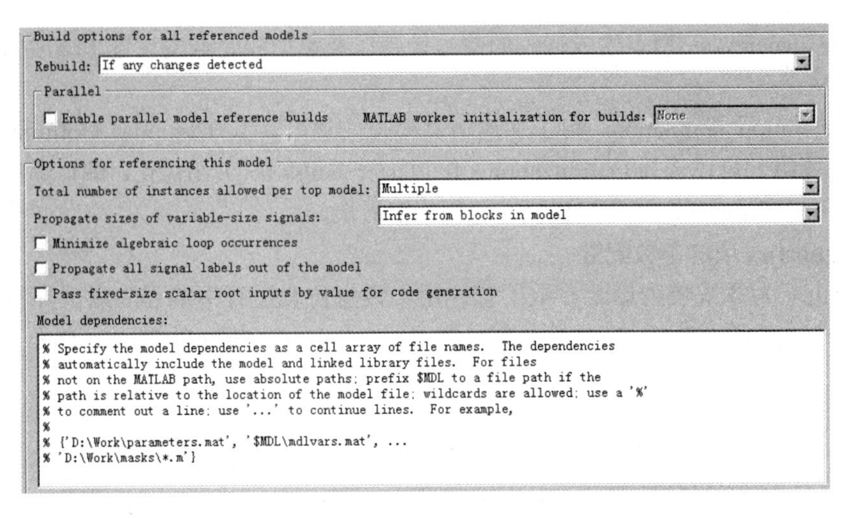


图 6-34　Model Referencing 参数配置对话框

**7. Simulation Target 项的参数配置**

Simulation Target 用于设置模拟的目标，包括两组参数配置选项：MATLAB and Stateflow（状态流）和 Simulation target build mode（仿真目标模型），如图 6-35 所示。

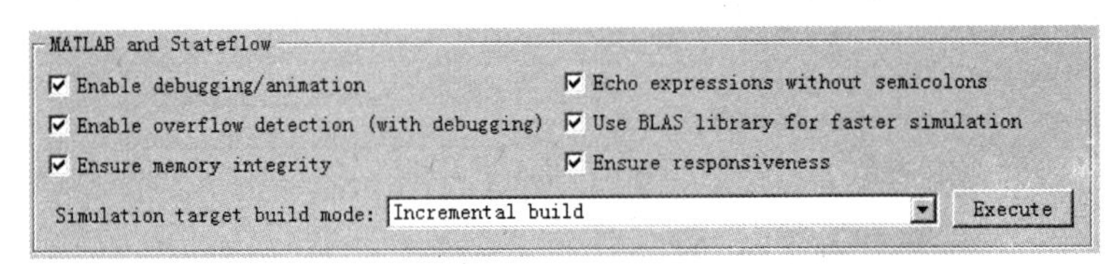


图 6-35　Simulation Target 参数配置对话框

**8. Code Generation 项的参数配置**

Code Generation 用于设置代码生成相关选项，包括 3 组参数配置选项：Target selection（目标选择）、Build process（创建过程）和 Code Generation Advisor（代码生成咨询），如图 6-36 所示。

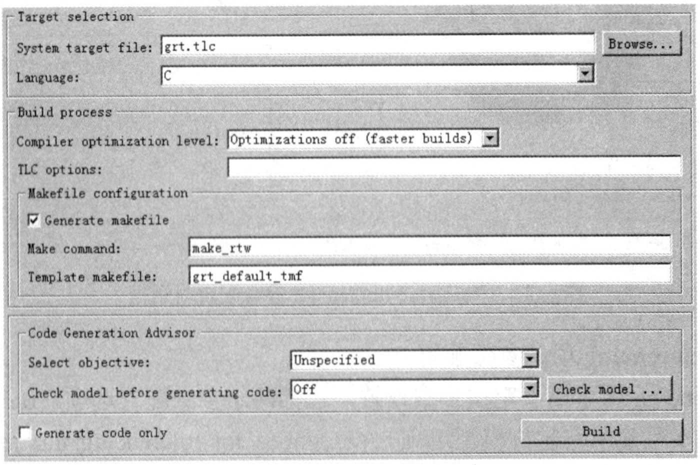

图 6-36　Code Generation 参数配置对话框

**9．HDL Code Generation 项的参数配置**

HDL Code Generation 用于生成硬件描述语言代码，包括 3 组参数配置选项：Target（选择硬件描述语言）、Code Generation output（输出的代码）和 Code generation report（生成的代码报告），如图 6-37 所示。

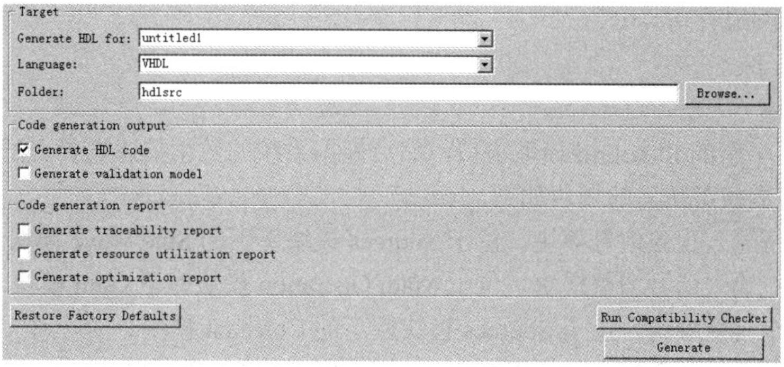

Target
Generate HDL for: untitled1
Language: VHDL
Folder: hdlsrc
Browse...
Code generation output
Generate HDL code
Generate validation model
Code generation report
Generate traceability report
Generate resource utilization report
Generate optimization report
Restore Factory Defaults
Run Compatibility Checker
Generate

图 6-37　HDL Code Generation 参数配置对话框

## 6.3.6　保存与运行

当完成了系统模块的搭建、模块参数设置和仿真参数配置之后，就可以对仿真模型进行保存与运行了。

可以选择手动保存仿真模型，而系统在运行仿真模型之前，也会自动保存。模型的运行有 4 种方式。

（1）菜单法

在模型窗口界面，选择“Simulation”→“start”命令，开始模型仿真运行，选择“Simulation”→“stop”命令，停止模型仿真运行。

（2）图标法

在模型窗口界面，单击工具栏的“运行”按钮▶开始仿真运行，同时可以单击工具栏的“停止”按钮■停止仿真运行。

（3）组合键法

在模型窗口界面里，按住〈Ctrl+T〉组合键，模型开始仿真运行。

（4）命令法

在 MATLAB 主界面下，确认待仿真的模型在 Current Folder（当前目录）内，在 MATLAB 命令窗口下直接输入模型的名称，模型将开始仿真运行。

# 6.4　建模与仿真分析实例

前面已经介绍了 Simulink 建模与仿真的基本方法，下面通过对连续系统、离散系统的举例，使用户进一步掌握 Simulink 建模仿真的步骤、模块参数的设置、仿真参数的配置以及仿真运行结果的显示。

### 6.4.1 简单连续系统的建模与仿真实例

**【例 6-3】** 已知一个系统可以由分段函数 $y(t)=\begin{cases}\sin(t) & t>10 \\ 3\sin(t) & t\leqslant 10\end{cases}$ 描述，试建立系统的 Simulink 模型，并进行仿真分析。

解题步骤如下：

**1．选择模块**

首先建立一个新的 Simulink 模型窗口，然后根据系统的数学描述选择合适的模块添加到模型窗口中，建立模型所需的模块如下。

1）选择系统输入正弦信号模块，位于 Sources 模块库下的 Sine Wave 模块。

2）选择系统输入信号增益模块，位于 Math Operation 模块库下 Gain 模块。

3）选择一个常量模块，位于 Sources 模块库下的 Constant 模块。

4）选择系统运行时间模块，位于 Sources 模块库下的 Clock 模块。

5）选择逻辑关系模块，位于 Logic and Bit Operations 模块库下 Relational Operator 模块。

6）选择信号输出选择模块，位于 Signal Routing 模块库下的 Switch 模块。

7）选择信号显示模块，位于 Sinks 模块库下的 Scope 模块。

**2．搭建模块**

将模块放置合适的位置，将模块从输入端至输出端进行相连，搭建完的系统模型如图 6-38 所示。

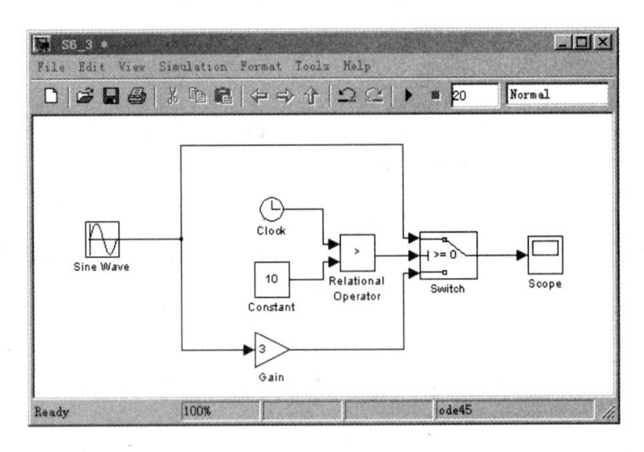


图 6-38 例 6-3 的系统模型

**3．模块参数设置**

（1）Sine Wave 模块参数设置

双击 Sine Wave 模块，弹出参数设置对话框，在本例题中 Sine Wave 模块采用 Simulink 默认的参数设置。

（2）Gain 模块参数设置

双击系统模型窗口中的 Gain 模块，设置 Gain（增益）参数为 3。

（3）Constant 模块参数设置

双击 Constant 模块，设置 Constant Value（常数值）参数为 10。

（4）Clock 模块参数设置

双击 Clock 模块，本例题采用 Simulink 默认的参数设置。

（5）Relational Operator 模块参数设置

双击 Relational Operator 模块，弹出如图 6-39 所示的对话框，将“Relational Operator”的参数设置为“>”。

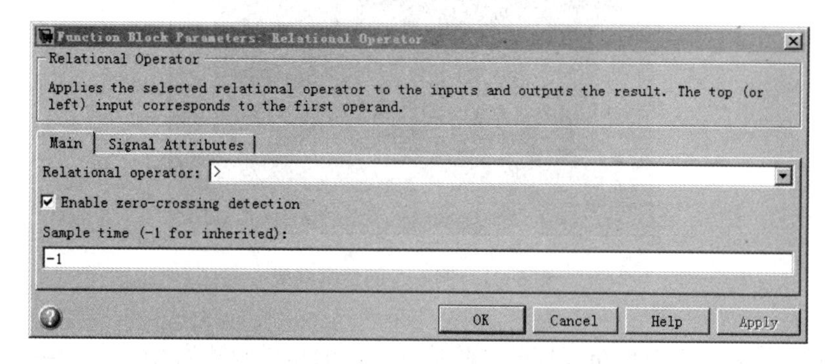


图 6-39　Relational Operator 模块参数设置对话框

（6）Switch 模块参数设置

双击 Switch 模块弹出如图 6-40 所示的对话框，设置阀值“Threshold”为 0（范围为 0～1）。

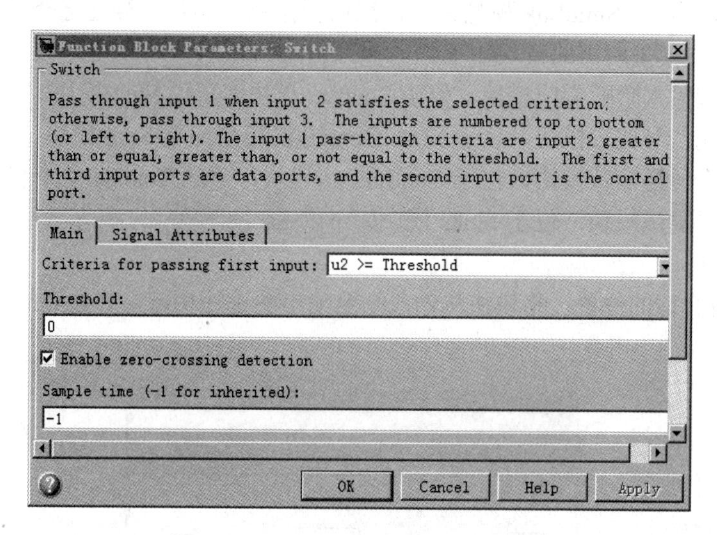


图 6-40　Switch 模块参数设置对话框

**4. 仿真参数设置及其运行**

通过分析待仿真的系统可知，当输入时间大于 10s 时系统的输出才开始转换，因为需要设置一个合适的仿真时间。可以通过菜单方式打开仿真参数设置对话框设置起始时间 Start time 为 0、终止时间 Stop time 为 50，或者直接在系统模型界面的工具栏上的 ▶ ■ 50.0 文本框中直接输入“50”，然后保存该系统模型并进行仿真运行。运行完成后，双击 Scope 模块，弹出示波器窗口，得到仿真结果如图 6-41 所示。

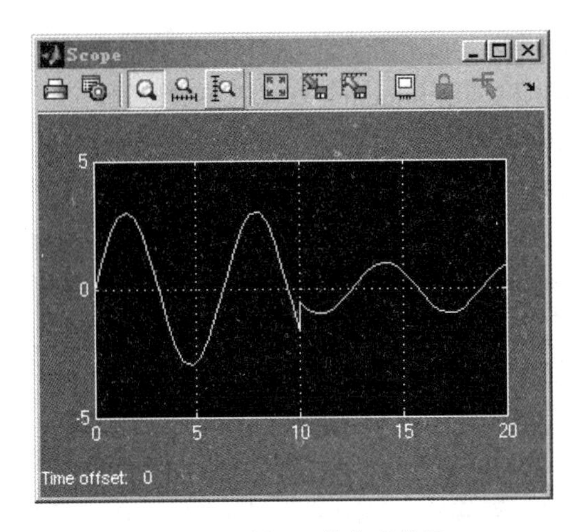


图 6-41　例 6-3 的仿真结果

**【例 6-4】** 已知一个单位负反馈的二阶连续系统的传递函数为$G(s)=\dfrac{5}{(s+1)(s+3)}$，试用 Simulink 建模并仿真该系统的单位阶跃响应。

解题步骤如下：

**1．选择模块**

首先建立一个新的 Simulink 模型窗口，然后根据系统的数学描述选择合适的模块添加至模型窗口中，建立模型所需的模块如下。

1）选择系统输入阶跃响应模块，位于 Sources 模块库下的 Step 模块。

2）选择系统信号比较模块，位于 Math Operation 模块库下 Sum 模块。

3）选择一个传递函数模块，位于 Continuous 模块库下的 Transfer Fcn 模块。

4）选择信号显示模块，位于 Sinks 模块库下的 Scope 模块。

**2．搭建模块**

将模块放置合适的位置，将模块从输入端至输出端进行相连，搭建完的方框图如图 6-42 所示。

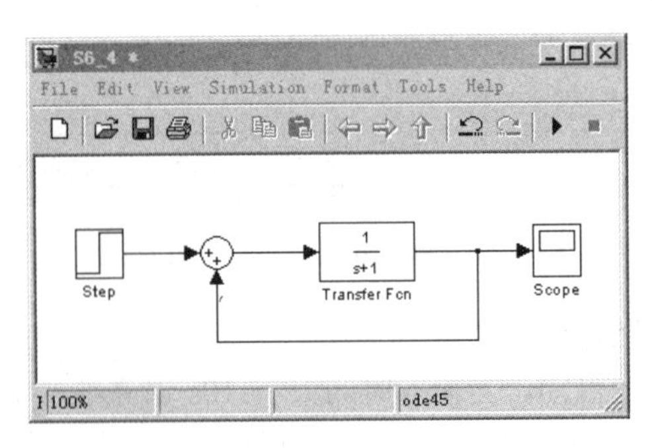


图 6-42　例 6-4 的模块搭建方框图

**3．模块参数设置**

1）Step 模块参数设置

双击 Step 模块，采用 Simulink 默认的参数设置，为单位阶跃函数。

2）Sum 模块参数设置

双击 Sum 模块，则弹出如图 6-43 所示的对话框，设置“List of Signs”为“|+-”。

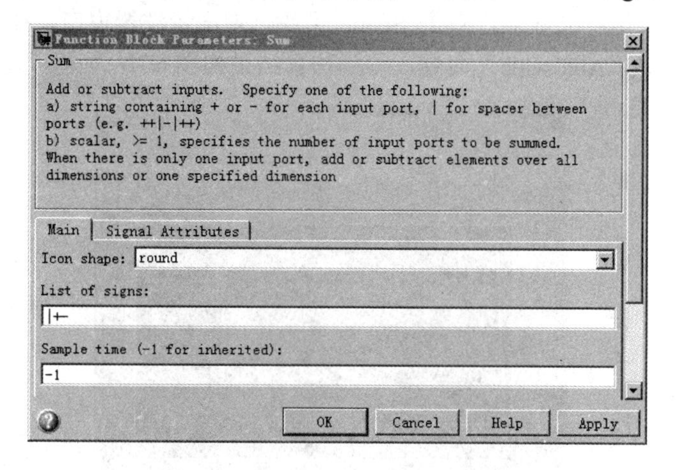


图 6-43　Sum 模块参数设置对话框

3）Transfer Fcn 模块参数设置

双击 Transfer Fcn 模块，则弹出如图 6-44 所示的对话框，设置 Numerator coefficients 为‘[5]’、Denominator coefficients 为“[1 4 3]”。

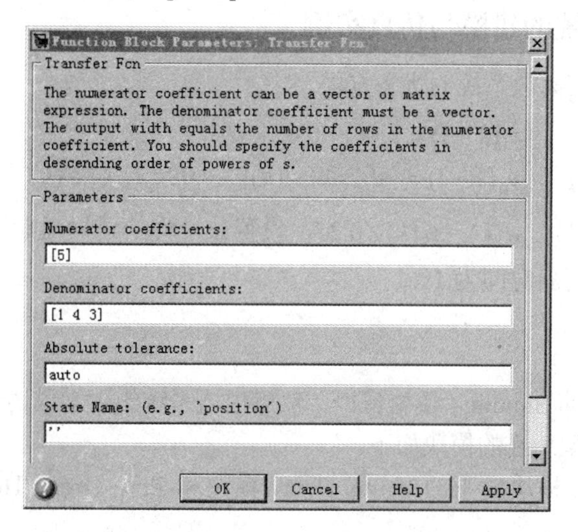


图 6-44　Transfer Fcn 模块参数设置对话框

设置完模块参数后的系统模型如图 6-45 所示。

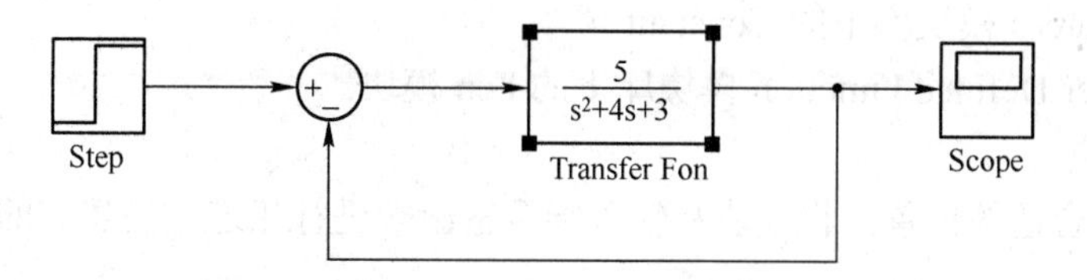


图 6-45　设置完模块参数后的系统模型图

**4．仿真参数设置及其运行**

设置仿真参数的起始时间 Start time 为 0、终止时间 Stop time 为 50，然后保存该系统模型并进行仿真运行。运行完成后，双击 Scope 模块，弹出示波器窗口，在空白处右击，从弹出的快捷菜单中选择“Autoscale”命令，得到仿真结果如图 6-46 所示。

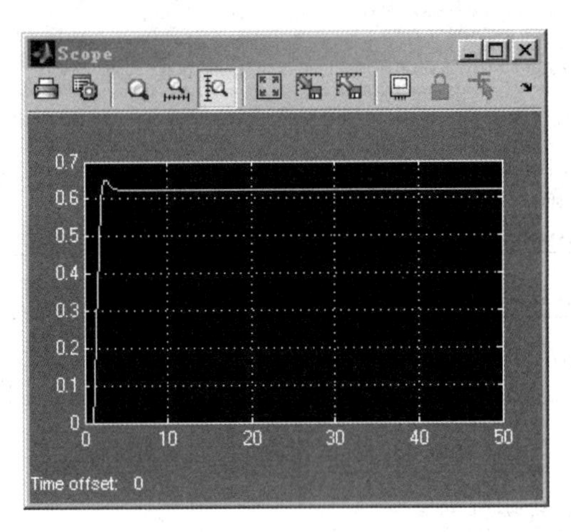


图 6-46　例 6-4 的仿真结果

## 6.4.2　简单离散系统的建模与仿真实例

**【例 6-5】** 已知某离散系统的状态方程

$$\begin{cases} y_1(k+1) = y_1(k) + 0.05y_2(k) \\ y_2(k+1) = -0.1\sin(y_1(k)) - 0.08y_2(k) + d(k) \end{cases}$$

式中，$d(k)$ 为输入信号；$d(k) = y_1(k) - 0.25$，设置该过程的采样周期为 0.2s，控制器的采样周期为 0.5s，系统的更新时间为 1s。

解题步骤如下：

**1．选择模块**

首先建立一个新的 Simulink 模型窗口，然后根据系统的数学描述选择合适的模块添加至模型窗口中，建立模型所需的模块如下。

1）选择 Discrete 模块库下的 Unite Delay 模块和 Zero-Order Hold 模块和 Unit Delay 模块。

2）选择 Math Operation 模块库下的 Add 模块、Gain 模块和 Sum 模块。

3）选择 Sinks 模块库下的 Display 模块和 Scope 模块。

4）选择 Sources 模块库下的 Constant 模块。

5）选择 User-Defined Function 模块库下的 Fcn 模块。

**2．搭建模块**

将模块放置合适的位置，将模块从输入端至输出端进行相连，搭建完的方框图如图 6-47 所示。

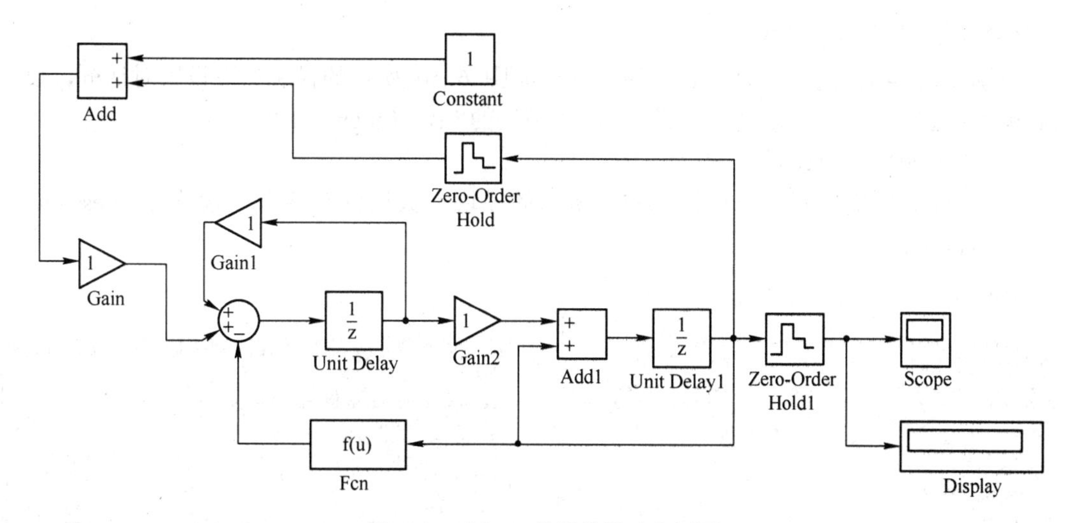

图 6-47　例 6-5 的模块搭建方框图

**3．模块参数设置**

（1）Unite Delay 模块参数设置

分别双击 Unite Delay 模块和 Unite Delay1 模块，则弹出模块参数设置对话框如图 6-48 所示，两个模块的采样时间 Sample time 均设置为 0.2s。

（2）Zero-Order Hold 模块参数设置

分别双击 Zero-Order Hold 模块和 Zero-Order Hold1 模块，则弹出模块参数设置对话框如图 6-49 所示，设置 Zero-Order Hold 模块的采样时间 Sample time 为 0.5s，Zero-Order Hold1 的采样时间为 1s。

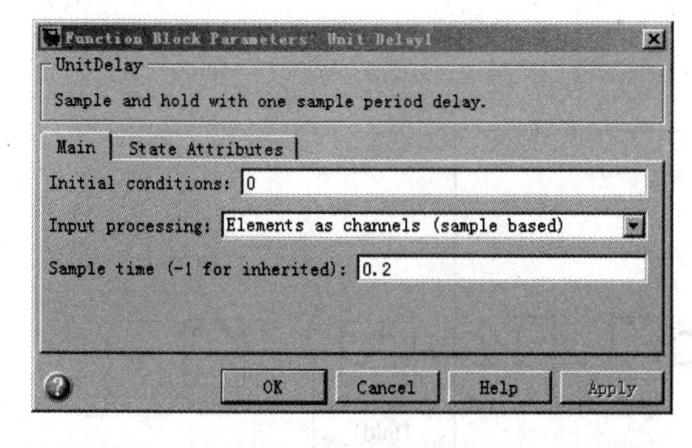

图 6-48　Unite Delay 模块参数设置对话框

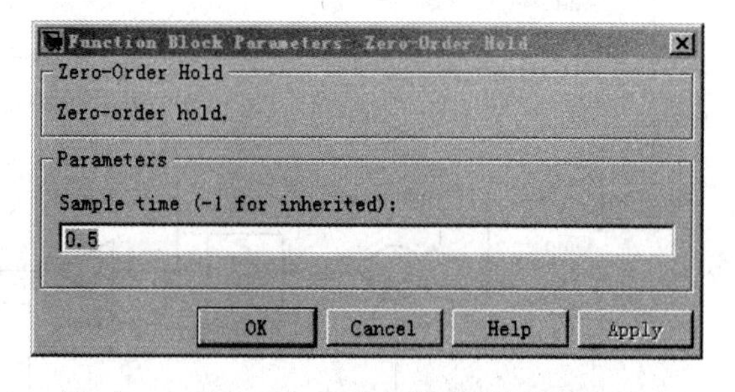

图 6-49　Zero-Order Hold 模块参数设置对话框

（3）Constant 模块参数设置

双击 Constant 模块，设置 Constant Value 为 0.8。

（4）Gain 模块参数设置

分别双击系统模型窗口中的 Gain 模块、Gain1 模块和 Gain2 模块，设置 Gain 模块的增益为 1，设置 Gain1 模块的增益为 1，设置 Gain2 模块的增益为-0.08。

（5）Sum 模块参数设置

双击 Sum 模块打开模块参数设置窗口，设置 List of Signs 为“|++-”。

（6）Add 模块参数设置

分别双击 Add 模块和 Add1 模块，弹出如图 6-50 所示的模块参数设置对话框，设置 Add 模块的 List of Signs 为“+-”，设置 Add1 模块的 List of Signs 为“++”。

（7）Fcn 模块参数设置

双击 Fcn 模块，则弹出如图 6-51 所示的模块参数设置对话框，设置 Expression 为“0.1*sin(u(1))”。

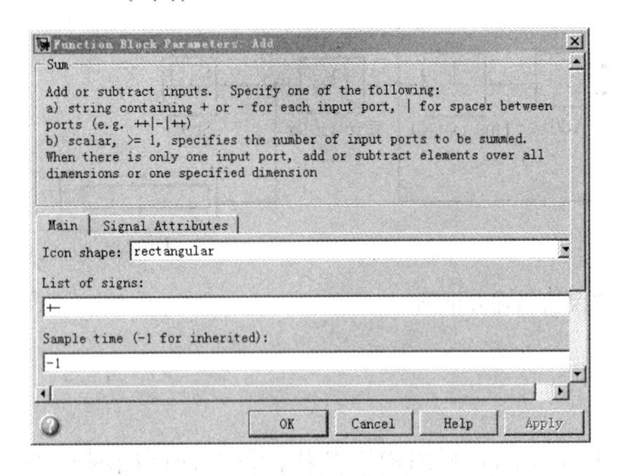


图 6-50　Add 模块参数设置对话框



图 6-51　Fcn 模块参数设置对话框

（8）Display 模块参数设置

Display 模块采用 Simulink 默认的参数设置。

设置完模块参数后的系统模型如图 6-52 所示。

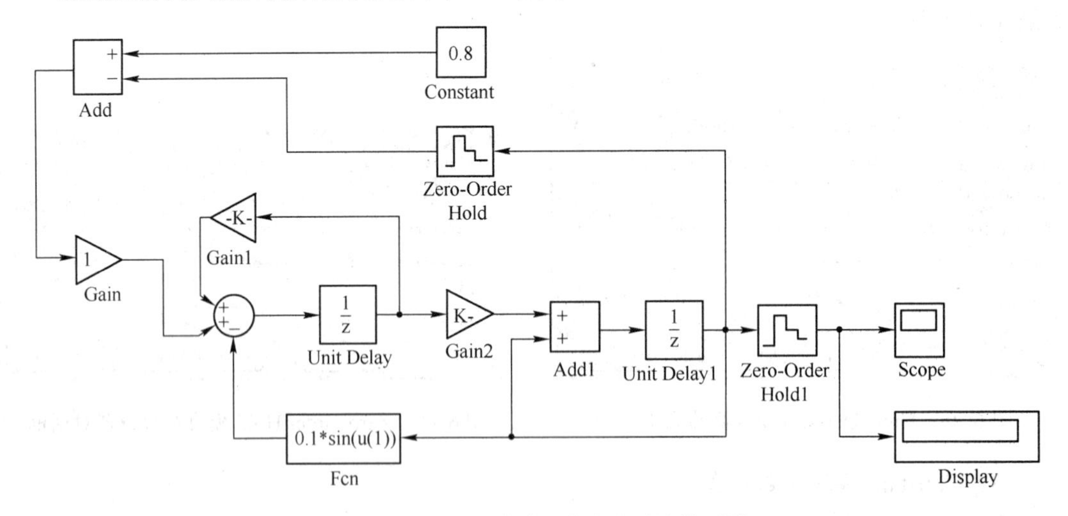


图 6-52　设置完模块参数后的系统模型图

**4．仿真参数设置及其运行**

设置仿真参数的起始时间 Start time 为 0、终止时间 Stop time 为 50，Solver（求解器）设为“discrete（no continuous states）”，然后保存该系统模型并进行仿真运行。在模型界面中，Display 模块将即时显示输出结果仿真结果 0.7331，如图 6-53 所示。

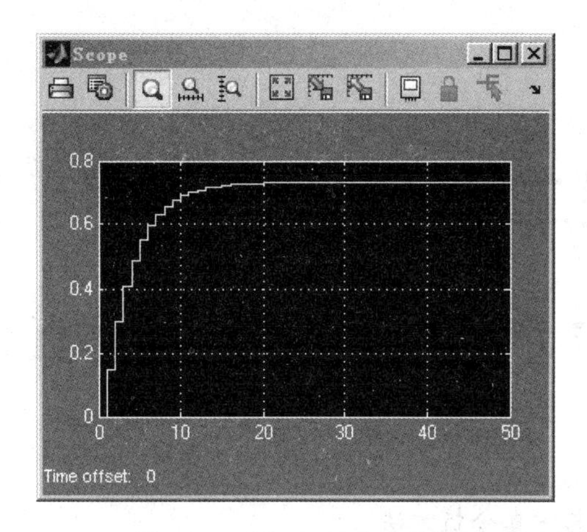


图 6-53　例 6-5 的仿真结果

## 6.5　习题

1．在 Simulink 模型窗口中对任意模块进行模块翻转、模块命名、模块复制操作。

2．已知离散系统系统为 $H(z)=\dfrac{5}{(z+1)(z+3)}$，设置该过程的采样时间为 0.02s，用 Simulink 建模仿真该系统的阶跃响应。

3．以自定义模块库中的 S-Function 模块为主，其他模块可以随意从模块库中选择，设计一个 Simulink 模型仿真系统。

## 6.6　上机实验

**1．实验目的**

1）熟悉常用功能模块。

2）掌握 Simulink 建模的基本方法。

**2．实验原理**

实验原理参照 6.1 节的内容。

**3．实验内容**

已知电路方程 $u(t)=Ri(t)+L\dfrac{\mathrm{d}i(t)}{\mathrm{d}t}$，其中 $L$=10mH，$R$=50Ω，$u(t)=\sin(100t)\mathrm{V}$，电流的初始值 $i(0)=1\mathrm{A}$，通过 Simulink 建模绘制出该电路的电流波形。

# 第二部分　应　用　篇

## 第 7 章　电路的建模与仿真分析

**本章要点**

- 常用电路的建模与仿真分析方法
- 使用 MATLAB 求解线性方程组、微分方程

对于比较简单的电路，可以通过电阻的串并联、欧姆定律等方法，计算出电路中的电流和电压；而对于复杂的电路，就必须列写方程组来求解了。当电路比较复杂、方程数比较多时，如果手工进行求解会显得十分烦琐，有时甚至是不可能的。MATLAB 是以矩阵为基本运算单元的一种面向科学与工程计算的高级数学分析与运算的软件，可以快速生成并处理矩阵，而且可以方便地将运算结果转换为图形曲线。

本章主要围绕 MATLAB 软件中的 M 文件在电路中的建模与仿真分析方法，以几种常用的电路为例，着重介绍其建模和仿真分析的一般步骤。

### 7.1　直流稳态电路的建模与仿真分析

由直流电压源、电流源激励，电路各处的电压、电流都是恒定量的电路称为直流电路，在直流电路中电感相当于短路，电容相当于断路。分析直流电路的一般方法包括支路电流法、网孔电流法和节点电压法。工程上相当多的电路属于直流电路，或者近似的等效成直流电路，另外直流电路的分析方法也是后续各章节的一个分析基础。

#### 7.1.1　支路电流法

支路电流法是应用基尔霍夫电流定律列写结点的 KCL 方程，应用基尔霍夫电压定律列写回路的 KVL 方程，然后利用欧姆定律（VCR 方程）将支路上电阻的电压以支路电流表示，代入 KVL 方程，得到以支路电流为待求量的线性方程组，解得各支路电流值，进而计算出电路各处的电压值，支路电流法是求解电路最基本的方法之一。

【例 7-1】　如图 7-1 所示的电路图，已知 $U_{S1}=140V$，$U_{S2}=90V$，$R_1=20\Omega$，$R_2=5\Omega$，$R_3=6\Omega$，试求各支路电流和电阻 $R_3$ 两端的电压 $U_3$。

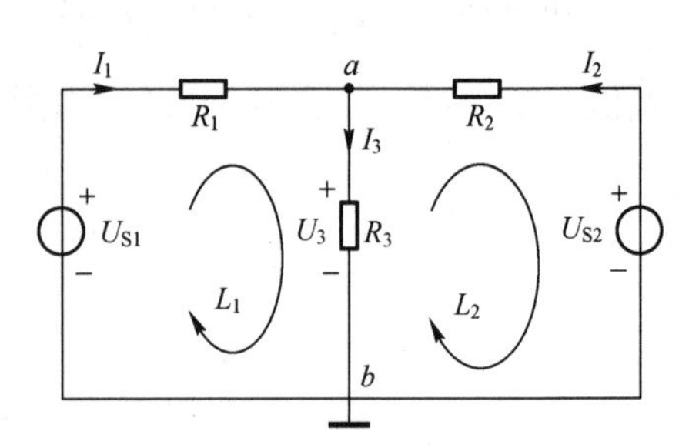

图 7-1　例 7-1 的电路图

解题步骤如下：

1）确定电路的结点数 $n$ 和支路数 $b$。

此电路的结点数 $n=2$，支路数 $b=3$，结点编号和支路电流的参考方向如图 7-1 所示，取结点 $b$ 为参考节点。

2）对独立结点列写 KCL 方程。

结点 $a$：$I_1+I_2-I_3=0$

结点 $b$：$-I_1-I_2+I_3=0$（结点 $b$ 为非独立结点，不必列出其 KCL 方程）

注：对于具有 $n$ 个结点的电路，应用基尔霍夫电流定律只能得到（$n$−1）个独立的 KCL 方程。

3）选择网孔作为独立回路，按照图 7-1 所示的网孔回路绕行方向列写 KVL 方程，并将 VCR 方程代入。

网孔 $L1$：$R_1I_1+R_3I_3=U_{S1}$

网孔 $L2$：$-R_2I_2-R_3I_3=-U_{S2}$

注：对于具有 $n$ 个结点、$b$ 条支路的电路，网孔的数目恰好等于 $b-(n-1)$个。

4）将上述的电路方程写成矩阵 $RI=U$ 的形式。

$$\begin{pmatrix} 1 & 1 & -1 \\ R_1 & 0 & R_3 \\ 0 & -R_2 & -R_3 \end{pmatrix}\begin{pmatrix} I_1 \\ I_2 \\ I_3 \end{pmatrix}=\begin{pmatrix} 0 \\ U_{S1} \\ -U_{S2} \end{pmatrix}$$

可见：

① 应用 KCL、KVL、VCR 定律可以列出 $(n-1)+[b-(n-1)]=b$ 个独立的方程，并且是以支路电流 $I_1$，$I_2$，……，$I_b$ 为待求量的，能够解出 $b$ 个支路电流。

② 直流稳态电路可以用线性方程组来描述，使用 MATLAB 软件中的左除（见 3.3 节，矩阵的四则运算）即可得到方程组的解。

5）编写 M 文件，建立电路模型并求解。

```
%电路的建模与仿真分析，支路电流法
%例 7-1
clc
clear

US1=140; US2=90;                          %电源
R1=20; R2=5; R3=6;                        %电阻
%输入电路的结构矩阵
R=[1,   1,    -1;
   R1, 0,     R3;
   0,  -R2, -R3];

U=[0; US1; -US2];                         %电路的电源列相量
I=R\U                                     %求解支路电流列相量
U3=R3*I(3)                                %计算电阻 R3 两端的电压 U3
%End
```

6）得到方程组的解，数据的后处理。

```
I =
     4
     6
    10
U3 =
    60
```

即：支路电流 $I_1 = 4\text{A}$ ， $I_2 = 6\text{A}$ ， $I_3 = 10\text{A}$ ；电阻 $R_3$ 两端的电压 $U_3 = 60\text{V}$ 。

**【例 7-2】** 如图 7-2 所示的电路图，已知 $U_{\text{S1}} = 20\text{V}$ ， $I_{\text{S5}} = 12\text{A}$ ， $R_1 = R_2 = R_6 = 5\Omega$ ， $R_3 = R_4 = R_5 = 3\Omega$ ，试求各支路电流。

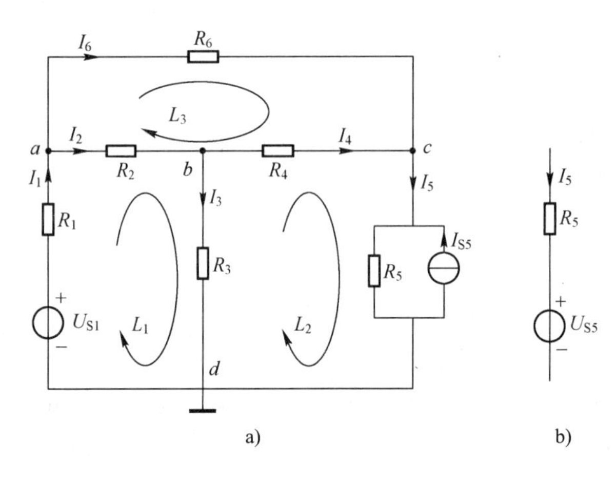


图 7-2　例 7-2 的电路图

解题步骤如下：

1）确定电路的结点数 $n$ 和支路数 $b$。

可以把图 7-2a 中电流源 $I_{\text{S5}}$ 和电阻 $R_5$ 相并联的部分，经电源等效变换后，得到的电压源 $U_{\text{S5}} = R_5 \cdot I_{\text{S5}}$ 和电阻 $R_5$ 相串联的结构，如图 7-2b 所示，并作为一条支路。

因此，此电路的结点数 $n = 4$ ，支路数 $b = 6$ ，网孔数 $L = 3$ ，结点编号、支路电流的参考方向和网孔绕行方向如图 7-2 所示，取结点 $d$ 为参考节点。

2）对独立结点列写 KCL 方程。

$$\begin{cases} I_1 - I_2 - I_6 = 0 \\ I_2 - I_3 - I_4 = 0 \\ I_4 - I_5 + I_6 = 0 \end{cases}$$

3）选择网孔作为独立回路，按照图 7-2 所示的网孔回路绕行方向列写 KVL 方程，并将 VCR 方程代入。

$$\begin{cases} R_1 I_1 + R_2 I_2 + R_3 I_3 = U_{\text{S1}} \\ -R_3 I_3 + R_4 I_4 + R_5 I_5 = -R_5 I_{\text{S5}} \\ -R_2 I_2 - R_4 I_4 + R_6 I_6 = 0 \end{cases}$$

注：方程右边的 $U_{S1}$ 为回路上电源电压，既包括电压源，也包括电流源引起的电压。

4）将上述的电路方程写成矩阵 $RI = U$ 的形式。

$$\begin{pmatrix} 1 & -1 & 0 & 0 & 0 & -1 \\ 0 & 1 & -1 & -1 & 0 & 0 \\ 0 & 0 & 0 & 1 & -1 & 1 \\ R_1 & R_2 & R_3 & 0 & 0 & 0 \\ 0 & 0 & -R_3 & R_4 & R_5 & 0 \\ 0 & -R_2 & 0 & -R_4 & 0 & R_6 \end{pmatrix} \begin{pmatrix} I_1 \\ I_2 \\ I_3 \\ I_4 \\ I_5 \\ I_6 \end{pmatrix} = \begin{pmatrix} 0 \\ 0 \\ 0 \\ U_{S1} \\ -R_5 I_{S5} \\ 0 \end{pmatrix}$$

5）编写 M 文件，建立电路模型并求解。

```
%电路的建模与仿真分析，支路电流法
%例 7-2
clc
clear

US1=20; IS5=12;                                    %电源
R1=5; R2=5; R3=3; R4=3; R5=3; R6=5;                %电阻
%输入电路的结构矩阵
R=[1, -1, 0, 0, 0, -1;
   0, 1, -1, -1, 0, 0;
   0, 0, 0, 1, -1, 1;
   R1, R2, R3, 0, 0, 0;
   0, 0, -R3, R4, R5, 0;
   0, -R2, 0, -R4, 0, R6];

U=[0; 0; 0; US1; -R5*IS5; 0];                      %电路的电源列相量
I=R\U                                              %求解支路电流列相量
%End
```

6）得到方程组的解，数据的后处理。

```
I =
    0.2222
    1.1111
    4.4444
   -3.3333
   -4.2222
   -0.8889
```

即：支路电流 $I_1 = 0.2222\text{A}$，$I_2 = 1.1111\text{A}$，$I_3 = 4.4444\text{A}$，$I_4 = -3.3333\text{A}$，$I_5 = -4.2222\text{A}$，$I_6 = -0.8889\text{A}$。

### 7.1.2 网孔电流法

以“假想的”沿网孔流动的网孔电流为待求量，把支路电流当做相关网孔电流的代数和，列出全部网孔的 KVL 方程，建立自阻/互阻矩阵。

注：网孔电流法仅适用于平面电路。

根据电路的相关知识可知，对于具有 $m$ 个网孔的电路，网孔电流方程组的一般形式可以写成：

$$\begin{cases} R_{11}I_{L1}+R_{12}I_{L2}+R_{13}I_{L3}+\cdots+R_{1m}I_{Lm}=U_{SL1} \\ R_{21}I_{L1}+R_{22}I_{L2}+R_{23}I_{L3}+\cdots+R_{2m}I_{Lm}=U_{SL2} \\ \vdots \\ R_{m1}I_{L1}+R_{m2}I_{L2}+R_{m3}I_{L3}+\cdots+R_{mm}I_{Lm}=U_{SLm} \end{cases}$$

写成矩阵的形式：

$$\begin{pmatrix} R_{11} & R_{12} & R_{13} & \cdots & R_{1m} \\ R_{21} & R_{22} & R_{23} & \cdots & R_{2m} \\ & & \vdots & & \\ R_{m1} & R_{m2} & R_{m3} & \cdots & R_{mm} \end{pmatrix} \cdot \begin{pmatrix} I_{L1} \\ I_{L2} \\ \vdots \\ I_{Lm} \end{pmatrix} = \begin{pmatrix} U_{SL1} \\ U_{SL2} \\ \vdots \\ U_{SLm} \end{pmatrix}$$

式中，$I_{L1}$，$I_{L2}$，……，$I_{Lm}$ 为沿网孔绕行方向流动的“假想的”网孔电流，网孔电流与支路电流之间具有代数关系；$U_{SL1}$，$U_{SL2}$，……，$U_{SLm}$ 为沿网孔绕行方向电源的电压升，既包括电压源引起的电压升，又包括电流源引起的电压升；$R_{11}$、$R_{22}$、$R_{33}$ 等具有相同下标的，即电阻矩阵的对角线元素，为各网孔的自阻，自阻总是正的；$R_{12}$、$R_{13}$、$R_{23}$ 等具有不同下标的，即电阻矩阵的非对角线元素，为各网孔间的互阻。如果两个网孔电流在共有支路上的参考方向相同时，互阻为正；参考方向相反时，互阻为负。如果网孔电流的参考方向都是顺时针（或者逆时针），则互阻总是负的。

**【例 7-3】** 对于例 7-2，试用网孔电流法求出网孔电流求 $I_{L1}$、$I_{L2}$、$I_{L3}$ 和支路电流。

解题步骤如下：

1）确定电路的结点数 $n$ 和支路数 $b$。

结点数 $n=4$，支路数 $b=6$，网孔数 $L=3$，结点编号、支路电流的参考方向和网孔绕行方向如图 7-2 所示，取结点 $d$ 为参考节点。

2）建立网孔电流法的方程组。

$$\begin{cases} (R_1+R_2+R_3)I_{L1}-R_3I_{L2}-R_2I_{L3}=U_{S1} \\ -R_3I_{L1}+(R_3+R_4+R_5)I_{L2}-R_4I_{L3}=-R_5I_{S5} \\ -R_2I_{L1}-R_4I_{L2}+(R_2+R_4+R_6)I_{L3}=0 \end{cases}$$

注：方程的数量由支路电流法的 6 个减少为网孔电流法的 3 个。

3）将上述的电路方程组写成矩阵 $RI_L=U_S$ 的形式。

$$\begin{pmatrix} R_1+R_2+R_3 & -R_3 & -R_2 \\ -R_3 & R_3+R_4+R_5 & -R_4 \\ -R_2 & -R_4 & R_2+R_4+R_6 \end{pmatrix} \bullet \begin{pmatrix} I_{L1} \\ I_{L2} \\ I_{L3} \end{pmatrix} = \begin{pmatrix} U_{S1} \\ -R_5I_{S5} \\ 0 \end{pmatrix}$$

4）根据网孔电流和支路电流的关系，求出支路电流。

$$I_1=I_{L1}，\ I_2=I_{L1}-I_{L3}，\ I_3=I_{L1}-I_{L2}，\ I_4=I_{L2}-I_{L3}，\ I_5=I_{L2}，\ I_6=I_{L3}$$

5）编写 M 文件，建立电路模型并求解。

```
%电路的建模与仿真分析，网孔电流法
%例 7-3
clc
clear

US1=20; IS5=12;                                      %电源
R1=5; R2=5; R3=3; R4=3; R5=3; R6=5;                  %电阻
%输入自阻/互阻矩阵
R=[R1+R2+R3, -R3,          -R2;                      %网孔 1
    -R3,        R3+R4+R5, -R4;                       %网孔 2
    -R2,        -R4,         R2+R4+R6];              %网孔 3

U=[US1; -R5*IS5; 0];                                 %电路的电源列相量
IL=R\U                                               %求解网孔电流列相量
%由网孔电流计算支路电流
I1=IL(1); I2=IL(1)-IL(3); I3=IL(1)-IL(2);
I4=IL(2)-IL(3); I5=IL(2); I6=IL(3);
I=[I1, I2, I3, I4, I5, I6]                           %将支路电流用行向量表示
%End
```

6）得到方程组的解，数据后处理。

```
IL =
     0.2222
    -4.2222
    -0.8889
I =
     0.2222     1.1111     4.4444    -3.3333    -4.2222    -0.8889
```

即：网孔电流 $I_{L1}=0.2222\text{A}$ ，$I_{L2}=-4.2222\text{A}$ ，$I_{L3}=-0.8889\text{A}$ ；

支路电流 $I_1=0.2222\text{A}$ ，$I_2=1.1111\text{A}$ ，$I_3=4.4444\text{A}$ ，$I_4=-3.3333\text{A}$ ，$I_5=-4.2222\text{A}$ ，$I_6=-0.8889\text{A}$ 。

### 7.1.3 结点电压法

在电路中任意选择一个结点为参考结点，其他结点与参考结点之间的电压为结点电压，任意两个节点之间的电压等于这两个节点的电压之差，与参考节点的选取和计算路径无关。

结点电压法，就是以结点电压为待求量，对独立结点应用基尔霍夫电流（KCL）定律列出用结点电压表示的有关支路电流方程。根据电路的相关知识可知，对于具有 $n$ 个结点的电路，结点电压方程组的一般形式可以写成：

$$\begin{cases} G_{11}U_1 - G_{12}U_2 - G_{13}U_3 - \cdots - G_{1n}U_{(n-1)} = \sum I_{S1} \\ -G_{21}U_1 + G_{22}U_2 - G_{23}U_3 - \cdots - G_{2n}U_{(n-1)} = \sum I_{S2} \\ \qquad\vdots \\ -G_{(n-1)1}U_1 - G_{(n-1)2}U_2 - G_{(n-1)3}U_3 - \cdots + G_{(n-1)(n-1)}U_{(n-1)} = \sum I_{S(n-1)} \end{cases}$$

写成矩阵的形式：

$$\begin{pmatrix} G_{11} & -G_{12} & -G_{13} & \cdots & -G_{1n} \\ -G_{21} & G_{22} & -G_{23} & \cdots & G_{2(n-1)} \\ & & \vdots & & \\ -G_{(n-1)1} & -G_{(n-1)2} & -G_{(n-1)3} & \cdots & G_{(n-1)(n-1)} \end{pmatrix} \cdot \begin{pmatrix} U_1 \\ U_2 \\ \vdots \\ U_{(n-1)} \end{pmatrix} = \begin{pmatrix} \sum I_{S1} \\ \sum I_{S2} \\ \vdots \\ \sum I_{S(n-1)} \end{pmatrix}$$

式中，$U_1$，$U_2$，……，$U_{(n-1)}$为去掉参考节点后剩下的（$n$−1）个独立的节点电压；$\sum I_{S1}$，$\sum I_{S2}$，……，$\sum I_{S(n-1)}$等，即方程右边的电流源列向量，为注入结点的电流的代数和，既包括电流源的注入电流，又包括电压源的注入电流；$G_{11}$、$G_{22}$、$G_{33}$等具有相同下标的电导，即电导矩阵的对角线元素，为自导，它等于直接连接于该结点的电导之和，自导总是正的；$G_{12}$、$G_{21}$、$G_{23}$等具有不同下标的电导，即电导矩阵的非对角线元素，为互导，它等于连接于两个结点之间的电导，互导总是负的。

**【例 7-4】** 对于例 7-2，试用节点电压法求出节点电压$U_a$，$U_b$，$U_c$和支路电流$I_1$，$I_2$，$I_3$，$I_4$，$I_5$，$I_6$。

解题步骤如下：

1）确定电路的结点数$n$。

结点数$n=4$，结点编号如图 7-2 所示，取结点$d$为参考节点。

2）建立网孔电流法的方程组。

$$\begin{cases} \left(\dfrac{1}{R_1}+\dfrac{1}{R_2}+\dfrac{1}{R_6}\right)U_a - \dfrac{1}{R_2}U_b - \dfrac{1}{R_6}U_c = \dfrac{U_{S1}}{R_1} \\ -\dfrac{1}{R_2}U_a + \left(\dfrac{1}{R_2}+\dfrac{1}{R_3}+\dfrac{1}{R_4}\right)U_b - \dfrac{1}{R_4}U_c = 0 \\ -\dfrac{1}{R_6}U_a - \dfrac{1}{R_4}U_b + \left(\dfrac{1}{R_4}+\dfrac{1}{R_5}+\dfrac{1}{R_6}\right)U_c = I_{S5} \end{cases}$$

3）将上述的电路方程组，写成矩阵$GU_n = I_S$的形式。

$$\begin{pmatrix} \dfrac{1}{R_1}+\dfrac{1}{R_2}+\dfrac{1}{R_6} & -\dfrac{1}{R_2} & -\dfrac{1}{R_6} \\ -\dfrac{1}{R_2} & \dfrac{1}{R_2}+\dfrac{1}{R_3}+\dfrac{1}{R_4} & -\dfrac{1}{R_4} \\ -\dfrac{1}{R_6} & -\dfrac{1}{R_4} & \dfrac{1}{R_4}+\dfrac{1}{R_5}+\dfrac{1}{R_6} \end{pmatrix} \bullet \begin{pmatrix} U_a \\ U_b \\ U_c \end{pmatrix} = \begin{pmatrix} \dfrac{U_{S1}}{R_1} \\ 0 \\ I_{S5} \end{pmatrix}$$

4）根据支路的欧姆定律（VCR 方程），求出支路电流。

$$I_1 = -\frac{U_a - U_{S1}}{R_1}，\ I_2 = \frac{U_a - U_b}{R_2}，\ I_3 = \frac{U_b}{R_3}，\ I_4 = \frac{U_b - U_c}{R_4}，\ I_5 = \frac{U_c}{R_5} - I_{S5}，\ I_6 = \frac{U_a - U_c}{R_6}$$

5）编写 M 文件，建立电路模型并求解。

```
%电路的建模与仿真分析，节点电压法
%例 7-4
clc
clear
US1=20; IS5=12;                                        %电源
R1=5; R2=5; R3=3; R4=3; R5=3; R6=5;                    %电阻
%输入电导矩阵
G11=1/R1+1/R2+1/R6; G12=-1/R2; G13=-1/R6;
G21=-1/R2; G22=1/R2+1/R3+1/R4; G23=-1/R4;
G31=-1/R6; G32=-1/R4; G33=1/R4+1/R5+1/R6;
G=[G11, G12, G13;                                      %节点 a
   G21, G22, G23;                                      %节点 b
   G31, G32, G33];                                     %节点 c

IS=[US1/R1; 0; IS5];                                   %注入节点的电流列相量
U=G\IS                                                 %求解节点电压列相量
%由节点电压计算支路电流
I1=(U(1)-US1)/R1; I2=(U(1)-U(2))/R2; I3=U(2)/R3;
I4=(U(2)-U(3))/R4; I5=U(3)/R5-IS5; I6=(U(1)-U(3))/R6;
I=[I1, I2, I3, I4, I5, I6]                             %将支路电流用行向量表示
%End
```

6）得到方程组的解，数据后处理。

```
U =
   18.8889
   13.3333
   23.3333
I =
   0.2222    1.1111    4.4444    -3.3333    -4.2222    -0.8889
```

即：结点电压 $U_a = 18.8889\text{V}$，$U_b = 13.3333\text{V}$，$U_c = 23.3333\text{V}$；

支路电流 $I_1 = 0.2222\text{A}$，$I_2 = 1.1111\text{A}$，$I_3 = 4.4444\text{A}$，$I_4 = -3.3333\text{A}$，$I_5 = -4.2222\text{A}$，$I_6 = -0.8889\text{A}$。

### 7.1.4 解的正确性验证

解出的结果正确与否，有时需要验证，其中最简单、最全面方法就是用电路的功率平衡关系进行验算，即：

$$\sum U_{\text{Sk}} I_{\text{k}} = \sum R_{\text{k}} I_{\text{k}}^2$$

如果解的支路电流正确，则电源发出的总功率等于电阻消耗的总功率。

**【例 7-5】** 对于例 7-2、例 7-3 和例 7-4 的计算结果，试验证其解的正确性。

解题步骤如下：

1）计算电源发出的总功率。

$$\sum U_{\text{Sk}}I_{\text{k}} = U_{\text{S1}}I_1 - R_5 I_{\text{S5}} I_5$$

2）计算电阻消耗的总功率。

$$\sum R_{\text{k}}{I_{\text{k}}}^2 = R_1{I_1}^2 + R_2{I_2}^2 + R_3{I_3}^2 + R_4{I_4}^2 + R_5{I_5}^2 + R_6{I_6}^2$$

3）编写 M 文件，建立验证模型并求解。

```
%电路的建模与仿真分析，解的正确性验证
%例 7-5
clc
clear

US1=20; IS5=12;                                              %电源
R1=5; R2=5; R3=3;    R4=3; R5=3; R6=5;                       %电阻

I1=0.2222; I2=1.1111; I3=4.4444;                             %支路电流
I4=-3.3333; I5=-4.2222; I6=-0.8889;

Pin=US1*I1-R5*IS5*I5                                         %电源发出的总功率
Pout=R1*I1^2+R2*I2^2+R3*I3^2+R4*I4^2+R5*I5^2+R6*I6^2 %电阻消耗的总功率
%End
```

4）运行程序，得到方程组的解。

```
Pin =
   156.4432
Pout =
   156.4420
```

即：电源发出的总功率 $P_{\text{in}} = 156.4432\text{W}$，电阻消耗的总功率 $P_{\text{out}} = 156.4420\text{W}$。

计算得到的电源发出功率和电阻消耗功率有微小差别的原因是：在 MATLAB 计算中默认的是双精度浮点类型，而在本例中输入的支路电流值只保留了小数点后 4 位。

综上所述，支路电流法是以电路中的支路电流为待求量，是求解直流稳态电路最基本的方法之一；网孔电流法是以假想的网孔电流为待求量，建立自阻/互阻矩阵，适用于电路中的网孔数较少的情况；结点电压法是以结点电压为待求量，建立自导/互导矩阵，适用于电路中节点数比较少的情况。

## 7.2 动态电路的建模与仿真分析

如果电路中含有动态元件（又称储能元件，包括电容 $C$ 和电感 $L$），当电路结构或元件的参数发生变化时（例如电路电源的突然断开或接入，信号的突然注入或消失等），电路有可能从一个工作状态转变到另一个工作状态，而这个转变的过程往往需要经历一定时间，工程上称为“过渡过程”。

### 7.2.1 RC 电路的动态过程分析

根据电路的相关知识可知，只含有一个储能元件或可以等效为一个储能元件的线性电路称为一阶线性电路，其一阶线性微分方程的通解为

$$f(t)=f(+\infty)+[f(0_+)-f(+\infty)]\cdot \mathrm{e}^{-\frac{t}{\tau}}$$

式中，$f(0_+)$ 为电路待求量在 $t=0_+$ 时刻的初值；

$f(+\infty)$ 为电路待求量在 $t=+\infty$ 时的终值；

$\tau$ 为电路的时间常数，对于 RC 电路，$\tau=R_0C$；对于 RL 电路，$\tau=\dfrac{L}{R_0}$。

$f(0_+)$、$f(+\infty)$、$\tau$ 称为一阶线性电路过渡过程的三要素，通过这三个要素便可直接得到动态电路中电压或电流随时间变化的函数。

**【例 7-6】** 如图 7-3 所示的电路图，已知 $U=6\text{V}$，$C=1000\text{pF}$，$R_1=10\text{k}\Omega$，$R_2=20\text{k}\Omega$，开关 $S$ 在 $t=0$ 时刻闭合，试求 $t\geqslant 0$ 时电容 $C$ 两端的电压 $u_\text{C}(t)$ 和电阻 $R_2$ 两端的电压 $u_2(t)$。设电容 $C$ 没有初始储能。

解题步骤如下：

1）确定初值。

电容 $C$ 没有初始储能，$u_\text{C}(0_+)=u_\text{C}(0_-)=0\text{V}$；

在 $t=0_+$ 时刻，由于 $u_\text{C}(0_+)=0\text{V}$，电容相当于短路，则 $u_2(0_+)=U=6\text{V}$。

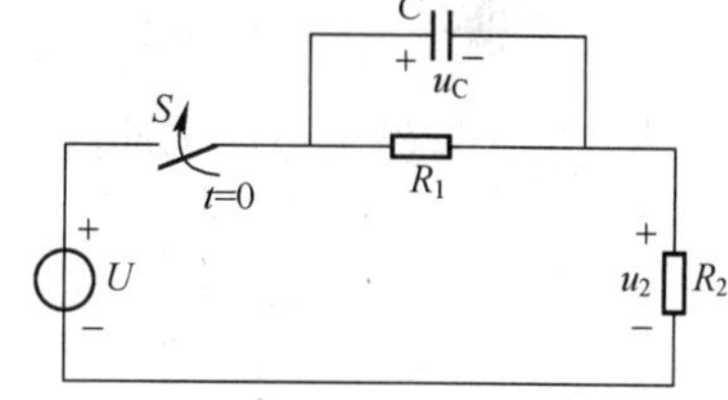


图 7-3 例 7-6 的电路图

2）确定终值。

时间 $t=+\infty$ 时，电路达到新的稳态，电容相当于开路，则

$$u_\text{C}(+\infty)=\frac{R_1}{R_1+R_2}\cdot U=2\text{V}，\quad u_2(+\infty)=\frac{R_2}{R_1+R_2}\cdot U=4\text{V}$$

3）确定时间常数。

$$\tau=R_0C$$

式中，电阻 $R_0$ 为开关动作后，从电容 $C$（或电感 $L$）两端看进去，所有理想电源都不起作用（理想电压源相当于短路，理想电流源相当于开路）时，电路的等效内阻 $R_0$。

$$R_0=R_1//R_2=\frac{R_1\cdot R_2}{R_1+R_2}，\quad \tau=R_0C$$

4）将三要素代入，得一阶电路暂态过程的通解。

$$u_\text{C}(t)=u_\text{C}(+\infty)+[u_\text{C}(0_+)-u_\text{C}(+\infty)]\mathrm{e}^{-\frac{t}{\tau}}$$

$$u_2(t)=u_2(+\infty)+[u_2(0_+)-u_2(+\infty)]\mathrm{e}^{-\frac{t}{\tau}}$$

5）编写 M 文件，建立电路模型并求解。

```
%电路的建模与仿真分析，一阶暂态电路的三要素法
%例 7-6
%输入电路参数
```

```
U=6;                                      %电源
R1=10e3; R2=20e3;                         %电阻
C=1000e-12;                               %电容
%三要素的计算
uc0=0; u20=6;                             %确定初值
uc8=2; u28=4;                             %确定终值
R0=(R1*R2)/(R1+R2);                       %确定等效内阻
tao=R0*C                                  %确定时间常数

%以时间 t 为变量，逐点充电过程
t=0:1e-6:30e-6;                           %时间范围 0～50μs，步长为 1μs
uct=uc8+(uc0-uc8)*exp(-t/tao);            %电容两端的电压 uc(t)
u2t=u28+(u20-u28)*exp(-t/tao);            %电阻 R2 两端的电压 u2(t)
%将计算结果以图形曲线输出
plot(t, uct, '-o', t, u2t, '-*');         %绘制曲线
Xlabel('时间{\itT} (s)');  Ylabel('电压{\itu} (V)');
legend('电容 C  的电压  uc(t)','电阻 R2 的电压 u2(t)');       %添加图例框
%End
```

6）将计算结果以图形曲线输出，如图 7-4 所示。

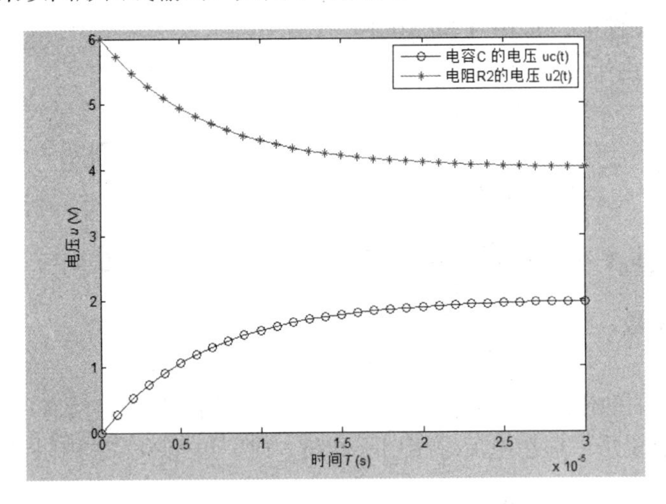


图 7-4　例 7-6 的运行结果

### 7.2.2　RL 电路的动态过程分析

**【例 7-7】** 如图 7-5 所示的电路图，$t<0$ 时电路已经处于稳态，在 $t=0$ 时刻开关闭合，电阻 $R_1$ 被短路掉，已知 $U=220\text{V}$，$R_1=8\Omega$，$R_2=12\Omega$，$L=0.6\text{H}$，试求：

1）电路的电流随时间的变化规律 $i(t)$；

2）开关动作后要经过多长时间，电流才能达到 15A？

解题步骤如下：

1）确定初值。

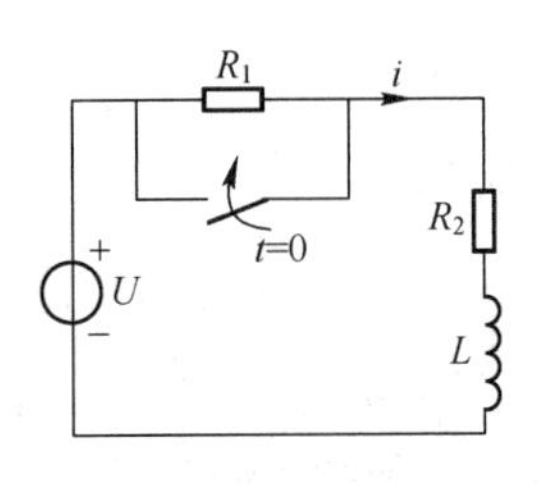


图 7-5　例 7-7 的电路图

电感 $L$ 的初始储能，$i_L(0_+)=i_L(0_-)=\dfrac{U}{R_1+R_2}=11\text{A}$

2）确定终值。

时间 $t=+\infty$ 时，电路达到新的稳态，电感相当于短路，$i_L(+\infty)=\dfrac{U}{R_2}=18.3\text{A}$

3）确定时间常数。

$$R_0=R_2\text{，}\quad \tau=\frac{L}{R_0}=0.05\text{s}$$

4）将三要素代入，得一阶电路暂态过程的通解。

$$i_L(t)=i_L(+\infty)+[i_L(0_+)-i_L(+\infty)]\text{e}^{-\frac{t}{\tau}}=(18.3-7.3\text{e}^{-20t})\text{A}$$

$$i_L(t)=(18.3-7.3\text{e}^{-20t})\text{A}=15\text{A}$$

解方程得到时间 $t=0.04\text{s}$

5）编写 M 文件，建立电路模型并求解。

```
%电路的建模与仿真分析，RL 电路的全响应
%例 7-7
clc
clear
%输入电路参数
U=220;                                  %电源，V
R1=8; R2=12;                            %电阻，Ohm
L=0.6;                                  %电感，H
%三要素的计算
iL0=U/(R1+R2)                           %确定初值
iL8=U/R2                                %确定终值
R0=R2;                                  %确定等效内阻
tao=L/R0                                %确定时间常数

t=0:0.001:0.5;                          %计算的时间范围为 0~0.5s，步长为 0.001s
iLt=iL8+(iL0-iL8)*exp(-t/tao);          %电流随时间变化的函数 iL(t)
t15=solve('18.3-7.3*exp(-20*t)=15','t');
t15=vpa(t15, 2)                         %保留两位小数

%将计算结果以图形曲线输出
plot(t, iLt);                           %绘制曲线
Xlabel('时间{\itT} (s)');
Ylabel('电流{\iti} (A)');
%End
```

6）将计算结果以图形曲线输出，如图 7-6 所示。

```
iL0 =
    11
```

```
iL8 =
    18.3333
tao =
     0.0500
t15 =
0.04
```

即：初值 $i_{\mathrm{L}}(0_{+})=11\mathrm{A}$，终值 $i_{\mathrm{L}}(+\infty)=18.3333\mathrm{A}$，时间常数 $\tau=0.0500\mathrm{s}$。开关闭合后 $t=0.04\mathrm{s}$，电路的电流达到 15A。

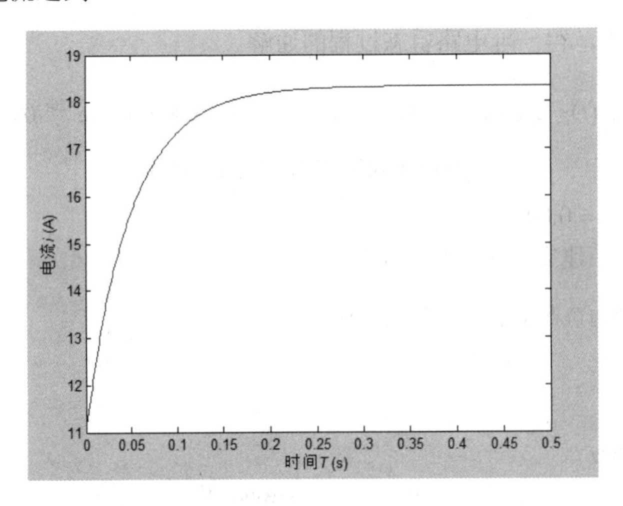


图 7-6　例 7-7 的运行结果

## 7.3　正弦交流电路的建模与仿真分析

电路中按正弦或余弦规律变化的电压信号或电流信号，统称为正弦量，如正弦电压信号 $u=U_{\mathrm{m}}\sin(\omega t+\theta_0)$，式中的有效值 $U$（或幅值 $U_{\mathrm{m}}=\sqrt{2}U$）、频率 $f$（角频率 $\omega=2\pi f$）和初相位 $\theta_0$ 称为正弦量的三要素。

在线性电路中，如果电路的激励是某一频率的正弦量，则电路中各处的电压和电流都将是同一频率的正弦量。因此三要素中只有有效值 $U$（或幅值 $U_{\mathrm{m}}$）和初相位 $\theta_0$ 两个要素不同，正弦信号可以用相量表示，如电压的有效值相量 $\dot{U}=U\angle\theta_0$ 或者最大值相量 $\dot{U}_{\mathrm{m}}=U_{\mathrm{m}}\angle\theta_0$。相量法是分析和求解正弦电流电路的一种有效工具。

正弦电路中各处的电压和电流都用相量法表示后，基尔霍夫电流定律（KCL）、电压定律（KVL）和欧姆定律（VCR）也都可以转换为相量形式：

相量形式的 KCL 定律：$\sum\dot{I}=0$

相量形式的 KVL 定律：$\sum\dot{U}=0$

相量形式，电阻上的欧姆定律：$\dot{U}=R\dot{I}_{\mathrm{R}}$

电感上的欧姆定律：$\dot{U}_{\mathrm{L}}=\mathrm{j}\omega L\cdot\dot{I}_{\mathrm{L}}=\mathrm{j}X_{\mathrm{L}}\cdot\dot{I}_{\mathrm{L}}$

电容上的欧姆定律：$\dot{U}_{\mathrm{X}}=-\mathrm{j}\dfrac{1}{\omega L}\cdot\dot{I}_{\mathrm{C}}=-\mathrm{j}X_{\mathrm{C}}\cdot\dot{I}_{\mathrm{C}}$

### 7.3.1 阻抗的串联

**【例 7-8】** RLC 串联电路如图 7-7 所示，已知交流电源 $u=100\sqrt{2}\sin(5\,000t)\text{V}$，$R=15\Omega$，$L=12\text{mH}$，$C=5\mu\text{F}$。试求：

1）电路的电流 $i$，电压 $u_{\text{R}}$、$u_{\text{L}}$、$u_{\text{C}}$ 和功率因数 $\cos\varphi$。

2）作出相量图。

3）有功功率 $P$ 和无功功率 $Q$。

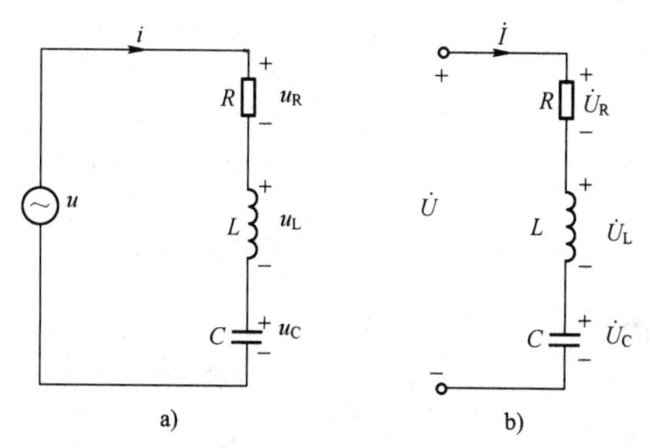


图 7-7　例 7-8 的电路图

a) 交流瞬时值电路图　b) 相量形式的电路图

解题步骤如下：

1）电路阻抗的计算。

已知交流电源 $u=100\sqrt{2}\sin(5000t)\text{V}$，电感 $L=12\text{mH}$，电容 $C=5\mu\text{F}$，则电源电压有效值相量 $\dot{U}=100\text{V}\angle 0°$，角频率 $\omega=5000\text{rad/s}$，感抗 $X_{\text{L}}=\omega L\approx 60\Omega$，容抗 $X_{\text{C}}=\dfrac{1}{\omega C}\approx 40\Omega$。

2）计算电流、电压、功率因数。

总的阻抗：$Z=R+\text{j}(X_{\text{L}}-X_{\text{C}})=(15+\text{j}20)\Omega=25\Omega\angle 53°$

电流：$\dot{I}=\dfrac{\dot{U}}{Z}=\dfrac{100\text{V}\angle 0°}{25\Omega\angle 53°}=4\text{A}\angle -53°$

电阻两端的电压：$\dot{U}_{\text{R}}=R\dot{I}=60\text{V}\angle -53°$

电感两端的电压：$\dot{U}_{\text{L}}=\text{j}X_{\text{L}}\dot{I}=240\text{V}\angle 37°$

电容两端的电压：$\dot{U}_{\text{C}}=-\text{j}X_{\text{C}}\dot{I}=160\text{V}\angle -143°$

功率因数：$\lambda=\cos\varphi=\cos(-53°)=0.6$

3）编写 M 文件，建立电路模型并求解。

```
%电路的建模与仿真分析，阻抗的串联
%例 7-8
clc
clear

%输入电路参数
U=100;                                    %交流电压源有效值，V
```

```
w=5000;                                %角频率，rad/s
Uphi=0;                                %初相位，°
R=15;                                  %电阻，Ohm
L=12e-3;                               %电感，mH
C=5e-6;                                %电容，uF
%电路阻抗的计算
XL=w*L;                                %感抗
XC=1/(w*C);                            %容抗
%建立电路模型并求解
Z=R+j*(XL-XC);                         %电路总的阻抗
I=U/Z                                  %电路总的电流 I，A
Ir=abs(I)                              %电流 I 的模，A
Iphi=angle(I)*180/pi                   %电流 I 的幅角,rad->°

UR=R*I;                                %电阻两端的电压，V
URr=abs(UR);
URphi=angle(UR)*180/pi;
UL=j*XL*I;                             %电感两端的电压，V
ULr=abs(UL);
ULphi=angle(UL)*180/pi;

UC=-j*XC*I;                            %电容两端的电压，V
UCr=abs(UC);
UCphi=angle(UC)*180/pi;
CosPhi=cos((Uphi-Iphi)*pi/180)         %功率因数，°->rad

%绘制相量图
clf;                                   %清空图形窗口
compass([I*50, UR, UL, UC]);           %在极坐标系中绘制相量图
text(2.4*50+10,-3.2*50,'I');           %注释文本，直角坐标系
text(36+10,-48,'UR');
text(192-40,144+20,'UL');
text(-128+10,-96-20,'UC');
%End
```

4）将计算结果以图形曲线输出，如图 7-8 所示。

```
I =
    2.4000 - 3.2000i
Ir =
      4
Iphi =
   -53.1301
CosPhi =
     0.6000
```

即：电流 $\dot{I}=(2.4-\mathrm{j}3.2)\mathrm{A}=4\mathrm{A}\angle-53.1301^{\circ}$，功率因数 $\cos\varphi=0.6$。

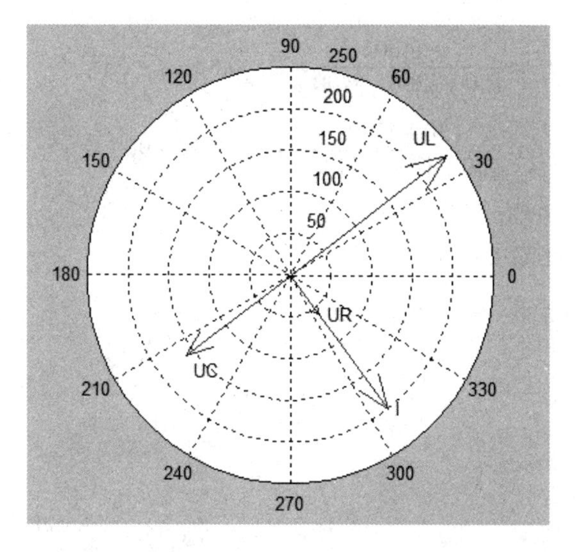


图 7-8　例 7-8 的运行结果

注：为了让电流相量 $\dot{I}$ 表现的更明显，将电流 $\dot{I}$ 的模扩大了 50 倍，并显示在图 7-8 中。

### 7.3.2　阻抗的并联与功率因数的提高

**【例 7-9】** 如图 7-9 所示的电路，交流电压源 $u=220\sqrt{2}\sin(314t)\text{V}$ ，$R=150\Omega$ ，$L=0.64\text{H}$ ，$C=8\mu\text{F}$ ，试计算：

1）无电容 $C$ 时，电路的电流 $\dot{I}$ 和功率因数。

2）有电容 $C$ 时，电路的电流 $\dot{I}$ 和功率因数。

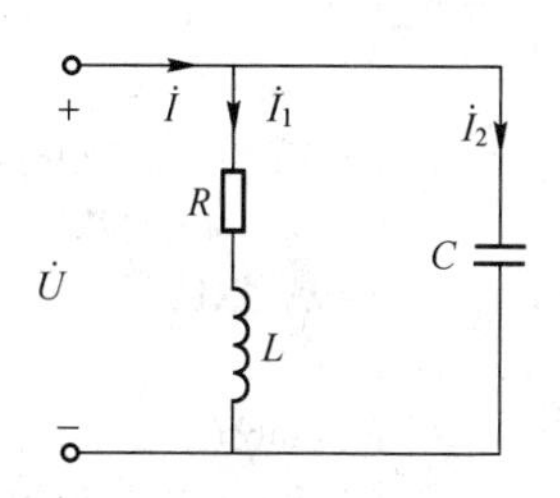


图 7-9　例 7-9 的电路图

解题步骤如下：

1）电路阻抗的计算。

已知交流电源 $u=220\sqrt{2}\sin(314t)\text{V}$ ，电感 $L=0.64\text{H}$ ，电容 $C=8\mu\text{F}$ 。

可以得到电源电压有效值 $\dot{U}=220\text{V}\angle0^\circ$ ，角频率 $\omega=314\text{rad/s}$ ，频率 $f=50\text{Hz}$ ，感抗 $X_\text{L}=\omega L\approx200\Omega$ ，容抗

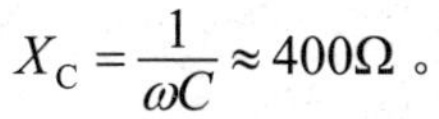
$X_\text{C}=\dfrac{1}{\omega C}\approx400\Omega$ 。

2）计算电流和功率因数。

① 无电容 $C$ 时：

电路总的阻抗：$Z=R+\text{j}X_\text{L}=(150+\text{j}200)\Omega=250\Omega\angle53^\circ$

电路的电流：$\dot{I}=\dot{I}_1=\dfrac{\dot{U}}{Z}=\dfrac{220\text{V}\angle0^\circ}{250\Omega\angle53^\circ}=0.88\text{A}\angle-53^\circ$

功率因数：$\cos\varphi=\cos(-53^\circ)=0.6$

② 有电容 $C$ 时：

电路总的阻抗：$Z'=(150+\text{j}200)//(-\text{j}400)=400\Omega\angle16^\circ$

电路的电流：$\dot{I}'=\dfrac{\dot{U}}{Z}=\dfrac{220\text{V}\angle0^\circ}{400\Omega\angle16^\circ}=0.55\text{A}\angle-16^\circ$

电感支路的电流：$\dot{I}_1{}' = \dfrac{-\mathrm{j}400}{150+\mathrm{j}200-\mathrm{j}400} \times \dot{I}' = 0.88\mathrm{A}\angle -53^\circ$

电容支路的电流：$\dot{I}_2{}' = \dfrac{150+\mathrm{j}200}{150+\mathrm{j}200-\mathrm{j}400} \times \dot{I}' = 0.55\mathrm{A}\angle 90^\circ$

功率因数：$\cos\varphi' = \cos(-33^\circ) = 0.96$

3）编写 M 文件，建立电路模型并求解。

```
%电路的建模与仿真分析，阻抗的并联
%例 7-9
clc
clear

%输入电路参数
U=220;                                    %交流电压源有效值，V
f=50;                                     %频率，Hz
R=150;                                    %电阻，Ohm
L=0.64;                                   %电感，H
C=8e-6;                                   %电容，uF

%电路阻抗的计算
w=2*pi*f;                                 %角频率
XL=w*L;                                   %感抗
XC=1/(w*C);                               %容抗

%建立电路模型并求解
%（1）无电容 C 时
Z=R+j*XL;                                 %电路总的阻抗
I=U/Z;                                    %电路总的电流
Iabs=abs(I)
Iphi=angle(I)*180/pi
CosPhi =cos(angle(I))                     %功率因数

%（2）有电容 C 时
Zp=(R+j*XL)*(-j*XC)/(R+j*XL-j*XC);        %电路总的阻抗
ZpAbs=abs(Zp);
ZpPhi=angle(Zp)*180/pi;
Ip=U/Zp;                                  %电路总的电流
IpAbs=abs(Ip)
IpPhi=angle(Ip)*180/pi
I1p=(-j*XC*Ip)/(R+j*XL-j*XC);             %电感支路的电流
I1pAbs=abs(I1p);
I1pPhi=angle(I1p)*180/pi;
I2p=((R+j*XL)*Ip)/(R+j*XL-j*XC);          %电容支路的电流
I2pAbs=abs(I2p);
I2pPhi=angle(I2p)*180/pi;
CosPhip=cos(angle(Ip))                    %功率因数
```

```
%绘制相量图
clf;                                          %清空图形窗口
compass([I, Ip, I1p, I2p]);                   %在极坐标系中绘制相量图
text(0.5244-0.25,-0.7029-0.05,'I=I1');        %注释文本，直角坐标系
text(0.5244-0.05,-0.15-0.08,'Ip');
text(0.5244+0.02,-0.7029,'I1p');
text(-0.15,0.5529-0.05,'I2p');
%End
```

4）将计算结果以图形曲线输出，如图 7-10 所示。

```
Iabs =
    0.8770
Iphi =
  -53.2756
CosPhi =
    0.5980
IpAbs =
    0.5455
IpPhi =
  -15.9647
CosPhip =
    0.9614
```

即：无电容 $C$ 时，电流 $\dot{I}=0.8770\text{A}\angle-53.2756°$，功率因数 $\cos\varphi=0.5980$；

有电容 $C$ 时，电流 $\dot{I}'=0.5455\text{A}\angle-15.9647°$，功率因数 $\cos\varphi'=0.9614$。

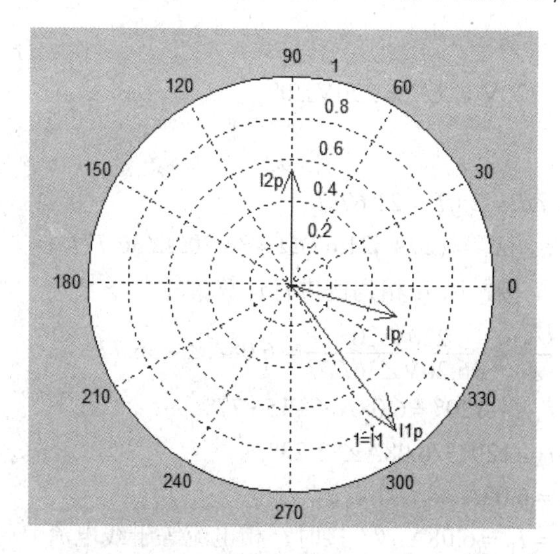


图 7-10　例 7-9 的运行结果

可见，在感性电路上并联电容 $C$，对电感支路并没有影响（$I_1=I_1'$），但电容的无功功率“补偿了”电感的无功功率，减小了电源输出的电流 $I'<I$ 和无功功率。选择合适的电容

值，可以提高整个电路的功率因数，甚至可以使功率因数$\cos\varphi=1$。

### 7.3.3 三相交流电路

目前，世界各国的电力系统中电能的生产、传输和供电方式绝大多数都采用三相交流电。其中对称三相电源是由幅值相等、频率相同、初相位依次相差 120° 的三个正弦交流电压源构成，可以接成星形（Y 接），也可以接成三角形（△接），写成瞬时值的形式为

$$\begin{cases}u_{\mathrm{A}}=\sqrt{2}U\sin(\omega t)\\ u_{\mathrm{B}}=\sqrt{2}U\sin(\omega t-120^\circ)\\ u_{\mathrm{C}}=\sqrt{2}U\sin(\omega t+120^\circ)\end{cases}$$

写成相量的形式为

$$\begin{cases}\dot{U}_{\mathrm{A}}=U\angle 0^\circ\\ \dot{U}_{\mathrm{B}}=U\angle -120^\circ\\ \dot{U}_{\mathrm{C}}=U\angle +120^\circ\end{cases}$$

**【例 7-10】** 某台三相电动机，每相绕组的等效电阻$R=29\Omega$，等效电感$L=69\mathrm{mH}$，额定频率$f_{\mathrm{N}}=50\mathrm{Hz}$，额定电压（线电压有效值）$U_{\mathrm{N}}=380\mathrm{V}$，Y 接。试求该电动机的相电流、线电流，以及从电源输入的功率。

该三相电动机与三相电源组成的用电系统，可以等效成如图 7-11 所示的电路图。

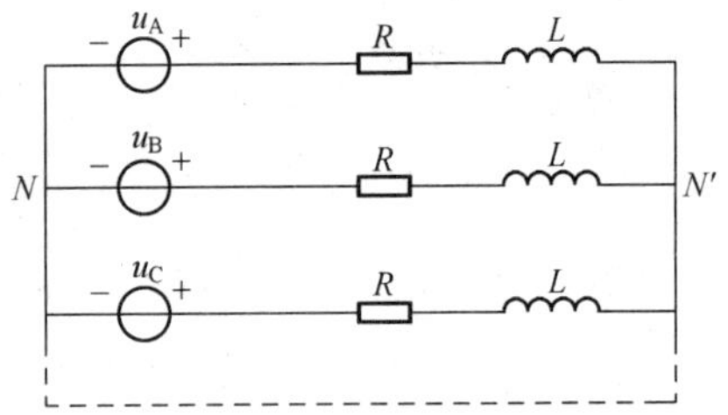

图 7-11 例 7-10 的电路图

解题步骤如下：

1）线电压和相电压的变换。

已知线电压$U_{\mathrm{L}}=U_{\mathrm{N}}=380\mathrm{V}$，Y 接，设$\dot{U}_{\mathrm{AB}}=380\mathrm{V}\angle 30^\circ$

则相电压$U_{\mathrm{P}}=\dfrac{U_{\mathrm{L}}}{\sqrt{3}}=220\mathrm{V}$，$\dot{U}_{\mathrm{A}}=220\mathrm{V}\angle 0^\circ$

2）阻抗的计算。

一相的感抗：$X_{\mathrm{L}}=\omega L=2\pi fL=21.67\Omega$

一相的阻抗：$Z=R+\mathrm{j}X_{\mathrm{L}}=(29+\mathrm{j}21.67)\Omega=36.20\Omega\angle 36.77^\circ$

3）因为三相对称，Y 接，以 A 相为例进行计算。

A 相的电流：$\dot{I}_{\mathrm{A}}=\dfrac{\dot{U}_{\mathrm{A}}}{Z}=\dfrac{220\mathrm{V}\angle 0^\circ}{36.20\mathrm{V}\angle 36.77^\circ}=6.08\mathrm{A}\angle -36.77^\circ$

B 相的电流：$\dot{I}_{\mathrm{B}}=\dot{I}_{\mathrm{A}}\angle -120^\circ=6.08\mathrm{A}\angle -156.77^\circ$

C 相的电流：$\dot{I}_{\mathrm{C}}=\dot{I}_{\mathrm{A}}\angle 120^\circ=6.08\mathrm{A}\angle 83.23^\circ$

相电流有效值：$I_{\mathrm{P}}=6.08\mathrm{A}$

线电流有效值：$I_{\mathrm{L}}=I_{\mathrm{P}}=6.08\mathrm{A}$（Y 接时，相电流等于线电流）

4）三相输入功率的计算。

$$P=\sqrt{3}U_{\mathrm{L}}I_{\mathrm{L}}\cos\varphi=\sqrt{3}\times 380\times 6.08\times\cos(-36.77^\circ)\mathrm{kW}\approx 3.2\mathrm{kW}$$

式中，$\cos\varphi$为功率因数；$\varphi$为一相负载上的电压$\dot{U}_{\mathrm{A}}$与电流$\dot{I}_{\mathrm{A}}$的相位差。

5）编写 M 文件，建立电路模型并求解。

```
%电路的建模与仿真分析，三相电路
%例 7-10
clc
clear

UN=380;                                  %额定电压，V，Y 接
f=50;                                    %额定频率，Hz
R=29;                                    %电阻，Ohm
L=69e-3;                                 %电感，mH

%线电压和相电压的变换
UL=UN;                                   %线电压
UAB=UL*exp(j*pi/6);                      %线电压 UAB
UA=UN/sqrt(3);                           %相电压 UA

%阻抗的计算
XL=2*pi*f*L;                             %感抗
Z=R+j*XL;                                %阻抗

%电流的计算，以 A 相为例
IA=UA/Z;                                 %A 相电流
IAabs=abs(IA)                            %A 相电流的有效值
IAphi=angle(IA)*180/pi                   %A 相电流的幅角

IB=IA*exp(-j*2*pi/3);                    %B 相电流
IBabs=abs(IB)
IBphi=angle(IB)*180/pi

IC=IA*exp(j*2*pi/3);                     %C 相电流
ICabs=abs(IC)
ICphi=angle(IC)*180/pi

Ip=abs(IA)                               %相电流有效值
IL=Ip;                                   %线电流=相电流

%三相输入功率的计算
P=sqrt(3)*UL*IL*cos(angle(IA))
%End
```

6）结果输出与数据后处理。

```
IAabs =
    6.0595
IAphi =
  -36.7775
```

```
IBabs =
      6.0595
IBphi =
  -156.7775
ICabs =
      6.0595
ICphi =
     83.2225
Ip =
      6.0595
P =
   3.1945e+003
```

即：$\dot{I}_{\mathrm{A}}=6.0595\mathrm{A}\angle-36.7775°$，$\dot{I}_{\mathrm{B}}=6.0595\mathrm{A}\angle-156.7775°$，$\dot{I}_{\mathrm{C}}=6.0595\mathrm{A}\angle 83.2225°$，三相总功率 $P=3.1945\times10^{3}\mathrm{W}$。

## 7.4 直流磁路的建模与仿真分析

磁路的计算分为两种类型，一种是磁路计算的正问题：给定磁通量，计算所需的励磁磁动势和励磁电流；另一种是磁路计算的逆问题：给定励磁磁动势，计算磁路内的磁通量。

本章仅涉及电机、变压器的磁路设计用到的磁路计算正问题。

### 7.4.1 磁路的串联

**【例 7-11】** 如图 7-12 所示的串联磁路，已知线圈匝数 $N=100$，磁路总长度 $l=300\mathrm{mm}$，铁心截面积 $A_{\mathrm{Fe}}=30\times30\mathrm{mm}^{2}$，气隙长度 $\delta=0.5\mathrm{mm}$。试求在铁芯中的磁感应强度 $B_{\mathrm{Fe}}=1\mathrm{T}$ 时，所需的励磁磁动势 $F$ 和励磁电流 $I$？

注：1）$B_{\mathrm{Fe}}=1\mathrm{T}$ 时，对应的相对磁导率为 $\mu_{\mathrm{Fe}}=5\,000$，$\mu_{0}=4\pi\times10^{-7}\mathrm{A/m}$；

2）考虑到气隙磁场的边缘效应，计算气隙段的有效面积时，通常在长、宽方向上个增加一个 $\delta$ 值。

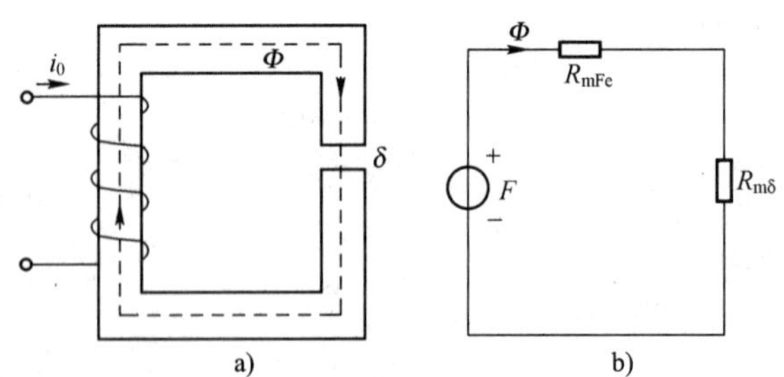


图 7-12　例 7-11 的串联磁路图和模拟电路图

a) 串联磁路图　b) 模拟电路图

解题步骤如下：

1）按照材料和截面积的不同，将磁路分成铁芯 $Fe$ 和空气隙 $\delta$ 两段。

2）计算每段磁路的截面积 $A_{\mathrm{k}}$ 和平均长度 $l_{\mathrm{k}}$。

铁芯段截面积：$A_{\mathrm{Fe}}=30\times30\mathrm{mm}^2=900\times10^{-6}\mathrm{m}^2$

铁芯段磁路平均长度：$l_{\mathrm{Fe}}=l-\delta$

气隙段截面积：$A_\delta=30.5\times30.5\mathrm{mm}^2=930.25\times10^{-6}\mathrm{m}^2$，$l_\delta=\delta$

3）根据给定的磁通量 $\Phi$，计算各段磁路的磁通密度 $B_\mathrm{k}=\dfrac{\Phi_\mathrm{k}}{A_\mathrm{k}}$。

铁芯段的磁密：$B_{\mathrm{Fe}}=1\mathrm{T}$

磁路中的磁通量：$\Phi=B_{\mathrm{Fe}}\times A_{\mathrm{Fe}}=9\times10^{-4}\mathrm{Wb}$

气隙段的磁密：$B_\delta=\dfrac{\Phi}{A_\delta}=0.967\mathrm{T}$

4）根据磁通密度 $B_\mathrm{k}$ 计算对应的磁场强度 $H_\mathrm{k}$。

气隙段的磁场强度：$H_\delta=\dfrac{B_\delta}{\mu_0}=77\times10^4\mathrm{A/m}$

铁芯段的磁场强度：$H_{\mathrm{Fe}}=\dfrac{B_{\mathrm{Fe}}}{\mu_{\mathrm{Fe}}\mu_0}=159\mathrm{A/m}$

5）计算各段磁路上的磁压降 $H_\mathrm{k}l_\mathrm{k}$、总的励磁磁动势 $F$ 和励磁电流 $I$，$F=\sum H_\mathrm{k}l_\mathrm{k}=NI$。

铁芯段的磁压降：$F_{\mathrm{Fe}}=H_{\mathrm{Fe}}l_{\mathrm{Fe}}=47.6\mathrm{A}$

气隙段的磁压降：$F_\delta=H_\delta\delta=385\mathrm{A}$

总的励磁磁动势：$F=H_{\mathrm{Fe}}l_{\mathrm{Fe}}+H_\delta\delta=432.6\mathrm{A}$

励磁电流：$I=\dfrac{F}{N}=4.32\mathrm{A}$

6）编写 M 文件，建立磁路模型并求解。

```
%电路的建模与仿真分析，串联磁路
%例 7-11
clc
clear

%将磁路分为铁芯段 LFe 和气隙 gap
gap=0.5e-3;                          %气隙长度，mm
L=300e-3;                            %磁路总长度，mm
LFe=L-gap;                           %铁芯段磁路的长度
AFe=30*30e-6;                        %铁芯段的截面积，m^2
Agap=(30e-3+gap)^2;                  %气隙段的截面积，m^2

u0=4*pi*10^-7;                       %真空中的磁导率
uFe=5000;                            %铁的相对磁导率

%磁密的计算
BFe=1                                %铁芯段的磁密，T
Phi=BFe*AFe;                         %磁路中的磁通量，Wb
Bgap=Phi/Agap                        %气隙磁密，T

%磁场强度和磁压降的计算
```

```
Hgap=Bgap/u0;                                  %气隙的磁场强度，A/m
Fgap=Hgap*gap                                  %气隙段的磁压降，A
HFe=BFe/(uFe*u0);                              %铁芯段的磁场强度，A/m
FFe=HFe*LFe                                    %铁芯段的磁压降，A
%总的励磁磁动势和励磁电流的计算
F=FFe+Fgap                                     %所需总的励磁磁动势，A
N=100;                                         %励磁线圈匝数
I=F/N
%End
```

7）得到方程的解，数据的后处理。

```
BFe =
     1
Bgap =
    0.9675
Fgap =
  384.9488
FFe =
   47.6669
F =
  432.6157
I =
    4.3262
```

即：铁芯段磁密 $B_{Fe}=1T$，气隙段磁密 $B_{\delta}=0.9675T$，气隙段磁压降 $F_{\delta}=384.9488A$，铁芯段磁压降 $F_{Fe}=47.6A$，所需的励磁磁动势 $F=432.6A$，所需的励磁电流 $I=4.3262A$。

可见，气隙长度仅为 0.5mm，占磁路总长度的 $0.5/300=0.1667\%$，但气隙段的磁压降却占了整个磁路的 $385/432.6=89\%$。磁压降主要消耗在气隙上了，而铁芯上的磁压降很小。

## 7.4.2 磁路的并联

**【例 7-12】** 如图 7-13 所示的简单并联磁路，铁芯所用材料为 DR530 硅钢片，铁芯柱和铁轭的截面积均为 $A_{Fe}=20\times20mm^2$，磁路平均长度 $L=50mm$，气隙长度 $\delta_1=\delta_2=2.5mm$，励磁线圈匝数 $N_1=N_2=1000$。不计漏磁通，试求在气隙内产生 $B_{\delta}=1.211T$ 磁密时，所需的励磁电流 $I$ 是多少？

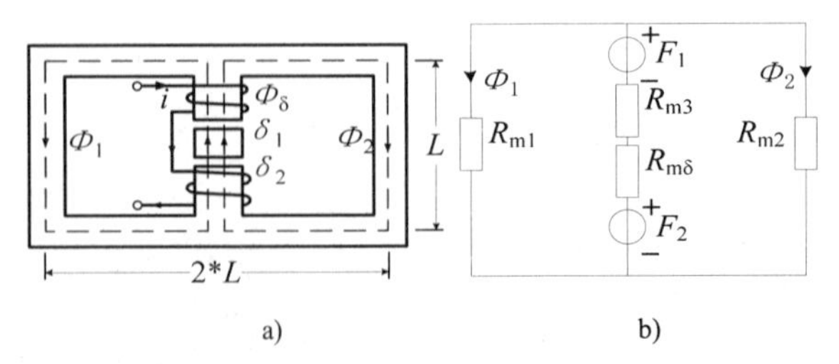


图 7-13　例 7-12 的并联磁路图和模拟电路图

a) 并联磁路示意图　b) 模拟电路图

解题步骤如下：

1）按照材料和截面积的不同，将磁路分成左铁芯段$l_{Fe1}$、右铁芯段$l_{Fe2}$、中间铁芯段$l_{Fe3}$和空气隙$\delta$，共三段。

2）计算每段磁路的截面积$A_k$和平均长度$l_k$。

铁芯段的截面积：$A_{Fe1}=A_{Fe2}=A_{Fe3}=20\times20\text{mm}^2=4\times10^{-4}\text{m}^2$

铁芯段的磁路长度：$l_{Fe1}=l_{Fe2}=3L$=0.15m，$l_{Fe3}=L-2\times\delta=0.045\text{m}$

气隙段：$A_\delta=22.5\times22.5\text{mm}^2$，$l_\delta=\delta$

3）根据给定的磁通量$\Phi$，计算各段磁路的磁通密度$B_k=\dfrac{\Phi_k}{A_k}$。

气隙段的磁密：$B_\delta=1.211\text{T}$

磁路中的磁通量：$\Phi=B_\delta\times A_\delta=6.13\times10^{-4}\,\text{Wb}$

中间铁芯段的磁密：$B_{Fe3}=\dfrac{\Phi}{A_{Fe3}}=1.533\text{T}$

左、右铁芯段的磁密：$B_{Fe1}=B_{Fe2}=\dfrac{\Phi}{2\times A_{Fe3}}=0.766\text{T}$

4）根据磁通密度$B_k$计算对应的磁场强度$H_k$。

气隙段的磁场强度：$H_\delta=\dfrac{B_\delta}{\mu_0}$

从 DR530 硅钢片的磁化曲线查得，与中间铁芯段的磁密$B_{Fe3}=1.533\text{T}$时，对应的磁场强度$H_{Fe3}=19.5\times10^2\,\text{A/m}$；与左、右铁芯段的磁密$B_{Fe1}=B_{Fe2}=0.766\text{T}$时，对应的磁场强度$H_{Fe1}=H_{Fe2}=215\text{A/m}$

5）计算各段磁路上的磁压降$H_k l_k$、总的励磁磁动势$F$和励磁电流$I$，$F=\sum H_k l_k=NI$。

气隙段的磁压降：$F_\delta=2H_\delta\delta$

中间铁芯段的磁压降：$F_{Fe3}=H_{Fe3}l_{Fe3}$

左、右铁芯段的磁压降：$F_{Fe1}=F_{Fe2}=H_{Fe1}l_{Fe1}$

由于左右两条并联的磁路是对称的，可以利用支路电流法的思想对左回路列 KVL 方程，如图 7-13 所示，总的励磁磁动势：$F=H_{Fe1}l_{Fe1}+H_{Fe3}l_{Fe3}+2H_\delta\delta$

励磁电流：$I=\dfrac{F}{N}$

6）编写 M 文件，建立磁路模型并求解。

```
%电路的建模与仿真分析——并联磁路
%例 7-12
clc
clear

%将磁路分为左铁芯段 LFe1，右铁芯段 LFe2，中间铁芯段 LFe3，气隙 gap
gap=2.5e-3;                                   %气隙长度，mm
L=50*10^-3;                                   %单段磁路的平均长度，mm
LFe1=3*L;                                     %左铁芯段的磁路长度
LFe2=LFe1;                                    %右铁芯段的磁路长度
```

```
LFe3=(L-2*gap);                                    %中间铁芯段的磁路长度
AFe1=20*20*10^-6;                                  %左铁芯段的截面积，mm^2
AFe2=AFe1;                                         %右铁芯段的截面积
AFe3=AFe1;                                         %中间铁芯段的截面积
Agap=(20*10^-3+gap)^2;                             %气隙段的截面积

%磁密的计算
Bgap=1.211                                         %气隙磁密，T
Phi=Bgap*Agap; %磁路中的磁通量，Wb
BFe3=Phi/AFe3                                      %中间铁芯段的磁密，T
BFe1=Phi/AFe3/2                                    %左间铁芯段的磁密，T

%磁场强度和磁压降的计算
Hgap=Bgap/(4*pi*10^-7);                            %气隙的磁场强度，A/m
Fgap=Hgap*gap                                      %气隙段的磁压降，A
HFe3=19.5*10^2;                                    %中间铁芯段的磁场强度，A/m
FFe3=HFe3*LFe3                                     %中间铁芯段的磁压降，A
HFe1=215;                                          %左铁芯段的磁场强度，A/m
FFe1=HFe1*LFe1                                     %左铁芯段的磁压降，A

%总的励磁磁动势和励磁电流的计算
F=FFe1+FFe3+2*Fgap                                 %所需总的励磁磁动势，A
N1=1000; N2=1000;                                  %励磁线圈匝数
I=F/(N1+N2)
%End
```

7）得到方程的解，数据的后处理。

```
Bgap =
    1.2110
BFe3 =
    1.5327
BFe1 =
    0.7663
Fgap =
  2.4092e+003
FFe3 =
   87.7500
FFe1 =
   32.2500
F =
  4.9384e+003
I =
    2.4692
```

即：气隙段磁密 $B_{\delta}=1.2110\text{T}$，单个气隙段对应磁压降 $F_{\delta}=2.4092\times10^{3}\text{A}$；中间铁芯段磁密 $B_{\text{Fe3}}=1.5327\text{T}$，对应磁压降 $F_{\text{Fe3}}=87.7500\text{A}$；左铁芯段磁密 $B_{\text{Fe1}}=0.7663\text{T}$，对应磁压

降 $F_{Fe1}=32.2500\text{A}$；所需总的励磁磁动势 $F=4.9384\times10^3\text{A}$，所需励磁电流 $I=2.4692\text{A}$。

## 7.5 习题

1．用网孔电流法求解图 7-14 所示电路中电流 $I$。

2．用支路电流法求得图 7-15 所示电路中的 $i_1$ 和 $i_2$。

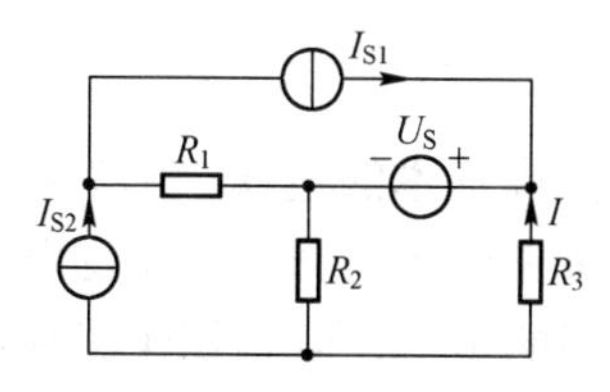


图 7-14　习题 1 的电路图

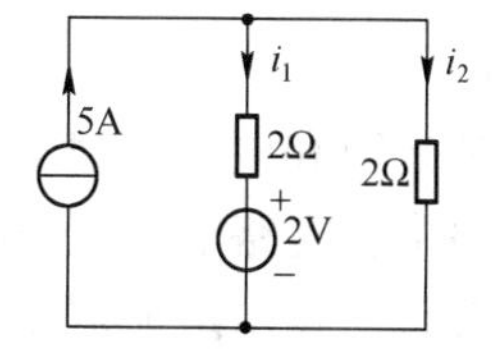


图 7-15　习题 2 的电路图

3．结点电压法求图 7-16 所示电路中的电压 $U_{ab}$ 及 $U_{ac}$。

4．用网孔电流法计算图 7-17 所示电路中的网孔电流 $i_1$ 和 $i_2$。

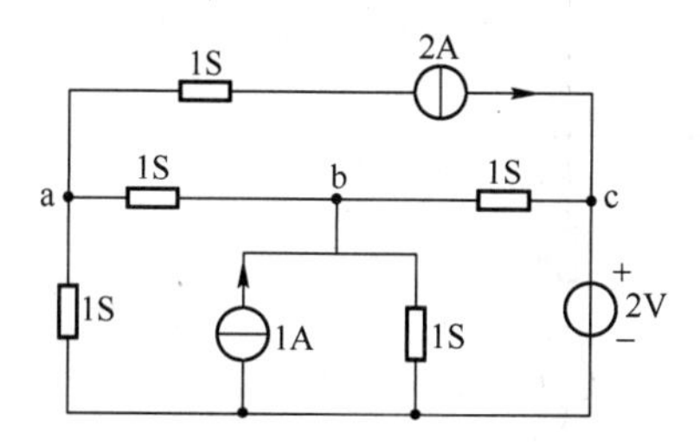


图 7-16　习题 3 的电路图

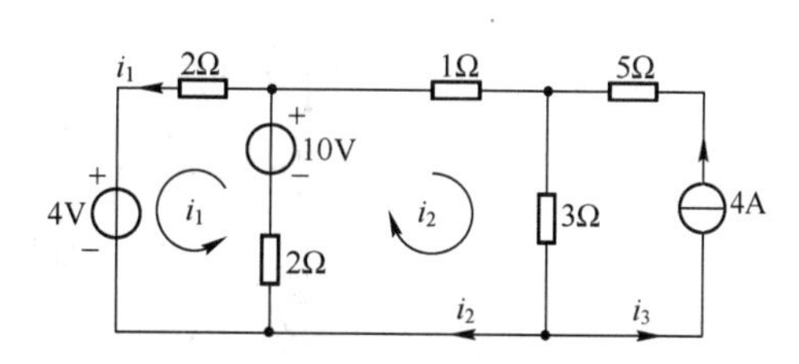


图 7-17　习题 4 的电路图

5．图 7-18 所示正弦电流电路中，已知 $u_S(t)=16\sqrt{2}\cos(10t)\text{ V}$，求电流 $i_1(t)$ 和 $i_2(t)$。

6．图 7-19 所示电路原已稳定，$t=0$ 闭合开关，求 $t>0$ 的电容电压 $u_C(t)$。

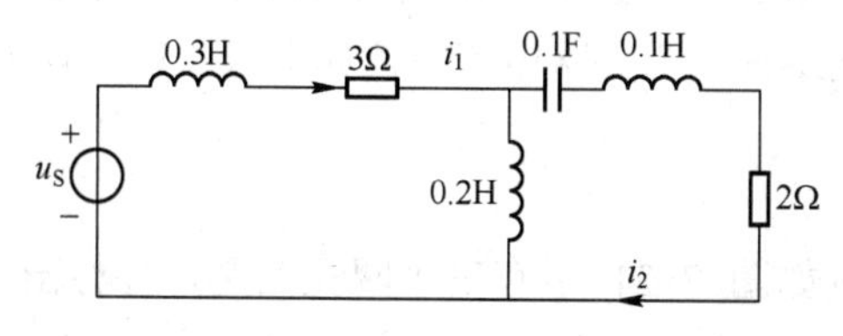


图 7-18　习题 5 的电路图

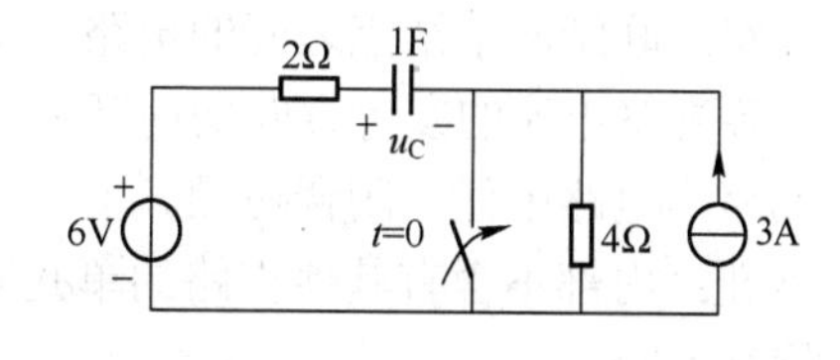


图 7-19　习题 6 的电路图

7．图 7-20 所示电路中电流 $i_L(t)=\sqrt{2}\cos(2t)A$，求稳态电流 $i(t)$。

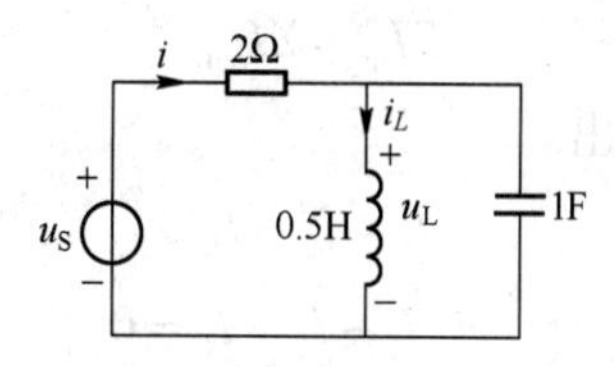


图 7-20　习题 7 的电路图

## 7.6 上机实验

**1．实验目的**

1）了解 KCL、KVL 原理。

2）掌握建立矩阵并编写 M 文件。

3）调试 M 文件，验证 KCL、KVL。

**2．实验原理**

基尔霍夫电流定律和电压定律是分析电路问题的最基本的定律。基尔霍夫电流定律应用于结点，确定电路中各支路电流之间的关系；基尔霍夫电压定律应用于回路，确定电路中各部分电压之间的关系。基尔霍夫定律是一个普遍适用的定律，既适用于线性电路又适用于非线性电路，它仅与电路的结构有关，而与电路中的元件性质无关。为了更好地掌握该定律，结合图 7-21 所示电路，先解释几个有关名词术语。

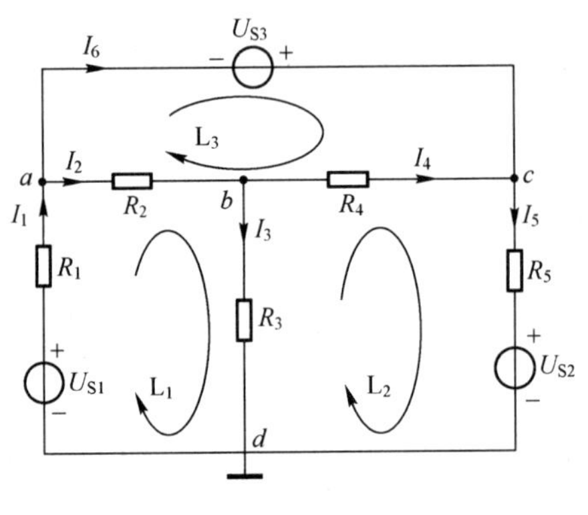


图 7-21　电路举例

结点：三个或三个以上电路元件的联结点。例如图 7-21 所示电路中的 $a$、$b$、$c$、$d$ 点。

支路：联结两个结点之间的电路。每一条支路有一个支路电流，例如图 7-21 中有 6 条支路，各支路电流的参考方向均用箭头标出。

回路：电路中任一闭合路径。

网孔：内部不含有其他支路的单孔回路。例如图 7-21 中有三个网孔回路，并标出了网孔的绕行方向。

（1）基尔霍夫电流定律（KCL）

在任一瞬时，流入某一结点的电流之和恒等于流出该结点的电流之和。即

$$\Sigma I_{\text{in}} = \Sigma I_{\text{out}}$$

在图 7-21 中，对结点 $a$ 可写出

$$I_1 = I_2 + I_6$$

移项后可得
$$I_1 - I_2 - I_6 = 0$$

即
$$\Sigma I = 0$$

就是在任一瞬时，任一个结点上电流的代数和恒等于零。习惯上电流流入结点取正号，

流出取负号。

（2）基尔霍夫电压定律（KVL）

在任一瞬时，沿任一闭合回路绕行一周，则在这个方向上电位升之和恒等于电位降之和。即

$$\Sigma U_{升} = \Sigma U_{降}$$

在图 7-21 中，在回路 $L_1$（即回路 *abda*）方向上，结合欧姆定律可看出 *a* 到 *b* 电位降了 $I_1R_1$，*b* 到 *d* 电位升了 $I_3R_3$，*d* 到 *a* 电位升了 $U_{S1}$，则可写出

$$U_{S1} + I_3R_3 = I_1R_1$$

移项后可得

$$U_{S1} + I_3R_3 - I_1R_1 = 0$$

即

$$\Sigma U = 0$$

就是在任一瞬间，沿任一闭合回路的绕行方向，回路中各段电压的代数和恒等于零。习惯上电位升取正号，电位降取负号。

**3．实验内容**

图 7-22 是一个分压电路，已知 $R_1 = 3\Omega$，$R_2 = 7\Omega$，$U_S = 20V$，试求恒压源的电流 $I$ 和电压 $U_1$、$U_2$。

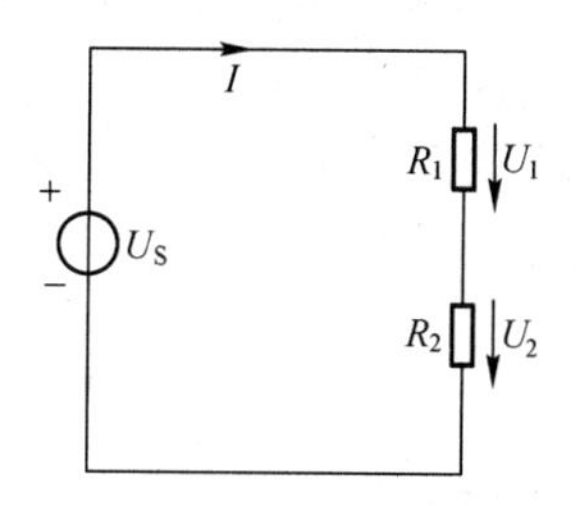


图 7-22　分压电路

1）用欧姆定律求出电流和电压。

2）通过 KCL 和 KVL 求解电流与电压。

3）比较欧姆定律与基尔霍夫定律。

# 第8章　电动机的建模与仿真

**本章要点**

- 直流电动机的建模与仿真
- 三相交流异步电动机的机械特性仿真
- 三相交流异步电动机在不同坐标系下的建模与仿真

电动机是根据法拉第电磁感应定律，实现电能和机械能相互转换的电磁机械装置，其应用已经渗透至国民经济发展的各个领域，例如发电厂、机床、农机、机车、电车、医疗检测设备、家用电器、雷达、卫星等，研究电动机的建模与仿真具有十分重要的意义。

电动机的建模与仿真分为两类，一类是对电动机外特性（机械特性）的建模与仿真，主要针对电动机应用工程师；另一类是对电动机内部电磁关系的建模与仿真，主要针对电动机本体的设计人员。MATLAB 软件提供了功能强大的电动机仿真 Simulink 模块。本章将结合具体的实例，首先讲解了直流电动机在起动、调速和制动方面的 Simulink 建模及仿真，然后讲解三相交流异步电动机的机械特性、起动、调速以及在不同坐标系下的建模与仿真。

## 8.1　直流电动机的建模与仿真

本节将以他励直流电动机为研究对象，介绍直流电动机的调压调速的建模与仿真过程。其中电动机的铭牌数据为：$P_N = 185W$，$U_N = 220V$，$I_N = 1.2A$，$n_N = 1\ 600r/min$。

**1．新建仿真模型**

在 MATLAB 主界面的工具栏中单击“Simulink”按钮，启动 Simulink Library Browser，单击“新建”按钮，新建一个 Simulink 仿真模型，以 s8_1.mdl 为文件名保存。

**2．选择模块**

在 Simulink Library Browser 界面中，选择相应的模块并拖动到仿真模型 s8_1.mdl 的界面。

1）选择 Simscape/SimPowerSystems/Machines 模块库中的 DC Machine 模块，作为他励直流电动机模型。

2）选择 Simscape/SimPowerSystems/Elements 模块库中的 Series RLC Branch 模块，作为串联阻抗单元；Ground 模块作为接地单元。

3）选择 Simscape/SimPowerSystems/Electrical Sources 模块库中的 DC Voltage Source 模块，作为直流电源。

4）选择 Simscape/SimPowerSystems/Electrical Sources 模块库中的 Controlled Voltage Source 模块，作为可控直流电源。

5）选择 Simscape/SimPowerSystems/ExtraLibrary/ControlBlocks 模块库中的 Timer 模块，作为定时器。

6）选择 Simscape/SimPowerSystems/Measurements 模块库中的 Voltage Measurement 模块，作为电压测量单元。

7）选择 Simulink/Math Operations 模块库中的 Gain 模块，作为比例因子。

8）选择 Simulink/Signal Routing 模块库中的 Bus Selector 模块，作为输出信号选择器。

9）选择 Simulink/Sinks 模块库中的 Scope 模块，作为示波器。

10）选择 Simscape/SimPowerSystems 模块库中的 powergui 模块，作为系统的初始化模块，也是仿真 SimPowerSystems 模型的必备模块。

**3．模型搭建**

将所需模块放置在合适的位置，并连接信号线，搭建好的直流他励电动机调压调速 Simulink 仿真模型如图 8-1 所示。

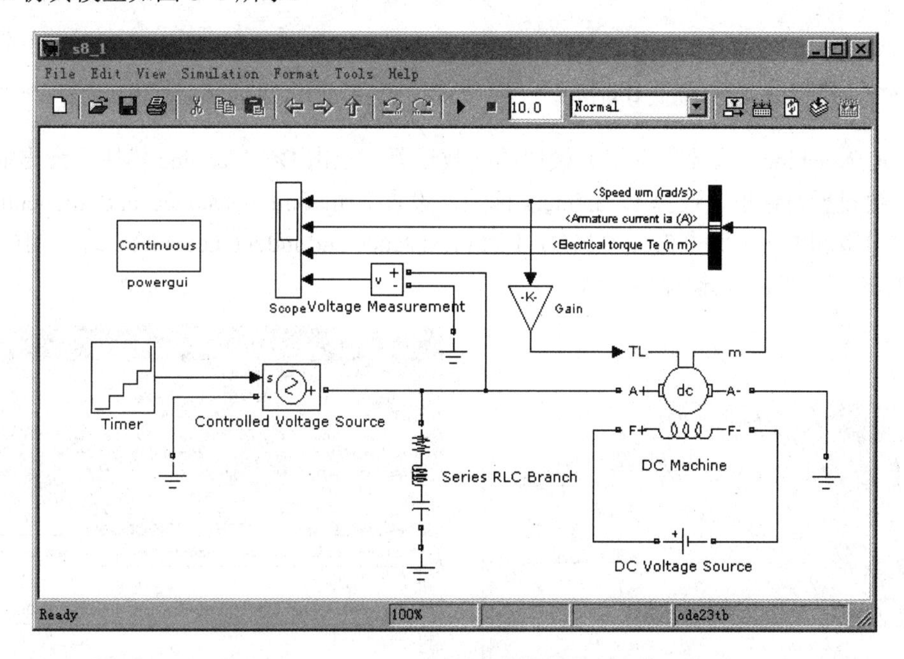


图 8-1 直流电动机调压调速仿真模型

**4．模块参数设置**

1）Timer（定时器）模块的参数设置。双击 Timer 模块，弹出如图 8-2 所示的参数设置对话框，设置定时器的 Time（动作时间）分别为 0、1、2、3、4s，对应的 Amplitude（输出幅值）为 120、140、160、180、220，将其作为可控直流电源的给定信号。

2）Controlled Voltage Source（可控电源）模块的参数设置。双击 Controlled Voltage Source 模块，弹出如图 8-3 所示的参数设置对话框，设置 Source type（电源类型）为 DC（直流），Initial amplitude（初始值）为 0，Measurements（测量值）为 Voltage（电压）。

3）Series RLC Branch（串联阻抗）模块的参数设置。双击 Series RLC Branch 模块，弹出如图 8-4 所示的参数设置对话框，设置 Resistance（电阻）为 5.0Ω，Inductance（电感）为 0H，Capacitance（电容）为 inf（无穷大）。

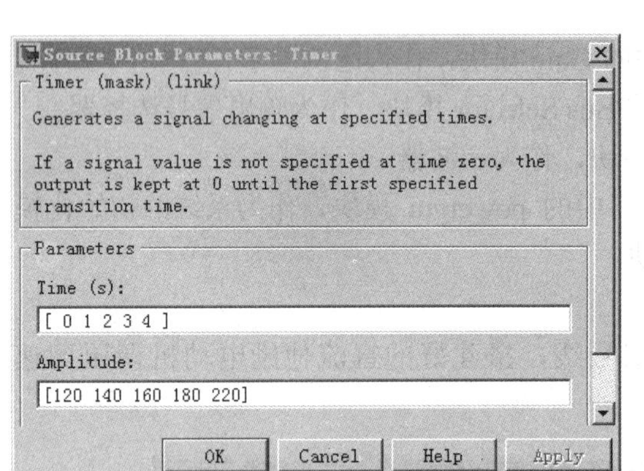


图 8-2　Timer 模块的参数设置对话框

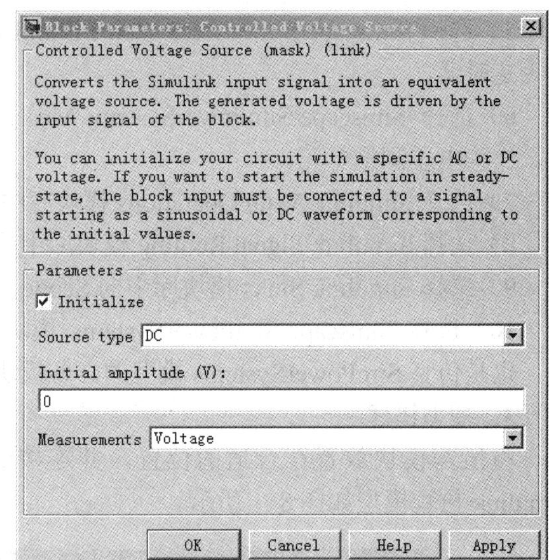


图 8-3　Controlled Voltage Source 模块的参数设置对话框

4）DC Machine（直流电动机）模块的参数设置。双击 DC Machine 模块，弹出如图 8-5 所示的参数设置对话框，选择 Parameters 标签，设置 Armature resistance and inductance（电枢绕组的电阻和电感）为 0.5Ω、0.01H，Field resistance and inductance（励磁绕组的电阻和电感）为 220Ω、110H，其他保持默认。

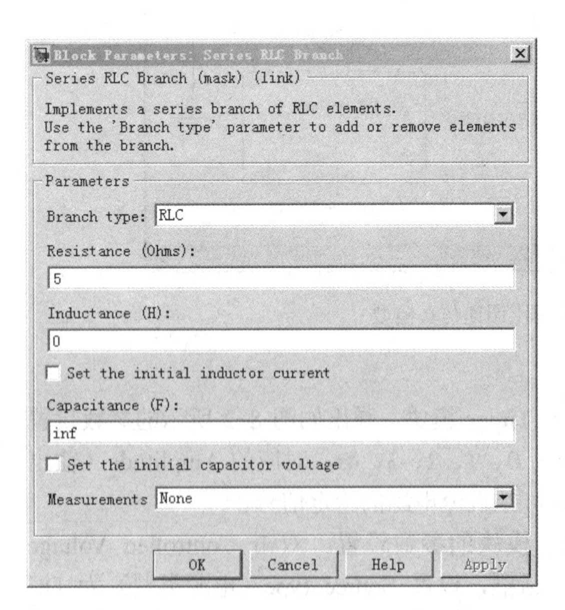


图 8-4　Series RLC Branch 模块的参数设置对话框

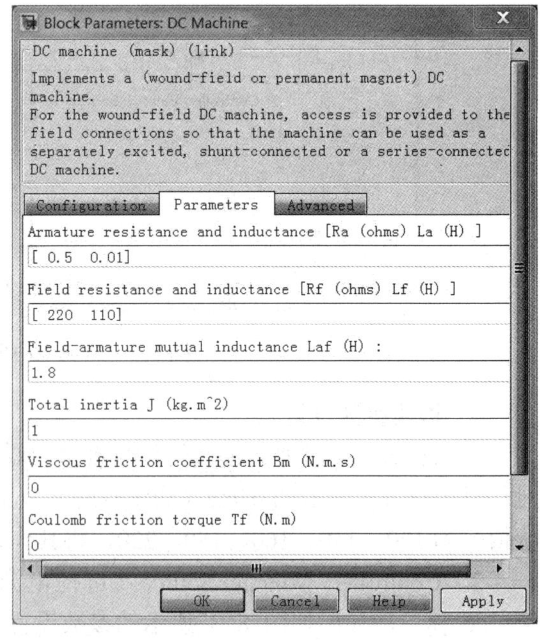


图 8-5　DC Machine 模块的参数设置对话框

5）DC Voltage Source（直流电源）模块的参数设置。双击 DC Voltage Source 模块，弹出如图 8-6 所示的参数设置对话框，设置 Amplitude（幅值）为 220V。

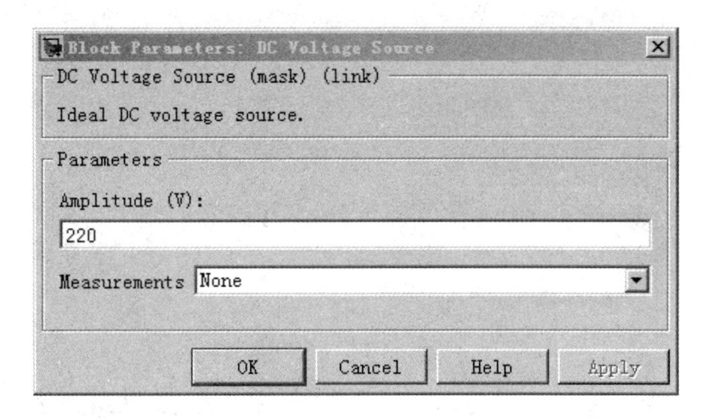


图 8-6　DC Voltage Source 模块的参数设置对话框

6）Voltage Measurement（电压测量）模块的参数设置。双击 Voltage Measurement 模块，弹出如图 8-7 所示的参数设置对话框，保持默认即可。

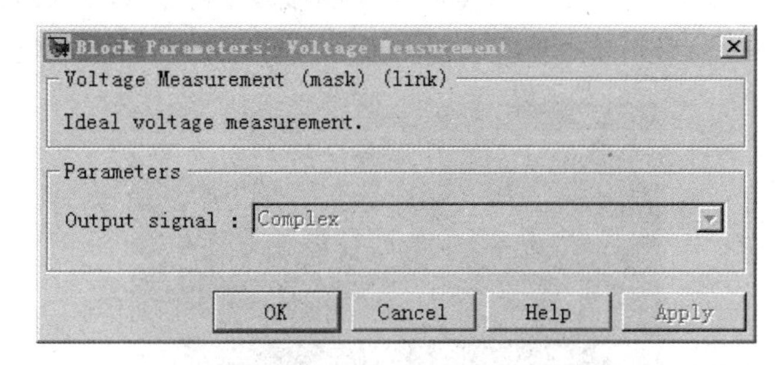


图 8-7　Voltage Measurement 模块的参数设置对话框

7）Gain（比例因子）模块的参数设置。双击 Gaint 模块，弹出如图 8-8 所示的参数设置对话框，设置 Gain 为 0.12，其他保持默认。

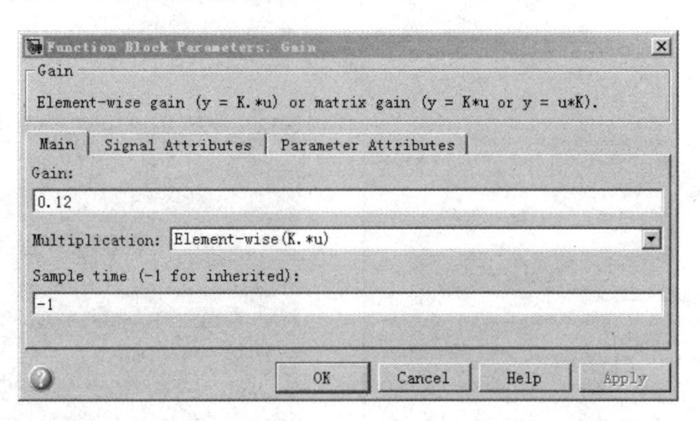


图 8-8　Voltage Measurement 模块的参数设置对话框

8）Bus Selector（信号选择器）模块的参数设置。先将 DC Machine 模块的输出端 m 与 Bus Selector 模块的输入端相连，然后再双击 Bus Selector 模块，将弹出如图 8-9 所示的参数设置对话框，将 DC Machine 模块的输出信号从左侧的 Signals in the bus 列表框内的信号“Select”到右侧的 Selected signals 列表框。

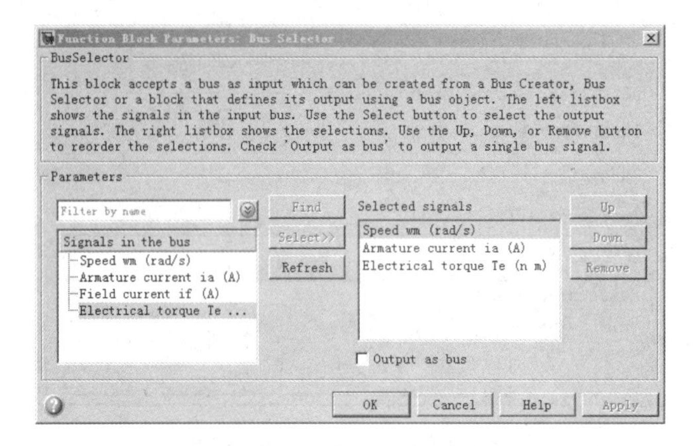


图 8-9 Voltage Measurement 模块的参数设置对话框

9）Scope（示波器）模块的参数设置。双击 Scope 模块，弹出如图 8-10a 所示的空白的示波器窗口。单击按钮，弹出如图 8-10b 所示的参数设置对话框，设置 Number of axes（坐标轴数）为 4，其它保持默认。单击〈OK〉按钮返回如图 8-10c 所示的示波器窗口。

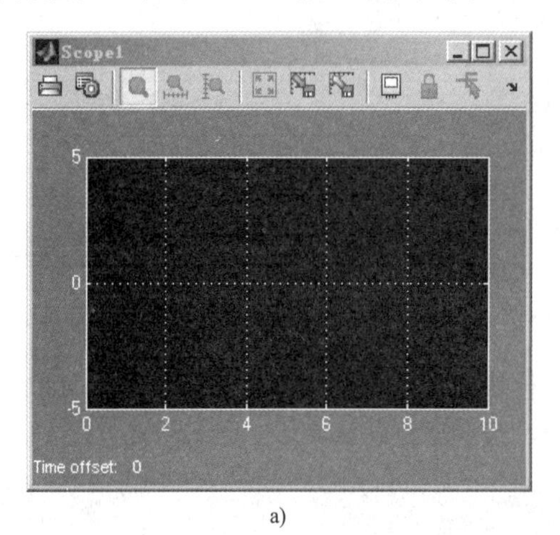


a)

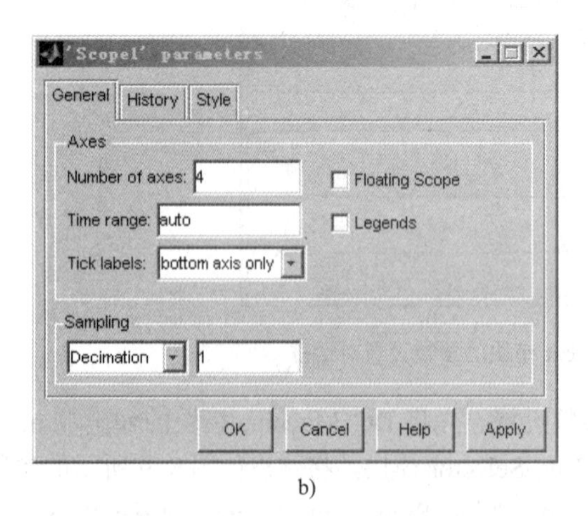


b)

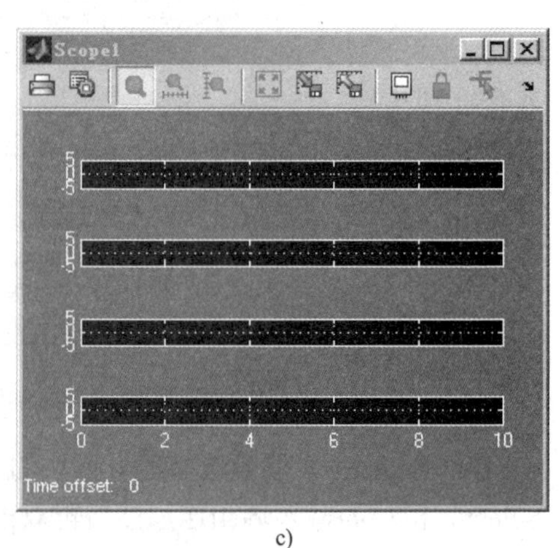


c)

图 8-10 Scope 模块的参数设置

a) 空白示波器窗口 b) Scope 模块的参数设置对话框 c) 显示结果的示波器窗口

**5. 仿真参数设置**

在 s8_1 的模型窗口中，选择菜单“Simulation”→“Configuration Parameters”命令，弹出如图 8-11 所示的仿真参数设置对话框，设置 Start time（开始时间）为 0.0s，Stop time（终止时间）为 5.0s，Solver options Type（求解器选项类型）为 Variable-step（变步长），Solver（求解器）为 ode23tb（二阶龙格库塔法）。

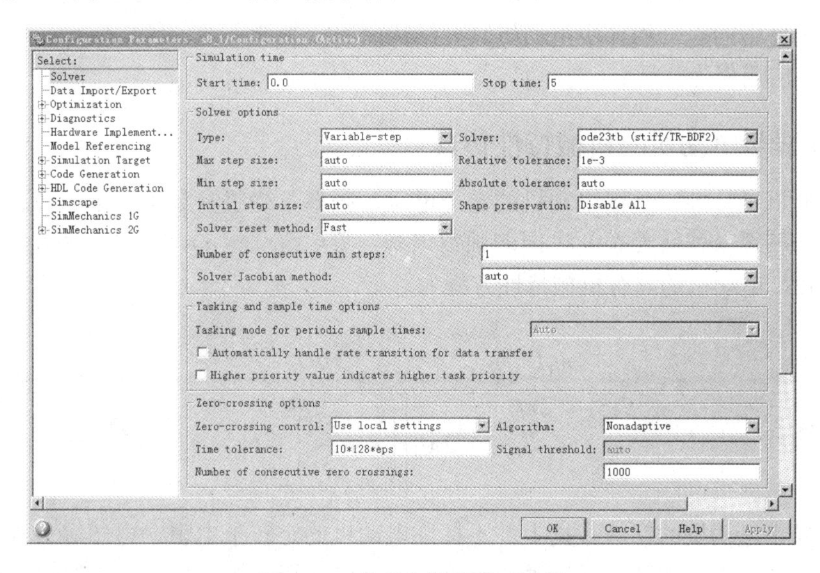


图 8-11 仿真参数设置对话框

**6. 运行仿真模型并观察结果**

在 s8_1 的模型窗口中，单击“保存”按钮，保存仿真模型；再单击“运行”按钮，运行仿真模型。等待仿真模型运行完成后，双击 Scope 模块，打开示波器，在每个坐标轴上右击，在弹出的快捷菜单中选择“Autoscale”（自动设置坐标轴的范围）命令，则输出的仿真结果如图 8-12 所示。

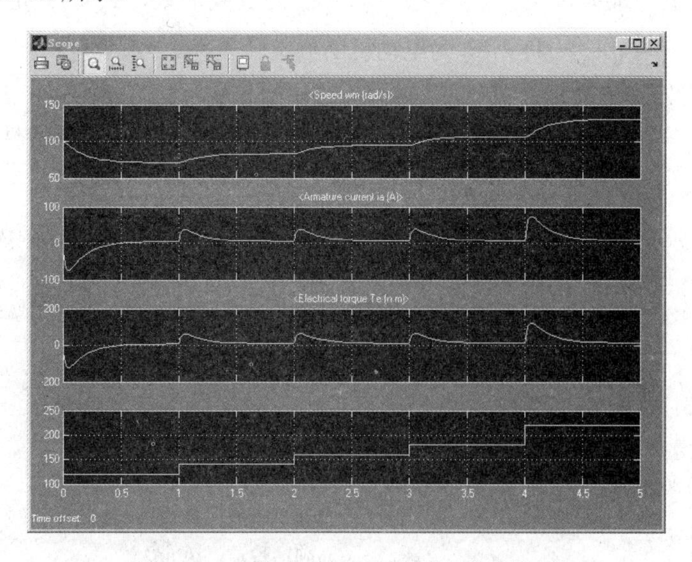


图 8-12 直流电动机调压调速的仿真结果

## 8.2 三相异步电动机的建模与仿真

三相异步电动机，又称三相感应电动机，定、转子之间依靠电磁感应作用，在转子内感应电流以实现机电能量转换。异步电动机一般都作为电动机使用，在风力发电等少数场合也有作为发电机使用的。三相异步电动机具有结构简单、制造方便、价格便宜、运行可靠等优点，在工业中应用极为广泛。

### 8.2.1 三相异步电动机的机械特性仿真

电动机的机械特性，是指电动机的定子电压、频率、绕组参数等一定的情况下，电动机的电磁转矩与转速（或转差率）之间的函数关系，$T=f(s)$ 和 $n=f(T)$。根据《电机学》的相关知识可知，电动机的固有机械特性方程为

$$T=\frac{P_{em}}{\Omega}=\frac{m_1 I_2'^2 \frac{r_2'}{s}}{\frac{2\pi f_1}{P}}=\frac{3pU_1^2\frac{r_2'}{s}}{2\pi f_1\left[\left(r_1+\frac{r_2'}{s}\right)^2+(x_1+x_2')^2\right]}$$

然而，异步电动机的铭牌数据上并不标注电动机的定转子电阻、电感等参数，产品目录中也查不到，电动机参数必须通过试验来测得，上述计算三相异步电动机机械特性的参数表达式在应用上受到一定的限制。而在实际应用中，常常应用下面的实用表达式来大致求出电动机的机械特性。

$$T=\frac{2T_m}{\frac{s}{s_m}+\frac{s_m}{s}}$$

式中，$T_m$ 为电动机的最大转矩，$T_m=\lambda_m\cdot T_N$；$\lambda_m$ 为过载倍数，$T_N$ 为额定转矩；$s_m$ 为最大转差率，$s_m=s_N(\lambda_m+\sqrt{\lambda_m^{\ 2}-1})$；$s_N$ 为电动机的额定转差率。

现有一台三相异步电动机，其铭牌数据为 $P_N=7.5\text{kW}$，$U_N=380\text{V}$，$I_N=14.9\text{A}$，过载倍数 $\lambda_m=2$，$n_N=1450\text{r/min}$，试编写 M 文件，绘制电动机的机械特性曲线 $T=f(s)$ 和 $n=f(T)$。

```
%%%%%%%%%%%%%%%%%%%%%%%%%%%%%%%%%%%%%%%%%%%%%%%%%%%%%%%%%%%%%%%%
%%%%%三相异步电动机 固有机械特性的计算
%%%%%%%%%%%%%%%%%%%%%%%%%%%%%%%%%%%%%%%%%%%%%%%%%%%%%%%%%%%%%%%%
clc
clear

%电动机铭牌数据的输入
PN=7.5*1000;                          %额定功率，W
UN=380;                               %额定电压，线电压，V
nN=1450;                              %额定转速，r/min
```

```
f=50;                                   %额定频率，Hz
p=2;                                    %极对数
lambda=2;                               %过载倍数

%相关参数的计算
n0=60*f/p;                              %同步转速，r/min
TN=9.55*PN/nN;                          %额定转矩，N.m
Tm=lambda*TN;                           %最大转矩，N.m
sN=(n0-nN)/n0;                          %额定转差率
sm=sN*(lambda+sqrt(lambda^2-1));        %最大转差率

%固有机械特性的计算
s=0:0.005:1;                            %转差率的变化范围 0~1，步长 0.005，共 200 步
T=2*Tm./(sm./s+s./sm);                  %计算不同转差率是的电磁转矩

%绘制机械特性曲线
subplot(1,2,1);
plot(s,T,'k-');                         %转差率-转矩的关系曲线
title('电磁转矩-转差率关系曲线  T=f(s)');
xlabel('转差率  s');
ylabel('电磁转矩  T');

n=n0.*(1-s);
subplot(1,2,2);
plot(T,n,'k-');                         %转矩-转速的关系曲线
title('转速-电磁转矩关系曲线  n=f(T)');
xlabel('电磁转矩  T');
ylabel('转速  n');
```

运行 M 文件，得到该三相异步电动机的机械特性曲线如图 8-13 所示。

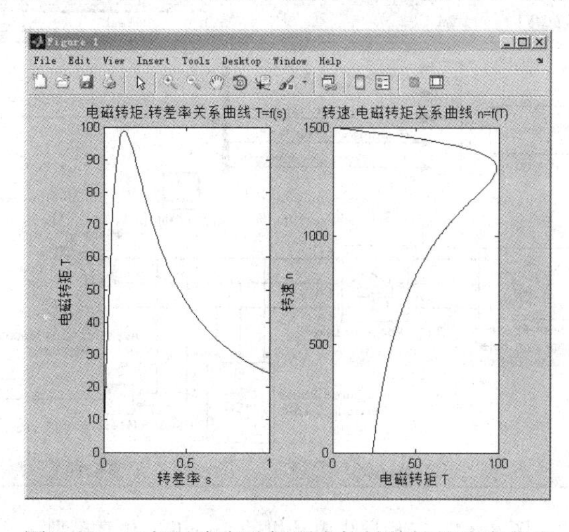


图 8-13　三相异步电动机固有机械特性的仿真曲线

## 8.2.2　三相异步电动机直接起动的建模与仿真

### 1．新建仿真模型

在 MATLAB 主界面的工具栏中单击“Simulink”按钮，启动 Simulink Library Browser，单击“新建”按钮，新建一个 Simulink 仿真模型，以 s8_3.mdl 为文件名保存。

### 2．选择模块

Simulink Library Browser 界面中，选择相应的模块并拖动到仿真模型 s8_3.mdl 的界面。

1）选择 Simscape/SimPowerSystems/Machines 模块库中的 Asynchronous Machine SI Units 模块，作为三相交流异步电动机模型。

2）选择 Simscape/SimPowerSystems/Electrical Sources 模块库中的 Three-Phase Programmable Voltage Source 模块，作为三相可编程交流电源模型。

3）选择 Simscape/SimPowerSystems/Elements 模块库中的 Three-Phase Series RLC Load 模块，作为三相串联阻抗单元；选择 Three-phase Breaker 模块，作为三相断路器；选择 Ground 模块，作为接地单元。

4）选择 Simscape/SimPowerSystems/Measurements 模块库中的 Voltage Measurement 模块，作为电压测量单元。

5）选择 Simulink/Source 模块库中的 Constant 模块，作为恒定负载输入。

6）选择 Simulink/Signal Routing 模块库中的 Bus Selector 模块，作为输出信号选择器。

7）选择 Simulink/Sinks 模块库中的 Scope 模块，作为示波器。

8）选择 Simscape/SimPowerSystems 模块库中的 powergui 模块，作为系统的初始化模块，也是仿真 SimPowerSystems 模型的必备模块。

### 3．模型搭建

将所需模块放置在合适的位置，并连接信号线，搭建好的三相异步电动机 Simulink 仿真模型如图 8-14 所示。

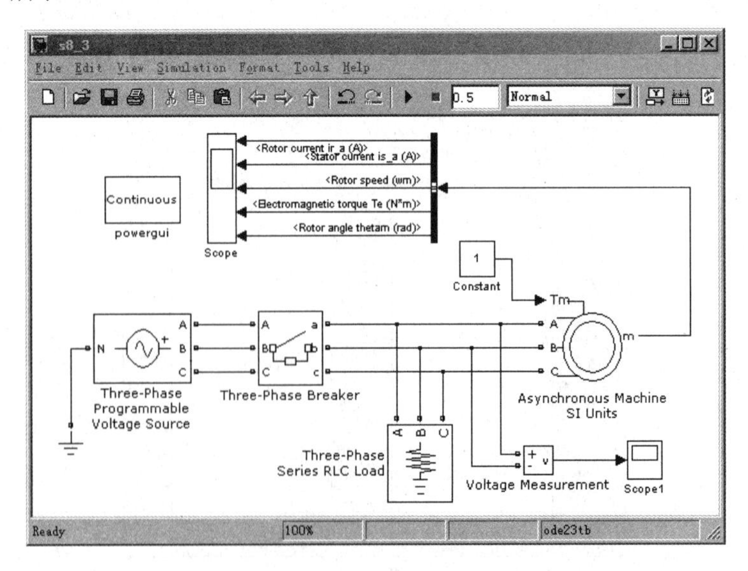


图 8-14　三相异步电动机的 Simulink 仿真模型

**4．模块参数设置**

1）Asynchronous Machine SI Units（三相异步电动机）模块的参数设置。双击 Asynchronous Machine SI Units 模块，弹出如图 8-15 所示的参数设置对话框，在 Configuration 选项卡中，选择 Rotor type（转子形式）为 Squirrel-cage（鼠笼式）。在 Parameters 选项卡中，设置 Nominal power，voltage，and frequency（额定功率、线电压、频率）为[15e3 380 50]，设置 Stator resistanceand and inductance（定子电阻、电感）为[0.2147 0.000 991]，设置 Rotor resistance and inductance（转子电阻、电感）为[0.2205 0.000 991]，设置 Mutual inductance Lm（互感）为 0.6419，设置 Inertia，friction factor，pole pairs（转子转动惯量，摩擦系数，极对数）为[0.102 0.009541 2]，其他保持默认即可。

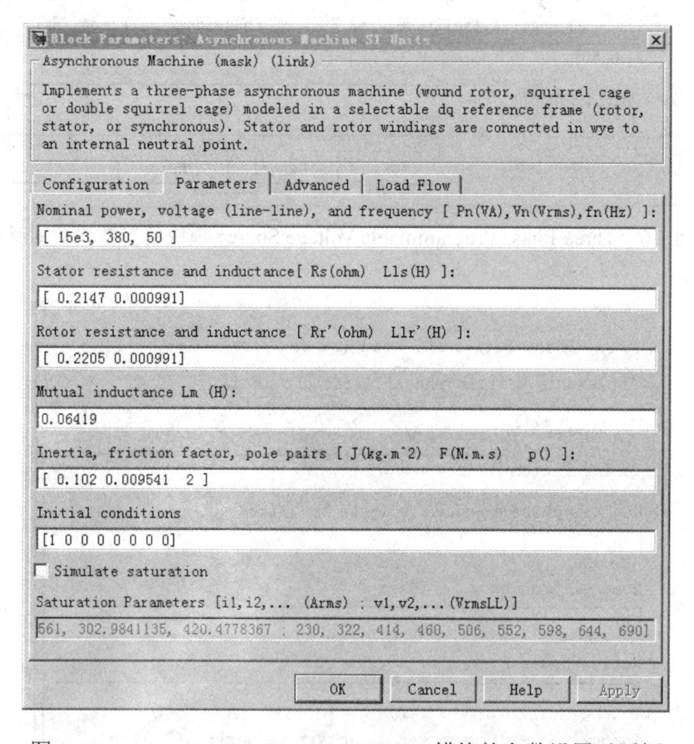


图 8-15 Asynchronous Machine SI Units 模块的参数设置对话框

2）Three-Phase Programmable Voltage Source（三相可编程交流电源）模块的参数设置。双击 Three-Phase Programmable Voltage Source 模块，弹出如图 8-16 所示的参数设置对话框，设置 Positvie-sequence:[Amplitude Phase Freq.]（电压、相位、频率）为[220 0 50]。

3）Three-Phase Series RLC Load（三相串联阻抗负载）模块的参数设置。双击 Three-Phase Series RLC Load 模块，弹出如图 8-17 所示的参数设置对话框，在 Parameters 标签页下，设置 Configuration（结构配置）为 Y（grounded）（Y 接，中性点接地），设置 Nominal phase-to-phase voltage（额定项电压）为 220，设置 Nominal frequency fn（额定频率）为 50，设置 Active power P（有功功率）为 5e3，Inductive reactive power QL（感性无功功率）为 0，Capacitive reactive power QL（容性无功功率）为 0。

4）Three-Phase Breaker（三相断路器）模块的参数设置。双击 Three-Phase Breaker 模块，弹出如图 8-18 所示的参数设置对话框，设置 Transition times（转换时间）为[0]，设置

Breaker resistance Ron（接触电阻）为 0.001Ω，其他保持默认即可。

Block Parameters: Three-Phase Programmable Voltage Source
Three-Phase Programmable Voltage Source (mask) (link)
This block implements a three-phase zero-impedance voltage source. The common node (neutral) of the three sources is accessible via input 1 (N) of the block. Time variation for the amplitude, phase and frequency of the fundamental can be pre-programmed. In addition, two harmonics can be superimposed on the fundamental.
Note: For "Phasor simulation", frequency variation and harmonic injection are not allowed. Specify Order =1 and Seq=1,2 or 0 to inject additional fundamendal components A and B in any sequence.
Parameters
Load Flow
Positive-sequence: [ Amplitude(Vrms Ph-Ph) Phase(deg.) Freq. (Hz) ]
[220 0 50]
Time variation of:
None
OK
Cancel
Help
Apply

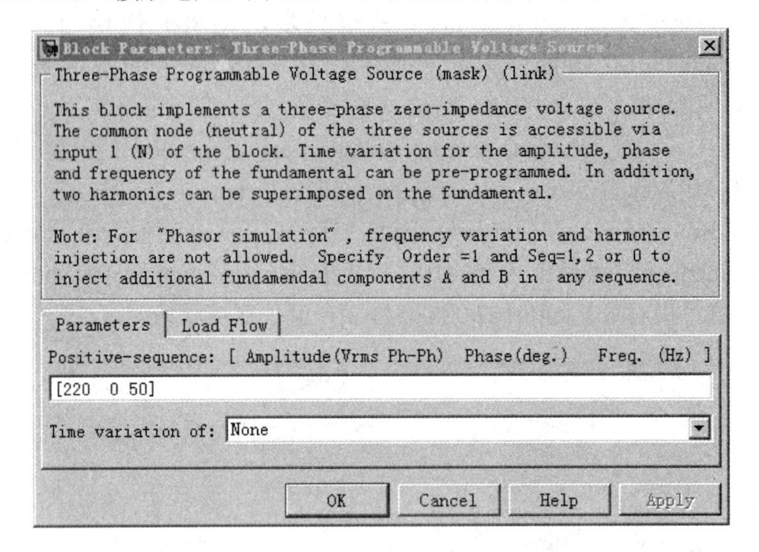

图 8-16 Three-Phase Programmable Voltage Source 模块的参数设置对话框

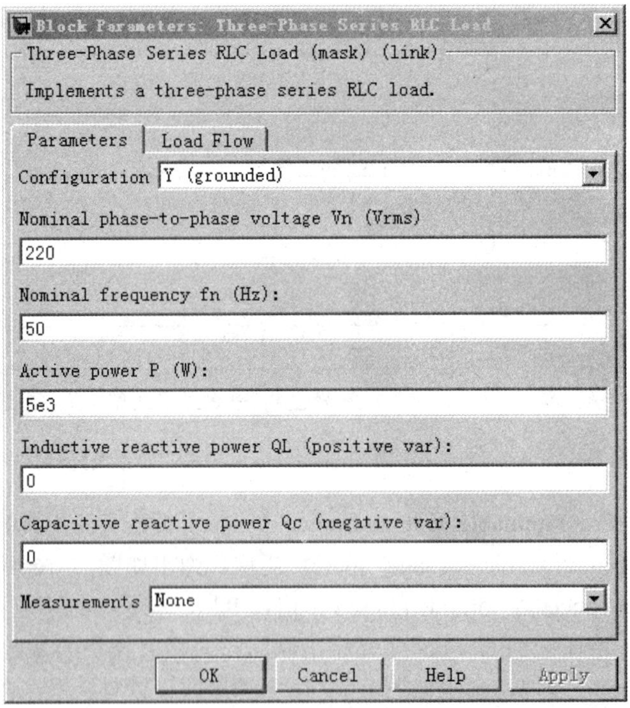

Block Parameters: Three-Phase Series RLC Load
Three-Phase Series RLC Load (mask) (link)
Implements a three-phase series RLC load.
Parameters
Load Flow
Configuration
Y (grounded)
Nominal phase-to-phase voltage Vn (Vrms)
220
Nominal frequency fn (Hz):
50
Active power P (W):
5e3
Inductive reactive power QL (positive var):
0
Capacitive reactive power Qc (negative var):
0
Measurements
None
OK
Cancel
Help
Apply

图 8-17 Three-Phase Series RLC Load 模块的参数设置对话框

5）Constant（常数）模块的参数设置。双击 Constant 模块，弹出如图 8-19 所示的参数设置对话框，设置 Constant Value（常数值）为 1，即电动机的负载转矩为 1N·m。

6）Bus Selector（信号选择器）模块的参数设置。先将 Asynchronous Machine SI Units 模块的输出端与 Bus Selector 模块的输入端相连，然后再双击 Bus Selector 模块，弹出如图 8-20

所示的参数设置对话框，将 Asynchronous Machine SI Units 模块的输出信号（包括 Rotor measurements. Rotor current ir_a(A)，转子电流；Stator measurements. Stator current is_a(A)，定子电流；Machanical. Rotor speed(wm)，转子转速；Machanical. Electromagnetic torque Te(N*m)，电磁转矩；Machanical. Rotor angle thetam(rad)，转子角位置）从左侧的 Signals in the bus 列表框内的信号“Select”到右侧的 Selected signals 列表框。

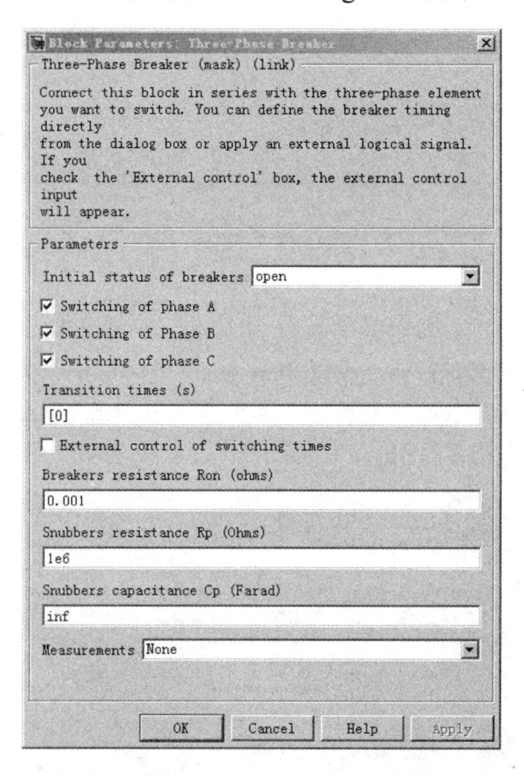


图 8-18　Three-Phase Breaker 模块的参数设置对话框

Source Block Parameters: Constant
Constant
Output the constant specified by the 'Constant value' parameter. If 'Constant value' is a vector and 'Interpret vector parameters as 1-D' is on, treat the constant value as a 1-D array. Otherwise, output a matrix with the same dimensions as the constant value.
Main　Signal Attributes
Constant value:
1
Interpret vector parameters as 1-D
Sampling mode: Sample based
Sample time:
inf
OK　Cancel　Help　Apply

图 8-19　Constant 模块的参数设置对话框

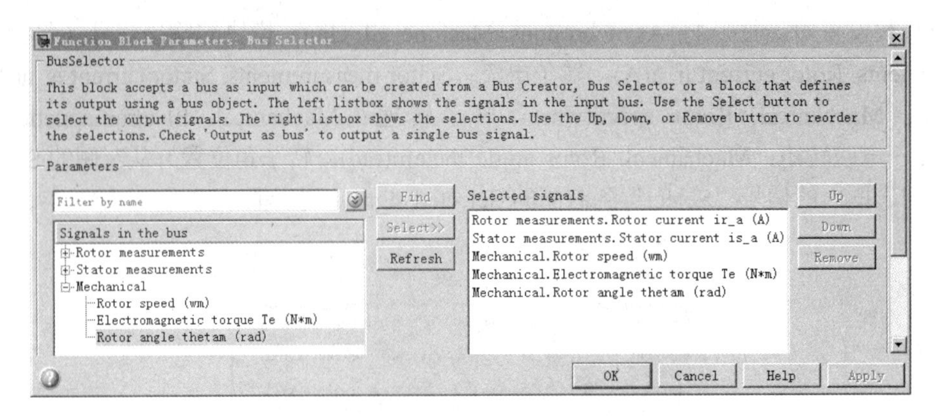


图 8-20　Bus Selector 模块的参数设置对话框

## 5. 仿真参数设置

在 s8_3 的模型窗口中，选择菜单命令 Simulation->Configuration Parameters，弹出如图 8-21 所示的仿真参数设置对话框，设置 Start tme（开始时间）为 0.0s，Stop time（终止时间）为 0.5s，Solver options Type（求解器选项类型）为 Variable-step（变步长），Solver（求解器）为 ode23tb（二阶龙格库塔法）。

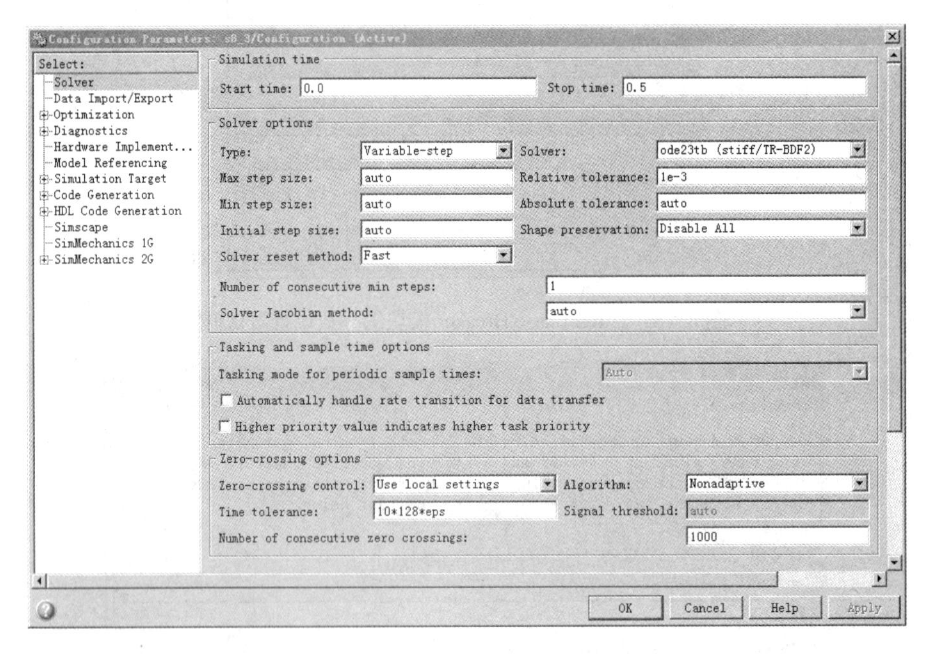


图 8-21　仿真参数设置对话框

## 6. 运行仿真模型并观察结果

在 s8_3 的模型窗口中，单击“保存”按钮，保存仿真模型；再单击“运行”按钮，运行仿真模型。等待仿真模型运行完成后，双击 Scope 模块，打开示波器，在每个坐标轴上右击，在弹出的快捷菜单中选择 Autoscale（自动设置坐标轴的范围）命令，输出的仿真结果如图 8-22 所示。

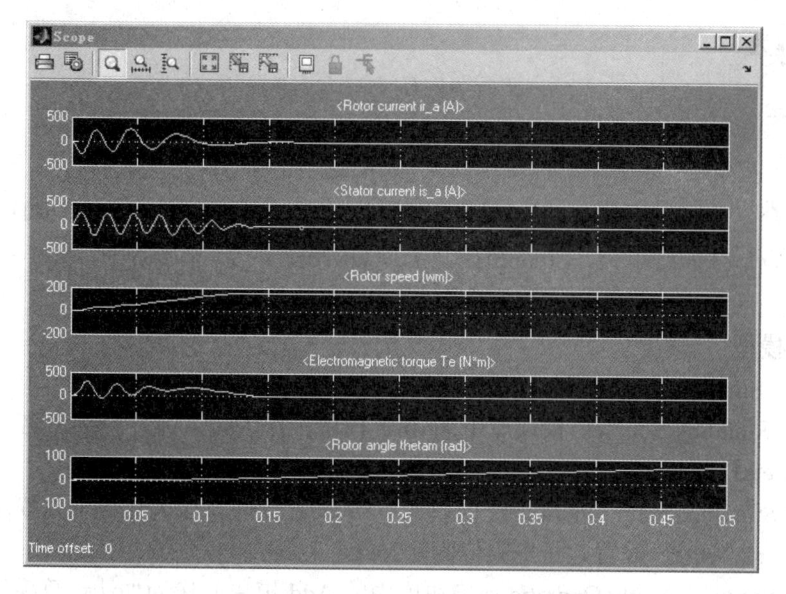


图 8-22　三相异步电动机直接起动仿真结果

### 8.2.3　两相静止坐标系下三相异步电动机的建模与仿真

**1．问题分析**

从三相静止坐标系（abc 坐标系）到两相静止坐标系（αβ0 坐标系）的坐标变换为

$$\begin{bmatrix} i_\alpha \\ i_\beta \end{bmatrix} = \sqrt{\frac{2}{3}} \begin{bmatrix} 1 & -\frac{1}{2} & -\frac{1}{2} \\ 0 & \frac{\sqrt{3}}{2} & \frac{\sqrt{3}}{2} \end{bmatrix} \begin{bmatrix} i_A \\ i_B \\ i_C \end{bmatrix} \Rightarrow \begin{cases} i_\alpha = \sqrt{\frac{2}{3}}\left(i_A - \frac{1}{2}i_B - \frac{1}{2}i_C\right) \\ i_\beta = \sqrt{\frac{2}{3}}\left(\frac{\sqrt{3}}{2}i_B - \frac{\sqrt{3}}{2}i_C\right) \end{cases}$$

则三相异步电动机在 αβ0 坐标系下的电压方程为

$$\begin{cases} u_{\alpha 1} = r_1 i_{\alpha 1} + p\psi_{\alpha 1} \\ u_{\beta 1} = r_1 i_{\beta 1} + p\psi_{\beta 1} \\ u_{\alpha 2} = r_2 i_{\alpha 2} + p\psi_{\alpha 2} + \psi_{\beta 2}\omega_r \\ u_{\beta 2} = r_2 i_{\beta 2} + p\psi_{\beta 2} + \psi_{\alpha 2}\omega_r \end{cases} \Rightarrow \begin{cases} \psi_{\alpha 1} = \int (u_{\alpha 1} - r_1 i_{\alpha 1}) \\ \psi_{\beta 1} = \int (u_{\beta 1} - r_1 i_{\beta 1}) \\ \psi_{\alpha 2} = \int (u_{\alpha 2} - r_2 i_{\alpha 2} - \psi_{\beta 2}\omega_r) \\ \psi_{\beta 2} = \int (u_{\beta 2} - r_2 i_{\beta 2} - \psi_{\alpha 2}\omega_r) \end{cases}$$

磁链方程为

$$\begin{cases} \psi_{\alpha 1} = L_1 i_{\alpha 1} + L_m i_{\alpha 2} \\ \psi_{\beta 1} = L_1 i_{\beta 1} + L_m i_{\beta 2} \\ \psi_{\alpha 2} = L_2 i_{\alpha 2} + L_m i_{\alpha 1} \\ \psi_{\beta 2} = L_2 i_{\beta 2} + L_m i_{\beta 1} \end{cases} \Rightarrow \begin{cases} i_{\alpha 1} = \dfrac{\psi_{\alpha 2} - L_2 i_{\alpha 2}}{L_m} \\ i_{\alpha 2} = \dfrac{\psi_{\alpha 1} - L_1 i_{\alpha 1}}{L_m} \\ i_{\beta 1} = \dfrac{\psi_{\beta 2} - L_2 i_{\beta 2}}{L_m} \\ i_{\beta 2} = \dfrac{\psi_{\beta 1} - L_1 i_{\beta 1}}{L_m} \end{cases}$$

转矩方程为

$$T_e = pL_m(i_{\beta1}i_{\alpha2} - i_{\beta2}i_{\alpha1})$$

$$T_e = T_L + \frac{J}{p} \cdot \frac{d\omega}{dt}$$

现有一台三相异步电动机，基本参数如下：$U_N = 380V$，$f = 50Hz$，$p = 2$，$r_1 = 4.26\Omega$，$r_2 = 3.24\Omega$，$L_1 = 0.666H$，$L_2 = 0.670H$，$L_m = 0.651H$，$T_L = 8.84N \cdot m$，$J = 0.02N \cdot m^2$，试仿真该电动机的起动过程。

**2．定子模型**

新建一个 Simulink 仿真模型，以 s8_4.mdl 为文件名保存。

1）选择 Simulink/Sources 模块库中的 In1 模块，作为输入端，分别命名为 u_alpha1、i_alpha1、u_beta1、i_beta1。

2）选择 Simulink/Math Operations 模块库中的 Gain 模块，作为比例增益模块，分别命名为 r1_alpha1、r1_beta1，设置定子电阻值为 4.26Ω。

3）选择 Simulink/Math Operations 模块库中的 Add 模块，作为加法运算模块，双击进入模块参数设置对话框，设置 List of signs（符号列表）为“+−”。

4）选择 Simulink/Continues 模块库中的 Integrator 模块，作为积分运算模块。

5）选择 Simulink/Sinks 模块库中的 Out1 模块，作为输出端，分别命名为 Psi_alpha1 和 Psi_beta1。

搭建好的定子模型如图 8-23a 所示。将图中的模块和信号线全部选定，右击，在弹出的快捷菜单中选择“Create Subsystem”命令，创建定子模型子系统。然后适当调整子系统的外观，修改标注名称 Stator_Subsystem，如图 8-23b 所示。

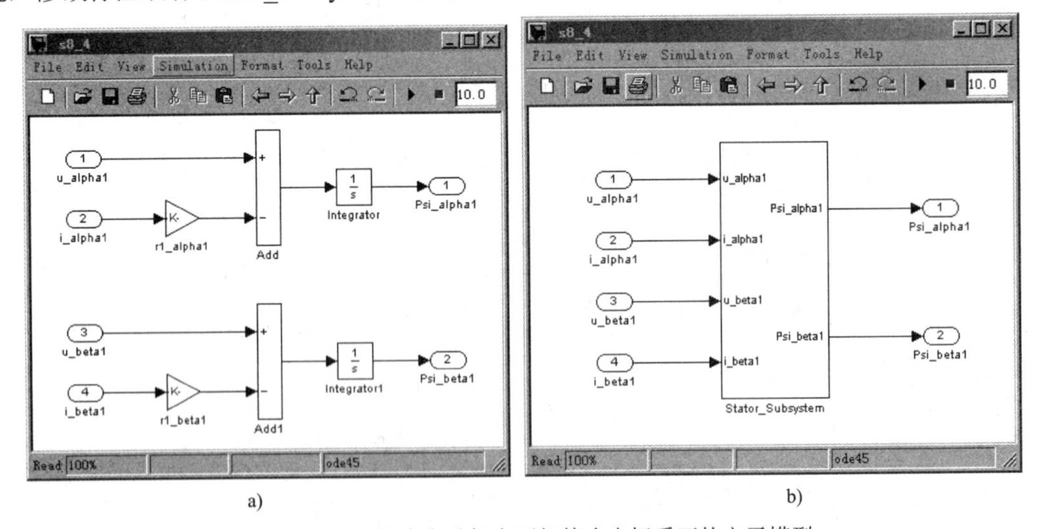


图 8-23　三相异步电动机在两相静止坐标系下的定子模型

**3．转子模型**

在图 8-23b 的基础上，选择 Simulink/Ports & Subsystems 模块库中的 Subsystem 模块，将其拖动到 s8_4 的模型窗口中，作为转子模型子系统，修改备注名称为 Rotor_Subsystem。双击转子模型子系统，在打开的子系统模型窗口中添加所需要的模块。

1）选择 Simulink/Sources 模块库中的 In1 模块，作为输入端，分别命名为 u_alpha2、i_alpha2、omega_r、u_beta2、i_beta2。

2）选择 Simulink/Math Operations 模块库中的 Gain 模块，作为比例增益模块，分别命名为 r2_alpha2、r2_beta2，设置为定子电阻值 3.24Ω。

3）选择 Simulink/Math Operations 模块库中的 Product 模块，作为乘法运算模块。

4）选择 Simulink/Math Operations 模块库中的 Add 模块，作为加法运算模块，双击进入模块参数设置对话框，设置 List of signs（符号列表）为“+--”和“--+”。

5）选择 Simulink/Continues 模块库中的 Integrator 模块，作为积分运算模块。

6）选择 Simulink/Sinks 模块库中的 Out1 模块，作为输出端，分别命名为 Psi_alpha2 和 Psi_beta2。

搭建好的转子模型如图 8-24 所示。

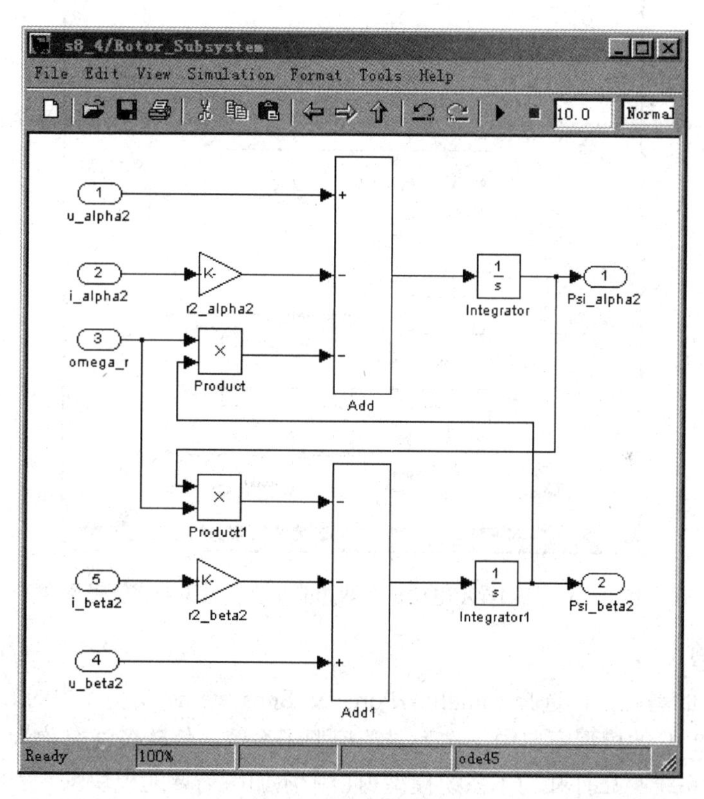


图 8-24　三相异步电动机在两相静止坐标系下的转子模型

**4．磁链模型**

选择 Simulink/Ports & Subsystems 模块库中的 Subsystem 模块，并将其拖动到 s8_4 的模型窗口中，作为磁链模型子系统，修改备注名称为 Psi_Subsystem。双击磁链模型子系统，在打开的子系统模型窗口中添加所需要的模块。

1）选择 Simulink/Sources 模块库中的 In1 模块，作为输入端，分别命名为 Psi_alpha1、Psi_alpha2、Psi_beta1、Psi_beta2。

2）选择 Simulink/Math Operations 模块库中的 Gain 模块，作为比例增益模块，分别命名为 L1_alpha2、L1_beta2，设置为定子电感值 0.666H；L2_alpha1、L2_beta1，设置为转子电感值 0.670H；1/Lm_alpha2、1/Lm_alpha1、1/Lm_beta2、1/Lm_beta1，设置为定转子互感值的倒数 1/0.651H。

3）选择 Simulink/Math Operations 模块库中的 Add 模块，作为加法运算模块，双击进入模块参数设置对话框，设置 List of signs（符号列表）为“+-”和“-+”。

4）选择 Simulink/Sinks 模块库中的 Out1 模块，作为输出端，分别命名为 i_alpha2、i_alpha1、i_beta2 和 i_beta1。

搭建好的磁链模型如图 8-25 所示。

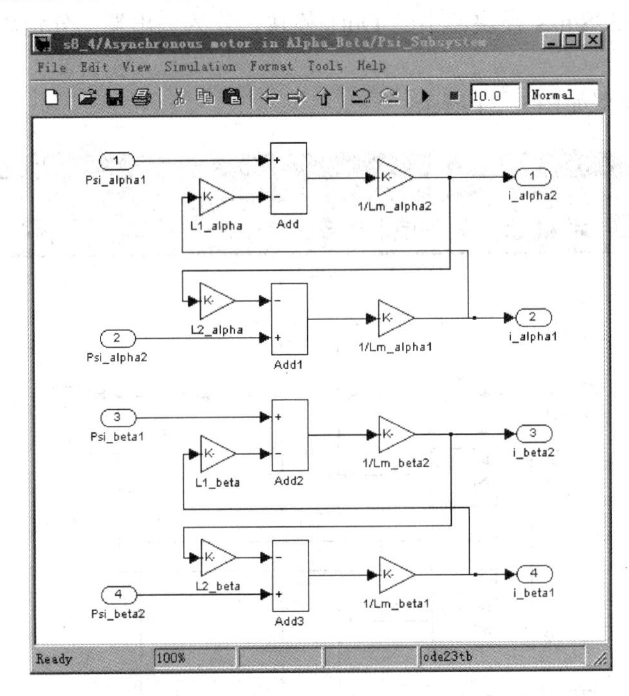


图 8-25　三相异步电动机在两相静止坐标系下的磁链模型

### 5. 转矩模型

在图 8-23b 的基础上，选择 Simulink/Ports & Subsystems 模块库中的 Subsystem 模块，并将其拖动到 s8_4 的模型窗口中，作为磁链模型子系统，修改备注名称为 Te_Subsystem。双击转矩模型子系统，在打开的子系统模型窗口中添加所需要的模块。

1）选择 Simulink/Sources 模块库中的 In1 模块，作为输入端，分别命名为 i_beta1、i_alpha2、i_beta2、i_alpha1。

2）选择 Simulink/Math Operations 模块库中的 Product 模块，作为乘法运算模块。

3）选择 Simulink/Math Operations 模块库中的 Add 模块，作为加法运算模块，双击进入模块参数设置对话框，设置 List of signs（符号列表）为“+-”。

4）选择 Simulink/Math Operations 模块库中的 Gain 模块，作为比例增益模块，命名为 pLm，设置为极对数与定转子互感的乘积 2*0.651。

5）选择 Simulink/Sinks 模块库中的 Out1 模块，作为输出端，分别命名为 Te。

搭建好的转矩模型如图 8-26 所示。

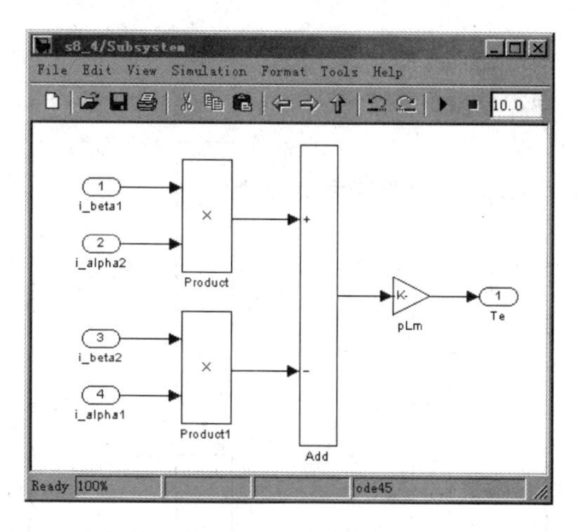


图 8-26　三相异步电动机在两相静止坐标系下的转矩模型

### 6. 电动机模型

将上述各子模块按照三相异步电动机在两相静止坐标系下的数学模型进行连接，即可到三相异步电动机的合成模型，如图 8-27 所示。

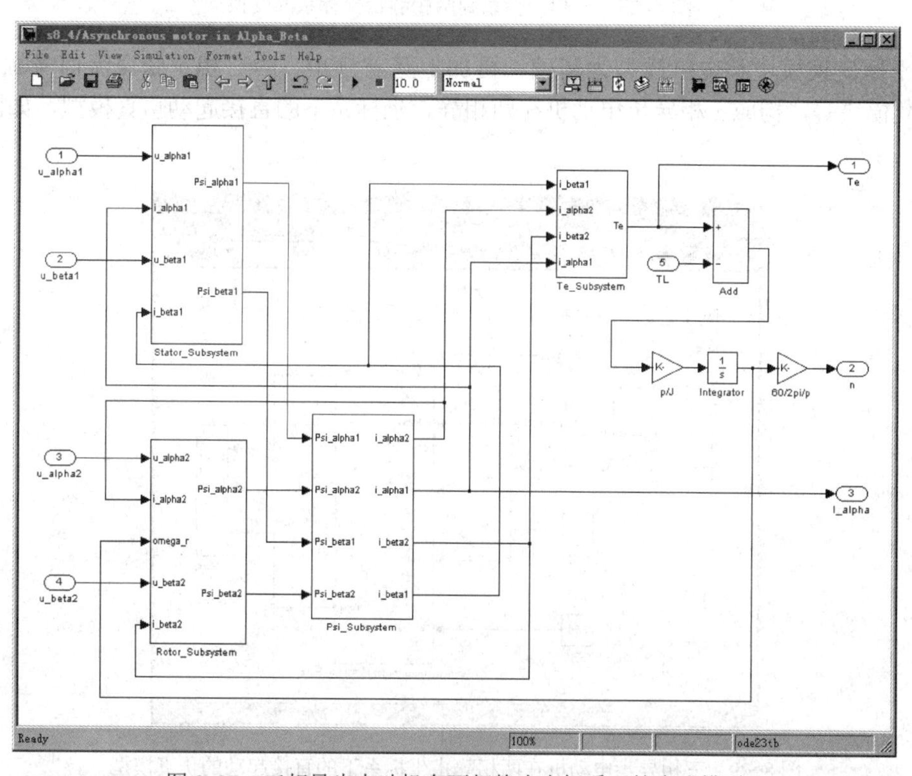


图 8-27　三相异步电动机在两相静止坐标系下的合成模型

### 7. 直接起动仿真模型

由于电动机模块的输入是αβ0 坐标系下的定子电压，而通常使用的电源都是 abc 坐标系下的三相对称电源，因此需要建立一个从 abc 坐标系到αβ0 坐标系的坐标变换子模块，如图 8-28 所示。

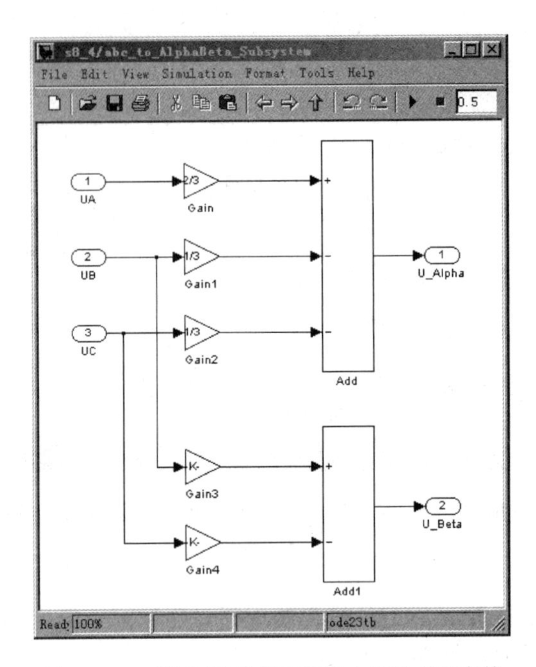


图 8-28 三相坐标系到两相静止坐标系的变换

以坐标变换模块和电机模型为基础，再加上互差 120° 的三相正弦交流信号源、示波器、常数模块等，构成三相异步电动机在两相静止坐标系下的直接起动仿真模型，如图 8-29 所示。

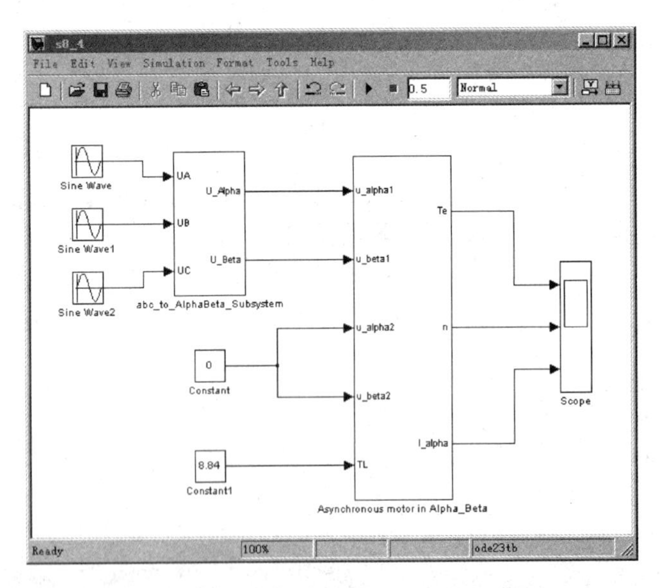


图 8-29 三相异步电动机在两相静止坐标系下的直接起动的仿真模型

**8．仿真结果**

在 s8_4 的模型窗口中，单击“保存”按钮，保存仿真模型；再单击“运行”按钮，运行仿真模型。等待仿真模型运行完成后，双击 Scope 模块，打开示波器，在每个坐标轴上右击，在弹出的快捷菜单中选择 Autoscale（自动设置坐标轴的范围）命令，则输出的仿真结果如图 8-30 所示。

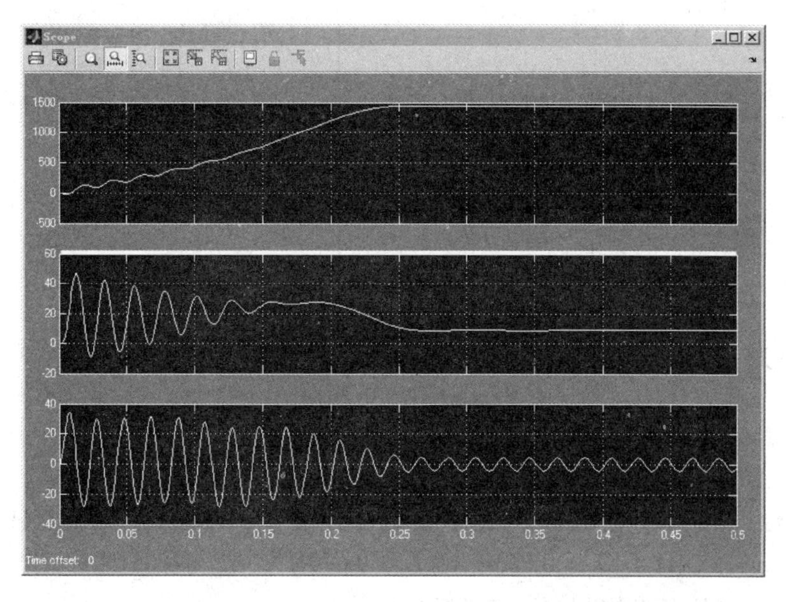


图 8-30　三相异步电动机在两相静止坐标系下的直接起动的仿真结果

## 8.2.4　两相旋转坐标系下三相异步电动机的建模与仿真

### 1．问题分析

从三相静止坐标系（abc 坐标系）到两相旋转坐标系（dq0 坐标系）的坐标变换为

$$\begin{cases} i_{\mathrm{d}} = \dfrac{2}{3}\left[i_{\mathrm{A}}\cos\theta + i_{\mathrm{B}}\cos(\theta - 120°) + i_{\mathrm{C}}\cos(\theta + 120°)\right] \\ i_{\mathrm{q}} = -\dfrac{2}{3}\left[i_{\mathrm{A}}\sin\theta + i_{\mathrm{B}}\sin(\theta - 120°) + i_{\mathrm{C}}\sin(\theta + 120°)\right] \\ i_0 = \dfrac{1}{3}\left[i_{\mathrm{A}} + i_{\mathrm{B}} + i_{\mathrm{C}}\right] \end{cases}$$

反变换为

$$\begin{cases} i_{\mathrm{A}} = i_{\mathrm{d}}\cos\theta - i_{\mathrm{q}}\sin\theta + i_0 \\ i_{\mathrm{B}} = i_{\mathrm{d}}\cos(\theta - 120°) - i_{\mathrm{q}}\sin(\theta - 120°) + i_0 \\ i_{\mathrm{C}} = i_{\mathrm{d}}\cos(\theta + 120°) - i_{\mathrm{q}}\sin(\theta + 120°) + i_0 \end{cases}$$

式中，$\theta$ 为 d 轴与 A 相轴线间的夹角（电角度）；

在 dq0 坐标系中，q 轴超前 d 轴 90°。

则三相异步电动机在 dq0 坐标系下的电压方程为

$$\begin{cases} u_{\mathrm{d1}} = r_1 i_{\mathrm{d1}} + p\psi_{\mathrm{d1}} - \psi_{\mathrm{q1}}\omega_1 \\ u_{\mathrm{q1}} = r_1 i_{\mathrm{q1}} + p\psi_{\mathrm{q1}} + \psi_{\mathrm{d1}}\omega_1 \\ u_{\mathrm{d2}} = r_2 i_{\mathrm{d2}} + p\psi_{\mathrm{d2}} - \psi_{\mathrm{q2}}(\omega_1 - \omega_2) \\ u_{\mathrm{q2}} = r_2 i_{\mathrm{q2}} + p\psi_{\mathrm{q2}} - \psi_{\mathrm{d2}}(\omega_1 - \omega_2) \end{cases} \Rightarrow \begin{cases} \psi_{\mathrm{d1}} = \int(u_{\mathrm{d1}} - r_1 i_{\mathrm{d1}} + \psi_{\mathrm{q1}}\omega_1) \\ \psi_{\mathrm{q1}} = \int(u_{\mathrm{q1}} - r_1 i_{\mathrm{q1}} - \psi_{\mathrm{d1}}\omega_1) \\ \psi_{\mathrm{d2}} = \int[u_{\mathrm{d2}} - r_2 i_{\mathrm{d2}} + \psi_{\mathrm{q2}}(\omega_1 - \omega_2)] \\ \psi_{\mathrm{q2}} = \int(u_{\mathrm{q2}} - r_2 i_{\mathrm{q2}} - \psi_{\mathrm{d2}}(\omega_1 - \omega_2)] \end{cases}$$

磁链方程为

$$\begin{cases}\psi_{d1}=L_1 i_{d1}+L_m i_{d2}\\ \psi_{q1}=L_1 i_{q1}+L_m i_{q2}\\ \psi_{d2}=L_2 i_{d2}+L_m i_{d1}\\ \psi_{q2}=L_2 i_{q2}+L_m i_{q1}\end{cases}\Rightarrow\begin{cases}i_{d1}=\dfrac{\psi_{d2}-L_2 i_{d2}}{L_m}\\ i_{d2}=\dfrac{\psi_{d1}-L_1 i_{d1}}{L_m}\\ i_{q1}=\dfrac{\psi_{q2}-L_2 i_{q2}}{L_m}\\ i_{q2}=\dfrac{\psi_{q1}-L_1 i_{q1}}{L_m}\end{cases}$$

转矩方程为

$$T_e=pL_m(i_{q1}i_{d2}-i_{q2}i_{d1})$$

$$T_e=T_L+\frac{J}{p}\cdot\frac{d\omega}{dt}$$

现有一台三相异步电动机，基本参数如下：$U_N=380V$，$f=50Hz$，$p=2$，$r_1=4.26\Omega$，$r_2=3.24\Omega$，$L_1=0.666H$，$L_2=0.670H$，$L_m=0.651H$，$T_L=8.84N\cdot m$，$J=0.02N\cdot m^2$，试仿真该电动机的起动过程。

**2．定子模型**

新建一个 Simulink 仿真模型，以 s8_5.mdl 为文件名保存。在 Simulink Library Browser 界面中，选择 Simulink/Ports & Subsystems 模块库中的 Subsystem 模块，修改备注名称为 Stator_Subsystem。双击定子模型子系统，在打开的子系统模型窗口中添加所需的模块。

1）选择 Simulink/Sources 模块库中的 In1 模块，作为输入端，分别命名为 u_d1、i_d1、u_q1、i_q1。

2）选择 Simulink/Sources 模块库中的 Constant 模块，作为常数输入，命名为 w1，设置常数为 1。

3）选择 Simulink/Math Operations 模块库中的 Gain 模块，作为比例增益模块，分别命名为 r1_d、r1_q，设置为定子电阻值 4.26Ω。

4）选择 Simulink/Math Operations 模块库中的 Add 模块，作为加法运算模块，双击进入模块参数设置对话框，设置 List of signs（符号列表）为“+−+”和“−+−”。

5）选择 Simulink/Math Operations 模块库中的 Product 模块，作为乘法运算模块。

6）选择 Simulink/Continues 模块库中的 Integrator 模块，作为积分运算模块。

7）选择 Simulink/Sinks 模块库中的 Out1 模块，作为输出端，分别命名为 Psi_d1 和 Psi_q1。

搭建好的定子模型如图 8-31 所示。

**3．转子模型**

选择 Simulink/Ports & Subsystems 模块库中的 Subsystem 模块，修改备注名称为 Rotor_Subsystem。双击转子模型子系统，在打开的子系统模型窗口中添加所需的模块。

1）选择 Simulink/Sources 模块库中的 In1 模块，作为输入端，分别命名为 u_d2、i_d2、u_q2、i_q2、w1、w2。

2）选择 Simulink/Math Operations 模块库中的 Gain 模块，作为比例增益模块，分别命名为 r2_d、r2_q，设置为定子电阻值 3.24Ω。

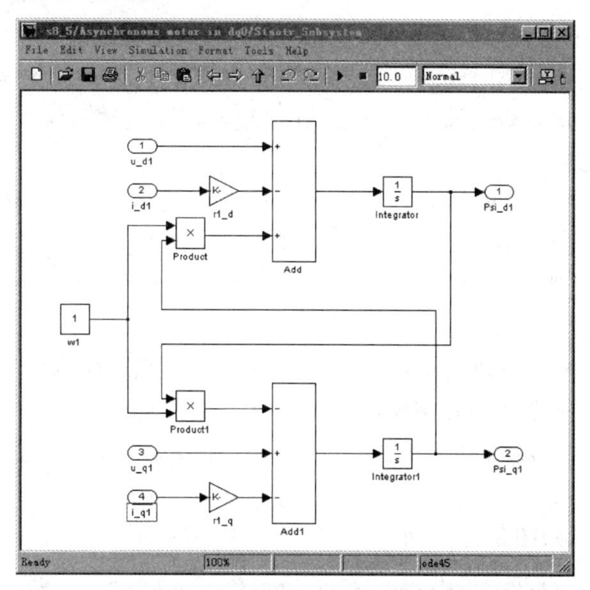


图 8-31　三相异步电动机在两相旋转坐标系下的定子模型

3）选择 Simulink/Math Operations 模块库中的 Add 模块，作为加法运算模块，双击进入模块参数设置对话框，设置 List of signs（符号列表）为“+-”“+-+”和“-+-”。

4）选择 Simulink/Math Operations 模块库中的 Product 模块，作为乘法运算模块。

5）选择 Simulink/Continues 模块库中的 Integrator 模块，作为积分运算模块。

6）选择 Simulink/Sinks 模块库中的 Out1 模块，作为输出端，分别命名为 Psi_d2 和 Psi_q2。

搭建好的转子模型如图 8-32 所示。

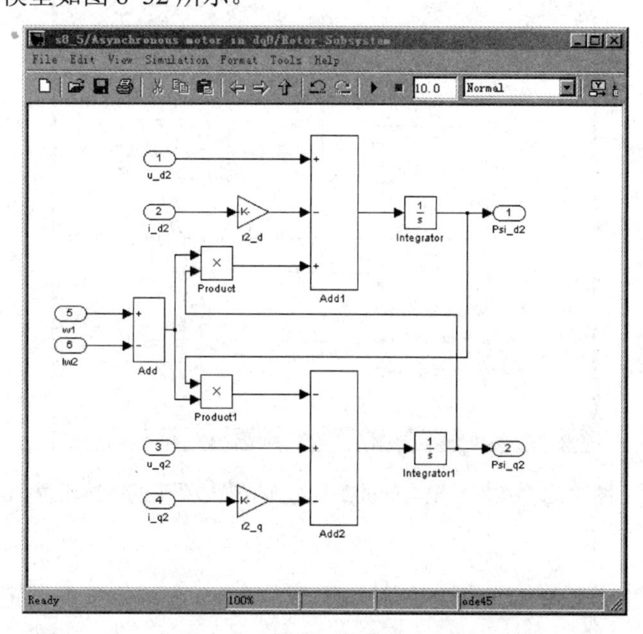


图 8-32　三相异步电动机在两相旋转坐标系下的转子模型

**4. 磁链模型**

选择 Simulink/Ports & Subsystems 模块库中的 Subsystem 模块，修改备注名称为 Psi_Subsystem。双击磁链模型子系统，在打开的子系统模型窗口中添加所需的模块。

1）选择 Simulink/Sources 模块库中的 In1 模块，作为输入端，分别命名为 Psi_d1、Psi_d2、Psi_q1、Psi_q2。

2）选择 Simulink/Math Operations 模块库中的 Gain 模块，作为比例增益模块，定子电感命名为 L1_d1 和 L1_q1，电感值为 0.666H；转子电感命名为 L2_d2 和 L2_q2，电感值为 0.670H；定转子间的互感命名为 1/Lm_d1、1/Lm_d2、1/Lm_q1、1/Lm_q2，互感值的倒数为 1/0.651H。

3）选择 Simulink/Math Operations 模块库中的 Add 模块，作为加法运算模块，双击进入模块参数设置对话框，设置 List of signs（符号列表）为“+-”“-+”“+-”和“-+”。

4）选择 Simulink/Sinks 模块库中的 Out1 模块，作为输出端，分别命名为 i_d2、i_d1 和 i_q2、i_q1。

搭建好的磁链模型如图 8-33 所示。

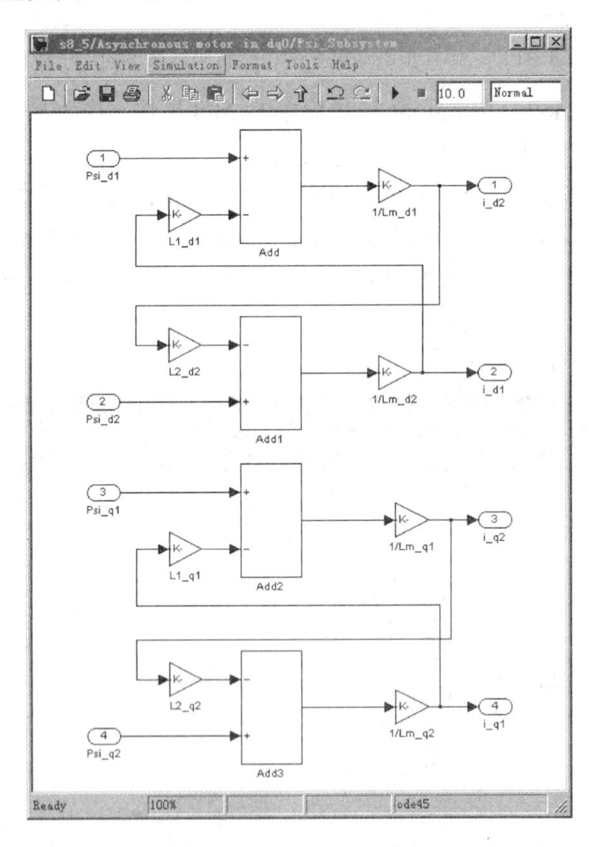


图 8-33 三相异步电动机在两相旋转坐标系下的磁链模型

**5. 转矩模型**

三相异步电动机在 dq0 坐标系下的转矩模型与在 $\alpha\beta$ 坐标系下的转矩模型类似，这里就不再重复了。

**6．电动机模型**

将上述各子模块按照三相异步电动机在两相旋转坐标系下数学模型进行连接，即可得到电动机的合成模型，如图 8-34 所示。

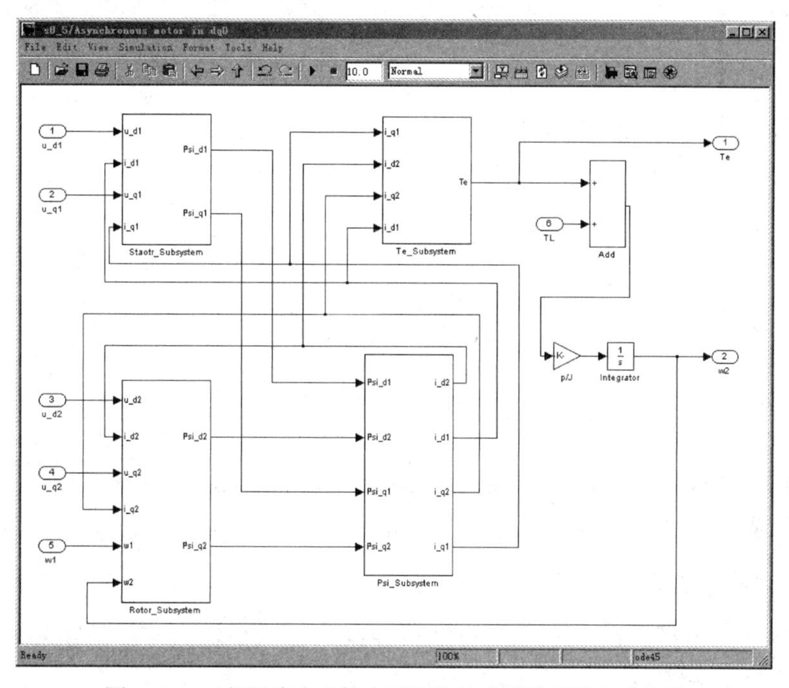


图 8-34　三相异步电动机在两相旋转坐标系下的合成模型

**7．直接启动仿真模型**

由于电动机模块的输入是 dq0 坐标系下的定子电压，而通常使用的电源都是 abc 坐标系下的三相对称电源，因此需要建立一个从 abc 坐标系到 dq0 坐标系的坐标变换子模块，如图 8-35 所示。再加上交流电源和示波器，构成三相异步电动机在 dq0 坐标系下的直接起动仿真模型，如图 8-36 所示。

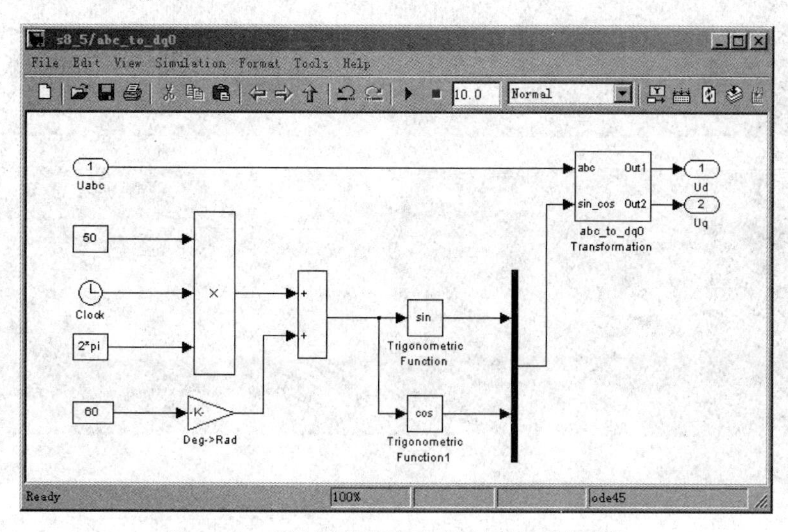


图 8-35　三相坐标系到两相旋转坐标系的变换

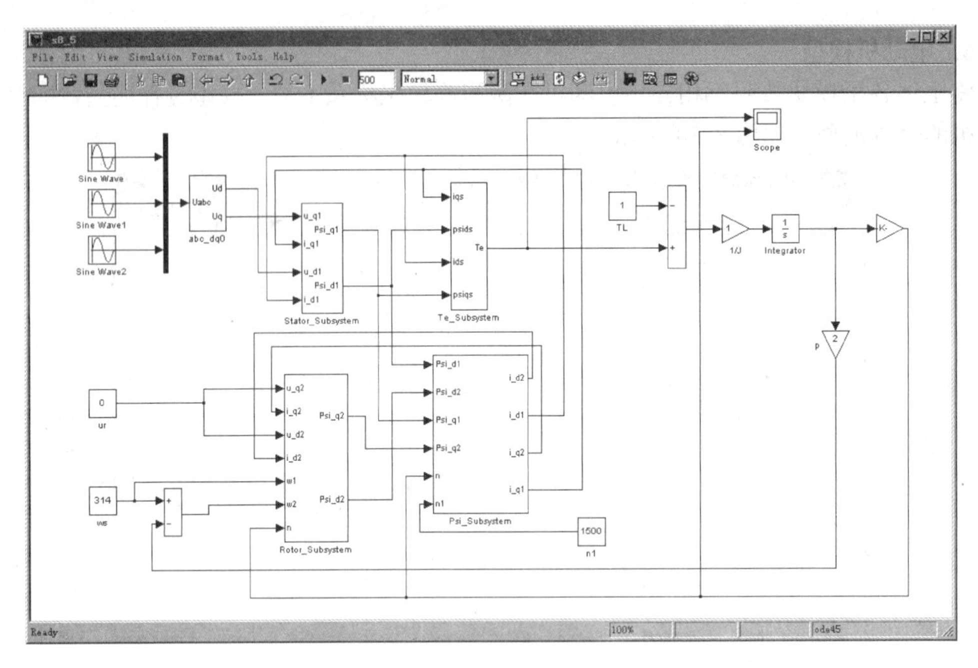


图 8-36　三相异步电动机在两相旋转坐标系下的直接起动仿真模型

**8. 仿真结果**

运行上述仿真模型，得三相异步电动机在两相旋转坐标系下的转矩和转速曲线，如图 8-37 所示。

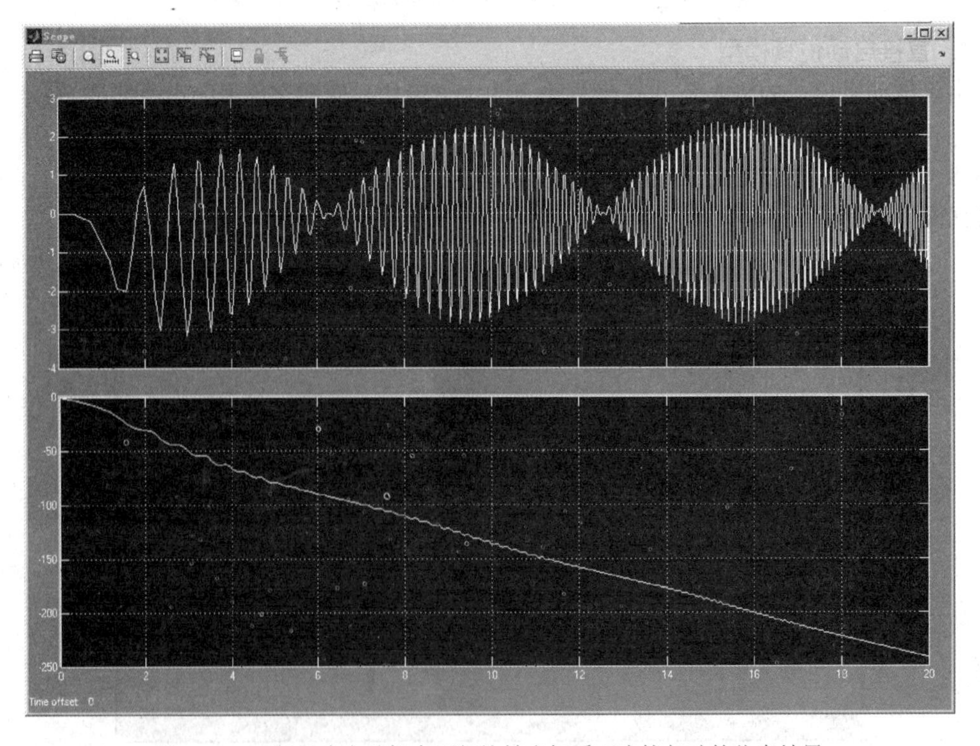


图 8-37　三相异步电动机在两相旋转坐标系下直接起动的仿真结果

## 8.3 习题

1．搭建一个直流电动机软起动模型，并对其运行仿真。

2．采用晶闸管搭建一个直流电动机调速系统模型，并对其运行仿真。

3．搭建一个三相异步电动机调压调速系统模型，并对其运行仿真。

4．搭建一个三相异步电动机制动模型，并对其运行仿真。

## 8.4 上机实验

**1．实验目的**

1）回顾直流并励电动机的机械特性。

2）掌握通过 MATLAB 程序设计分析并励电动机的机械特性。

**2．实验原理**

直流并励电动机的机械特性表达式如下：

$$\begin{cases} U = C_e N\Phi + I_a R_a \\ C_e = \dfrac{PN}{60a} \\ T_e = C_M \Phi I_a \\ C_M = \dfrac{PN}{2\Phi a} \\ N = \dfrac{U}{C_e\Phi} - \dfrac{T_e}{C_e C_M \Phi^2} R_a \end{cases}$$

**3．实验内容**

已知一台直流并励电动机，电枢电压 $U$ 为 220V，功率 $P$ 为 185W，电枢内阻 $R_a$ 为 0.25，电枢绕组砸数 $N$ 为 760，并联绕组对数 $a$ 为 2，主磁通 $\Phi$ 为 0.026，磁场系数 $C_{\Phi}$ 为 0.002，通过 MATLAB 程序设计分析此并励电动机的机械特性。

# 第 9 章　测控系统的建模与仿真

**本章要点**

- 测控系统的典型数学模型
- 测控系统的时域分析和频域分析方法
- 几种典型测控系统的建模及仿真

测控系统数学模型的建立是研究测控系统的关键部分，数学模型是描述系统内部各物理量之间关系的数学表达式或图形表达式。通常采用定律分析法和实验分析法建立测控系统的数学模型，其中定律分析法是根据一些基本定律或规律确定系统中各元件的输入输出物理量之间的关系，列出各元件的原始方程，然后进行适当的简化，消去中间变量，最后按照模型要求整理出最后表达式；实验分析法是对系统加入一个定量的输入，测得系统的输出，通过数学方法对输入/输出的数据进行处理，从而得到反映系统输入/输出特性的数学模型，这种方法只能反映系统的输入/输出特性，而不能描述出系统内部结构及其各物理量间的关系，常用的分析方法有时域分析法和频域分析法两种。

本章主要介绍了测控系统数学模型的建立、模型的分类、模型的转换以及如何利用 MATLAB 对测控系统进行分析。通过本章的学习，可以对测控系统的数学模型、各种仿真问题有一个基本的了解和掌握，为今后学习测控系统的 MATLAB 仿真打下基础。

## 9.1　测控系统的典型数学模型

典型的测控系统分为开环系统和闭环系统两种。这里以闭环测控系统为例，其主要含有输入信号、比较环节、偏差信号、控制环节、干扰信号、被控对象、输出信号和反馈环节，如图 9-1 所示。

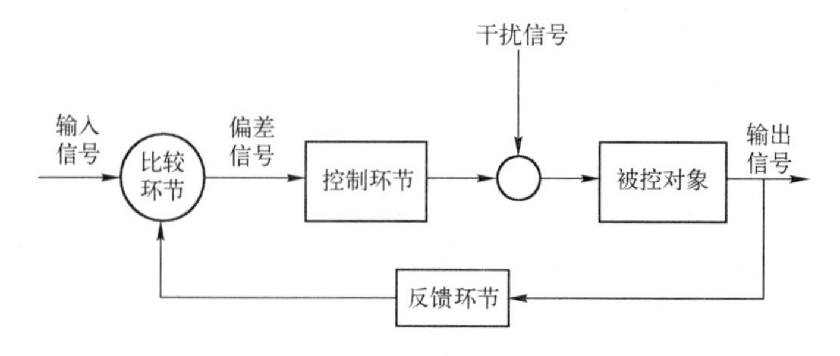


图 9-1　典型的闭环控制系统方框图

测控系统由若干个典型环节组合而成，如：比例环节、惯性环节、积分环节、微分环节、振荡环节、延迟环节等，其典型结构可分为单输入—单输出开环控制结构、单输入—单输出前馈控制结构、单输入—单输出闭环控制结构和多输入—多输出控制结构 4 种。一个完整测控系统的分析应包括动态过程的平稳性、快速性以及最终响应精度性能等。

在进行测控系统分析之前，首要任务是建立测控系统的数学模型。系统数学模型的表达形式可以分为微分方程、差分方程、传递函数和状态方程 4 种。在 MATLAB 建模仿真中，可以采用传递函数、零点极点、状态空间 3 种形式建立测控系统的数学模型，下面结合具体实例逐一讲解这 3 种形式的模型建立、转换及连接。

**1．传递函数模型**

在 MATLAB 中采用 laplace()函数和 ilaplace()函数进行拉普拉斯变换和拉普拉斯反变换，简称拉氏变换和拉氏反变换。但是使用之前，需要用 syms()函数和 sym()函数对有关的符号变量进行设置，其调用格式如下。

```
L=laplace(F)
F=ilaplace(L)
syms arg1 arg2 arg3…
arg1=sym('arg1');arg2=sym('arg2')…
```

其中，L 为拉氏变换函数，F 为时域函数，arg+阿拉伯数字为符号运算中的变量。

可以采用 tf()函数建立传递函数模型，其调用格式如下。

```
sys=tf(num,den)
```

其中，num 为分子多项式的系数向量，den 为分母多项式的系数向量。

在 MATLAB 中，可以采用 get()函数和 set()函数对系统 sys 进行访问与设置参数。

**【例 9-1】** 求解$\begin{bmatrix} e^{-yt} & \cos(xt)\sin t \\ e^{-xt}\sin(yt) & t^2\cos 2t \end{bmatrix}$的拉氏变换。

解题过程如下。

进行拉氏变换：

```
>> syms t s;
>> syms x y positive;
>> F=exp(-y*t);
>> L=laplace(F)
```

运行结果如下：

```
L =
1/(s + y)
```

**【例 9-2】** 系统的传递函数为$G(s)=\dfrac{s^3+8s^2+18s+28}{s^4+12s^3+24s^2+44s+96}$，试创建此传递函数的模型对象。

解题过程如下。

创建传递函数的模型对象：

```
>> num=[0 1 8 18 28];
```

```
>> den=[1 12 24 44 96];
>> sys=tf(num,den)
```

运行结果如下：

```
sys =
        s^3 + 8 s^2 + 18 s + 28
  ---------------------------------
  s^4 + 12 s^3 + 24 s^2 + 44 s + 96
Continuous-time transfer function.
```

访问模型对象的属性项，命令和结果如下：

```
>> get(sys)
            num: {[0 1 8 18 28]}
            den: {[1 12 24 44 96]}
       Variable: 's'
        ioDelay: 0
     InputDelay: 0
    OutputDelay: 0
             Ts: 0
       TimeUnit: 'seconds'
      InputName: {''}
      InputUnit: {''}
     InputGroup: [1x1 struct]
     OutputName: {''}
     OutputUnit: {''}
    OutputGroup: [1x1 struct]
           Name: ''
          Notes: {}
       UserData: []
```

修改模型对象的属性项，将传递函数分母多项式系数向量 den 由原来的[1 12 24 44 96]修改为[1 20 30 40 50]，命令和结果如下：

```
>> set(sys,'den',[1 20 30 40 50])
>> sys
sys =
        s^3 + 8 s^2 + 18 s + 28
  ---------------------------------
  s^4 + 20 s^3 + 30 s^2 + 40 s + 50
Continuous-time transfer function.
```

**【例 9-3】** 已知系统的开环传递函数为 $G(s)=\dfrac{30(s+6)}{s^2(s+3)(s^2+3s+2)}$，试写出该传递函数模型。

解题过程如下。

创建开环传递函数的模型对象：

```
>> num= conv([30],[1,6]);
>> den==conv([1 0 0],conv([1,3],[1 3 2]));
>> sys=tf(num,den)
```

程序中用到了 conv()函数，用于计算多项式的乘积，也体现了函数嵌套使用的方法。

运行结果如下：

```
sys =
            30 s + 180
  ---------------------------
  s^5 + 6 s^4 + 11 s^3 + 6 s^2
 Continuous-time transfer function.
```

【例 9-4】 已知系统的开环传递函数为$G(s)=\dfrac{(s+1)(s+3)}{(s+2)(s+4)(s+6)}$，试写出单位负反馈时的闭环传递函数的模型。

解题过程如下。

创建闭环传递函数的模型对象：

```
>> num=conv([1,1],[1,3]);
>> den=conv([1,2],conv([1,4],[1,6]));
>> sys1=tf(num,den);
>> sys2=feedback(sys1,1)
```

程序中 sys1 为前向通道的开环传递函数，feedback()函数用于获得单位负反馈的闭环传递函数的模型，sys2 为单位负反馈是的传递函数。

运行结果如下：

```
sys2 =
          s^2 + 4 s + 3
  -----------------------
  s^3 + 13 s^2 + 48 s + 51
 Continuous-time transfer function.
```

【例 9-5】 已知前向通道的传递函数为$G(s)=\dfrac{(s+10)}{(s+22)(s+44)}$，反馈通道的传递函数为：$G(s)=\dfrac{0.4s+1}{0.02s+1}$，试写出闭环传递函数的模型。

解题过程如下。

创建闭环传递函数的模型对象：

```
>> numq=[1,1];
>> denq=conv([1,22], [1 44]);
>> sysq=tf(numq, denq);
>> numf=[0.4 1];
>>denf=[0.02 1];
>> sysf=tf(numf, denf);
```

```
>> sys=feedback(sysq, sysf)
```

程序中，sysq 为前向通道的开环传递函数，sysf 为反馈通道的传递函数，feedback()函数用于获得闭环传递函数的模型。

运行结果如下：

```
sys =
              0.02 s^2 + 1.02 s + 1
  ----------------------------------
  0.02 s^3 + 2.72 s^2 + 86.76 s + 969
 Continuous-time transfer function.
```

**2．零点极点模型**

在 MATLAB 中采用 zpk()函数建立传递函数的零点极点模型，其调用格式如下：

$$sys = \text{zpk}(z, p, k)$$

式中，$z$ 为系统的零点向量；$p$ 为系统的极点向量；$k$ 为系统的增益向量。

可以采用 residue()函数进行分式多项式分解，以获得系统的零点、极点、增益，其调用格式如下：

$$[z, p, k] = \text{residue}(num, den)$$

式中，$num$ 为分子多项式的系数向量，$den$ 为分母多项式的系数向量，$z$ 为求得的系统零点向量，$p$ 为求得的系统极点向量，$k$ 为求得的系统增益向量。

**【例 9-6】** 系统的传递函数为 $G(s)=\dfrac{(10s+1)(s+5)(2s+9)}{(s+2)(s+4)(s+7)}$，求系统的零点、极点和增益，并建立此系统的零极点模型。

解题过程如下：

求系统的零点、极点、增益：

```
>> num=conv([10 1],conv([1 5],[2,9]));
>> den=conv([1 2],conv([1 4],[1 7]));
>> [z,p,k]=residue(num,den)
```

运行结果如下：

```
z =
  -46.0000
    6.5000
  -28.5000
p =
   -7.0000
   -4.0000
   -2.0000
k =
    20
```

建立系统的零极点模型：

```
>> sys=zpk(z, p, k)
```

运行结果如下：

```
sys =
    20 (s+46) (s+28.5) (s-6.5)
   --------------------------
        (s+7) (s+4) (s+2)
 Continuous-time zero/pole/gain model.
```

**【例 9-7】** 系统的传递函数为$G(s)=\dfrac{(10s+1)(s+5)(2s+9)}{(s+2)(s+4)(s+7)}$，试绘制系统的的零极点图。

在 MATLAB 命令窗口中输入：

```
>> num=conv([10 1],conv([1 5],[2,9]));
>> den=conv([1 2],conv([1 4],[1 7]));
>> [z1,p1,k1]=residue(num,den);
>> sys=zpk(z1,p1,k1);
>> pzmap(sys)
>> xlabel('实坐标系'); ylabel('虚坐标系');
>> grid on
```

运行结果如图 9-2 所示。

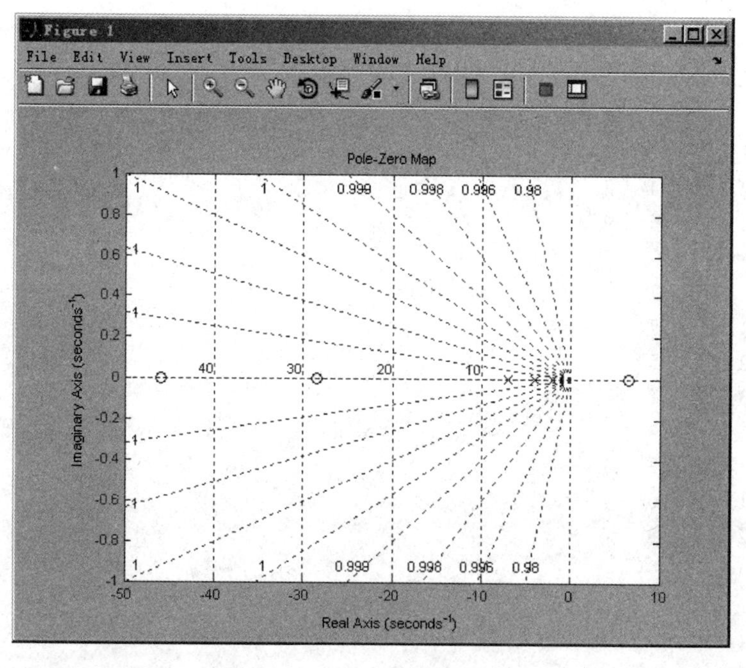


图 9-2　例 9-7 的系统零极点图

图中，O代表系统的零点，×代表系统的极点。

**3．状态空间模型**

线性连续时间的状态空间方程为：

$$\dot{x} = \boldsymbol{A}x + \boldsymbol{B}u$$
$$\dot{y} = \boldsymbol{C}x + \boldsymbol{D}u$$

可以采用 ss()函数建立状态空间模型，其调用格式如下：

```
sys=ss(a, b, c, d)
```

其中 ***a***、***b***、***c***、***d*** 为状态空间方程的常数矩阵。

**【例 9-8】** 已经某系统具有两输入、两输出，其的状态方程和输出方程如下：

$$\dot{x} = \begin{bmatrix} 1 & 2 & 7 \\ 3 & 4 & 8 \\ 5 & 6 & 9 \end{bmatrix} x + \begin{bmatrix} 9 & 7 \\ 6 & 5 \\ 3 & 1 \end{bmatrix} u, \quad \dot{y} = \begin{bmatrix} 8 & 6 & 4 \\ 3 & 5 & 7 \end{bmatrix} x,$$

求其状态空间模型。

在 MATLAB 命令窗口中输入：

```
>> A=[1 2 7; 3 4 8; 5 6 9];
>>B=[9 7; 6 5; 3 1];
>> C=[8 6 4; 3 5 7];
>>D=zeros(2, 2);
>> sys=ss(A, B, C, D)
```

运行结果如下：

```
sys =
   a =
         x1   x2   x3
   x1     1    2    7
   x2     3    4    8
   x3     5    6    9
   b =
         u1   u2
   x1     9    7
   x2     6    5
   x3     3    1
   c =
         x1   x2   x3
   y1     8    6    4
   y2     3    5    7
   d =
         u1   u2
   y1     0    0
   y2     0    0
 Continuous-time state-space model.
```

**4．模型互换**

在实际工程中，由于实际系统的数学模型形式各异，在不用场合下会用到不同的模型，这就需要将给定模型转换为仿真程序能够处理的模型形式，即传递函数模型、零极点模型、状态空间模型之间的互换过程。

MATLAB 提供了大量的模型互换函数，其名称功能及其使用如表 9-1 所示。

**表 9-1　模型互换函数列表**

| 函数名称 | 功　能 | 调用格式 |
|---|---|---|
| residue() | 传递函数模型与部分分式模型互换 | [z,p,k]=residue(num,den) |
| tf2ss() | 传递函数模型与状态空间模型互换 | [a,b,c,d]=tf2ss(num,den) |
| tf2zp() | 传递函数模型与零极点模型互换 | [z,p,k]=tf2zp(num,den) |
| ss2tf() | 状态空间模型与传递函数模型互换 | [num,den]=ss2tf(a,b,c,d,iu) |
| ss2zp() | 状态空间模型与零极点模型互换 | [z,p,k]=ss2zp(a,b,c,d,iu) |
| zp2tf() | 零极点模型与传递函数模型互换 | [num,den]=zp2tf(z,p,k) |
| zp2ss() | 零极点模型与状态空间模型互换 | [a,b,c,d]=zp2ss(z,p,k) |

**【例 9-9】** 已知系统的传递函数 $G(s)=\dfrac{10s^2+25s+45}{s^3+3s^2+7s+9}$，将模型转换为零极点模型和状态空间模型。

在 MATLAB 命令窗口中输入：

```
>> num=[0 10 25 45];
>> den=[1 3 7 9];
>> [z,p,k]=tf2zp(num,den);
>> sys1=zpk(z,p,k)
>> [a,b,c,d]=tf2ss(num,den);
>> sys2=ss(a,b,c,d)
```

运行结果如下：

```
sys1 =
          10 (s^2 + 2.5s + 4.5)
   --------------------------------
   (s+1.848) (s^2 + 1.152s + 4.871)
  Continuous-time zero/pole/gain model.

sys2 =
    a =
          x1   x2   x3
    x1    -3   -7   -9
    x2     1    0    0
    x3     0    1    0
    b =
          u1
    x1     1
    x2     0
    x3     0
    c =
```

```
       x1   x2   x3
   y1  10   25   45
   d =
       u1
   y1   0
 Continuous-time state-space model.
```

【例 9-10】 已知系统的零极点模型 $G(s)=\dfrac{8(s+3)(s+9)(s+2)}{(s+1)(s+4)(s+7)}$，将模型转换为传递函数模型和状态空间模型。

在 MATLAB 命令窗口中输入：

```
>> num=conv([8],conv([1 3],conv([1 9],[1 2])));
>> den=conv([1 1],conv([1 4],[1 7]));
>> [z,p,k]=residue(num,den);
>> [numt,dent]=zp2tf(z,p,k);
>> sys1=tf(numt,dent)
>> [a,b,c,d]=zp2ss(z,p,k);
>> sys2=ss(a,b,c,d)
```

运行结果如下：

```
sys1 =
    8 s^3 - 128 s^2 - 758.5 s + 8990
  --------------------------------
        s^3 + 12 s^2 + 39 s + 28
 Continuous-time transfer function.

sys2 =
 a =
              x1        x2        x3
   x1         -1         0         0
   x2     -18.78       -11    -5.292
   x3          0     5.292         0
 b =
        u1
   x1    1
   x2    1
   x3    0
 c =
              x1        x2        x3
   y1     -150.2    -73.78    -137.9
 d =
        u1
   y1    8
 Continuous-time state-space model.
```

**5．模型连接**

实际应用中的测控系统结构往往由两个或更多个简单系统连接而成。总体而言，其连接方式可以分为串联、并联、反馈和单位反馈闭环连接 4 种。MATLAB 针对模型连接提供了相应的函数，其形式如下。

串联系统连接函数及调用格式如下：

```
sys=series(sys1, sys2)
```

并联系统连接函数及调用格式如下：

```
sys=parallel(sys1, sys2)
```

反馈系统连接函数及调用格式如下：

```
sys=feedback(sys1, sys2, sig)
```

单位负反馈闭环系统函数及调用格式如下：

```
[numc,denc]=cloop(num, num, sig)
```

多个系统组合函数及调用格式如下：

```
sys=append(sys1, sys2, …, sysn)
```

其中 sys1 和 sys2 为两个系统；sig 表示反馈的形式，'+1'为正反馈，默认为负反馈。

在 MATLAB 中进行对象的加减法和串并联运算，模型对象的运算级别如下：

状态空间模型 > 零极点模型 > 传递函数模型

下面结合具体例子讲解模型连接的 4 种基本形式。

**【例 9-11】** 已知两系统的传递函数分别为$G_1(s)=\dfrac{3(s+6)}{(s+1)(s+5)(s+7)}$，$G_2(s)=\dfrac{(s+1)}{(s+3)(s+8)}$，求出两系统串联的传递函数。

在 MATLAB 命令窗口中输入：

```
>> num1=conv([3],[1 6]);
>> den1=conv([1 1],conv([1 5],[1 7]));
>> num2=[1 1];
>> den2=conv([1 3],[1 8]);
>> [num,den]=series(num1,den1,num2,den2)
>> sys=tf(num,den)
```

运行结果如下：

```
num =
     0     0     0     3    21    18
den =
          1          24          214          864          1513          840
sys =
                3 s^2 + 21 s + 18
```

```
    -------------------------------------------------
    s^5 + 24 s^4 + 214 s^3 + 864 s^2 + 1513 s + 840
 Continuous-time transfer function.
```

或者在命令行中输入：

```
>> sys1=tf(num1,den1);
>> sys2=tf(num2,den2);
>> sys=series(sys1,sys2)
```

**【例 9-12】** 将例 9-11 中的两个传递函数进行并联，并写出并联系统的传递函数。

在 MATLAB 命令窗口中输入：

```
>> num1=conv([3],[1 6]);
>> den1=conv([1 1],conv([1 5],[1 7]));
>> num2=[1 1];
>> den2=conv([1 3],[1 8]);
>> [num,den]=parallel(num1,den1,num2,den2)
>> sys=tf(num,den)
```

运行结果如下：

```
num =
     0     1     17    111    352    467
den =
           1          24          214          864          1513          840


sys =
          s^4 + 17 s^3 + 111 s^2 + 352 s + 467
    -------------------------------------------------
    s^5 + 24 s^4 + 214 s^3 + 864 s^2 + 1513 s + 840
 Continuous-time transfer function.
```

**【例 9-13】** 已知系统的前向通道传递函数为$G1(s)=\dfrac{3(s+6)}{(s+1)(s+5)(s+7)}$，负反馈传递函数$H(s)=\dfrac{(s+0.1)}{(s+0.2)(s+0.08)}$，求出负反馈系统的传递函数。

在 MATLAB 命令窗口中输入：

```
>> num1=conv([3],[1 6]);
>> den1=conv([1 1],conv([1 5],[1 7]));
>> num2=[1 0.1];
>> den2=conv([1 0.2],[1 0.08]);
>> [num,den]=feedback(num1,den1,num2,den2)
>> sys=tf(num,den)
```

运行结果如下：

```
num =
          0         0    3.0000   18.8400    5.0880    0.2880
den =
     1.0000   13.2800   50.6560   51.3680   28.8520    2.3600
sys =
                3 s^3 + 18.84 s^2 + 5.088 s + 0.288
   ---------------------------------------------------
   s^5 + 13.28 s^4 + 50.66 s^3 + 51.37 s^2 + 28.85 s + 2.36
  Continuous-time transfer function.
```

**【例 9-14】** 已知系统的前向通道传递函数为$G1(s)=\dfrac{3(s+6)}{(s+1)(s+5)(s+7)}$，求出单位负反馈闭环系统的传递函数。

在 MATLAB 命令窗口中输入：

```
>> num=conv([3],[1 6]);
>> den=conv([1 1],conv([1 5],[1 7]));
>> [numc,denc]=cloop(num,den)
>> sys=tf(numc,denc)
```

运行结果如下：

```
numc =
     0     0     3    18
denc =
     1    13    50    53
sys =
              3 s + 18
   -----------------------
   s^3 + 13 s^2 + 50 s + 53
  Continuous-time transfer function.
```

**【例 9-15】** 将传递函数$\dfrac{1}{s}$和 $z$=1，$p$=2，$k$=3 的零极点模型组合。

在 MATLAB 命令窗口中输入：

```
>> num=1;
>>den=[1 0];
>> sys1=tf(1,[1 0]);
>> z=1;
>>p=2;
>>k=3;
>> sys2=zpk(z,p,k);
>> sys=append(sys1,sys2)
```

运行结果如下：

```
sys =
    From input 1 to output...
```

```
           1
      1:   -
           s
      2:   0

    From input 2 to output...
      1:   0
            3 (s-1)
      2:   -------
            (s-2)
   Continuous-time zero/pole/gain model.
```

## 9.2 测控系统的常用分析方法

在 9.1 节中介绍了测控系统的 MATLAB 实现，本节将进一步学习在 MATLAB 中控制系统分析的基本方法——时域分析法和频域分析法，同时也会给出相应分析函数的例子，使读者能够熟练地运用 MATLAB 函数命令，有效地对系统进行分析。

### 9.2.1 时域分析法

测控系统的时域分析法是基于状态空间模型的一种分析方法，主要是测控系统在外部输入阶跃信号时，通过系统的响应曲线来了解系统的动态特性。所谓的响应是指在零初值时，某种典型输入函数的作用下，系统的输出信号。常用的典型输入函数有单位阶跃函数、脉冲函数、斜坡函数、加速度函数和正弦函数等，利用这些典型输入函数可以对系统进行试验和分析。

MATLAB 提供了丰富的函数对测控系统进行分析，主要包括以下内容。

采用 step()函数和 dstep()函数分析连续系统和离散系统对输入阶跃信号的响应，其调用格式如下：

```
[x,y]=step(num, den ,t)
[x,y]=step(A, B, C, D, xu,t)
[x,y]=dstep(num, den, t)
[x,y]=dstep(A, B, C, D, xu,t)
```

其中，[x, y] = step(num, den, t)和[x, y] = dstep(num, den, t)适用于用传递函数表示的系统模型，num 和 den 分别为分子多项式和分母多项式的系数向量，t 为仿真时间，x 为每个仿真时刻输出数据构成的矩阵，y 为时间响应数据；[x, y]=step(A, B, C, D, xu, t)和[x, y]=dstep(A, B, C, D, xu,t)适用于用状态空间方程表示的系统模型，A、B、C、D 为状态空间模型的系数向量，xu 为输入变量序号，其他参数同上。

采用 impulse()函数和 dimpulse()函数分析连续系统和离散系统对输入冲击信号的响应；采用 initial()函数和 dinitial()函数分析连续系统和离散系统对零输入信号的响应；采用 lsim()函数和 dlsim()函数分析连续系统和离散系统对任意输入信号的响应，其调用格式都和阶跃信号的响应函数一样。

【例 9-16】 已知系统的开环传递函数 $G(s)=\dfrac{40}{s^3+24s^2+36s+48}$，试求出该系统为单位负反馈时，输入阶跃信号的响应曲线。

在 MATLAB 命令窗口中输入：

```
>> numk=40;
>> denk=[1 24 36 48];
>> sysk=tf(numk, denk);
>> [numb, denb]=cloop(numk, denk);
>> t=1:0.01:10;
>> step(numb, denb, t)
>> [x,y]=step(numb, denb, t);
>> title('阶跃响应');
>> xlabel('时间');
>> ylabel('幅值');
>> numb, denb, tf(numb, denb)
```

运行结果如下：

```
numb =
     0      0      0     40
denb =
     1     24     36     88
ans =
                 40
  ------------------------
  s^3 + 24 s^2 + 36 s + 88
 Continuous-time transfer function.
```

程序中，step()函数用来计算系统对输入阶跃信号的响应，并绘制曲线，如图 9-3 所示；[x,y]=step(numb, denb, t)将计算结果在矩阵[x, y]中，可以在“Workspace”中看到系统响应随时间的变化值。

【例 9-17】 已知某闭环传递函数 $G(s)=\dfrac{(s+1)(s+3)}{(s+10)(s+15)(s+20)}$，试求出该系统对输入阶跃信号的响应曲线。

在 MATLAB 命令窗口中输入：

```
>> num=conv([1 1],[1 3]);
>> den=conv([1 10],conv([1 15],[1 20]));
>> sys=tf(num,den);
>> t=1:0.01:10;
>> step(num,den,t)
>> title('阶跃响应');
>> xlabel('时间');
>> ylabel('幅值');
>> num, den,tf(num, den)
```

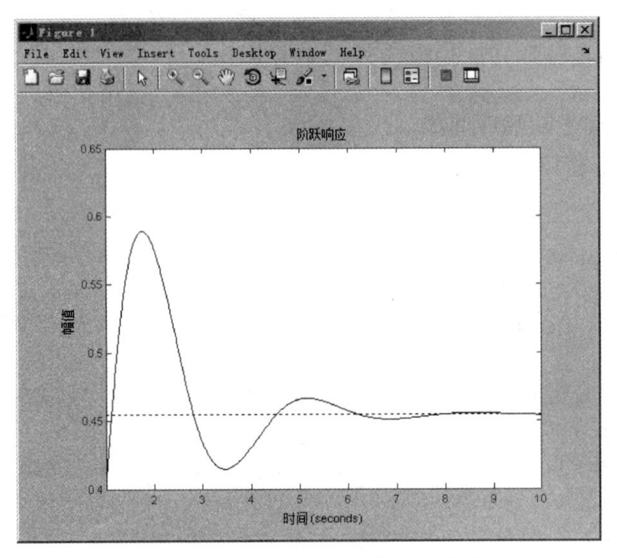


图 9-3　例 9-16 中系统的阶跃响应

运行结果如下：

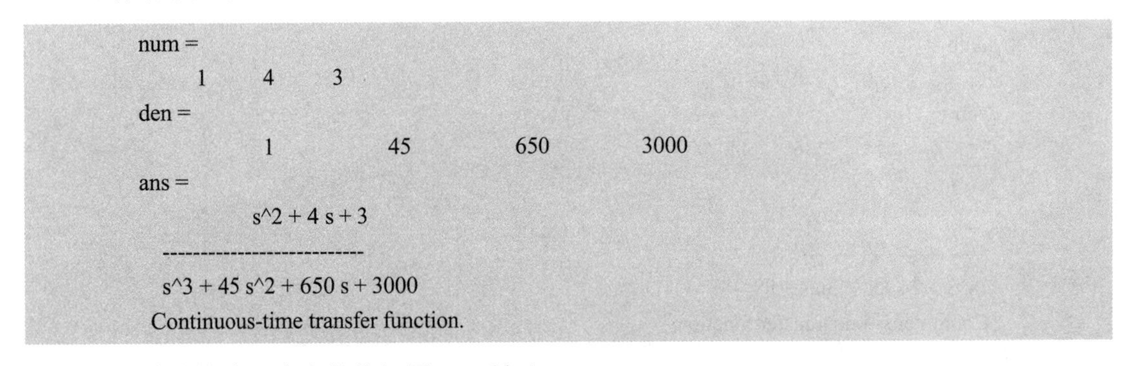

```
num =
       1     4     3
den =
             1          45          650          3000
ans =
             s^2 + 4 s + 3
  ----------------------------
  s^3 + 45 s^2 + 650 s + 3000
 Continuous-time transfer function.
```

闭环系统的阶跃响应曲线如图 9-4 所示。

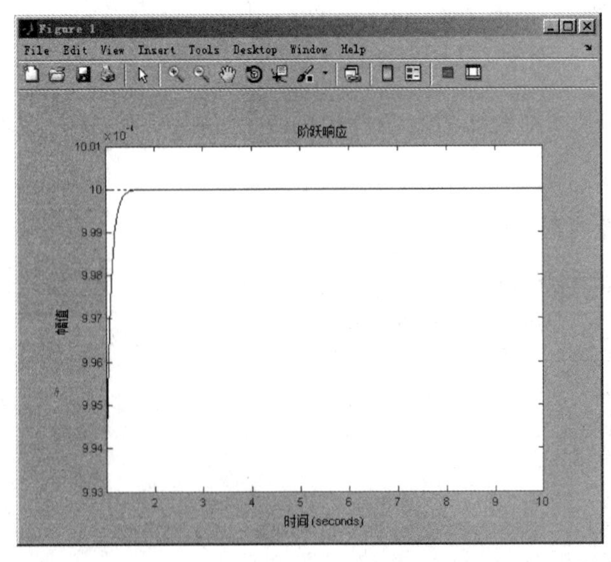


图 9-4　例 9-17 中系统的阶跃响应

**【例 9-18】** 一个典型的二阶系统$G(s)=\dfrac{\omega^2}{s^2+2\xi\omega+\omega^2}$，已知$\xi$=0.8，$\omega$=10 时，画出其阶跃响应曲线。

在 MATLAB 命令窗口中输入：

```
>> num=100;
>> den=[1 16 100];
>> sys=tf(num,den);
>> t=1:0.01:10;
>> step(num,den,t)
>> title('二阶系统的阶跃响应曲线');
>> xlabel('时间');

>> ylabel('幅值');
```

运行结果如图 9-5 所示。

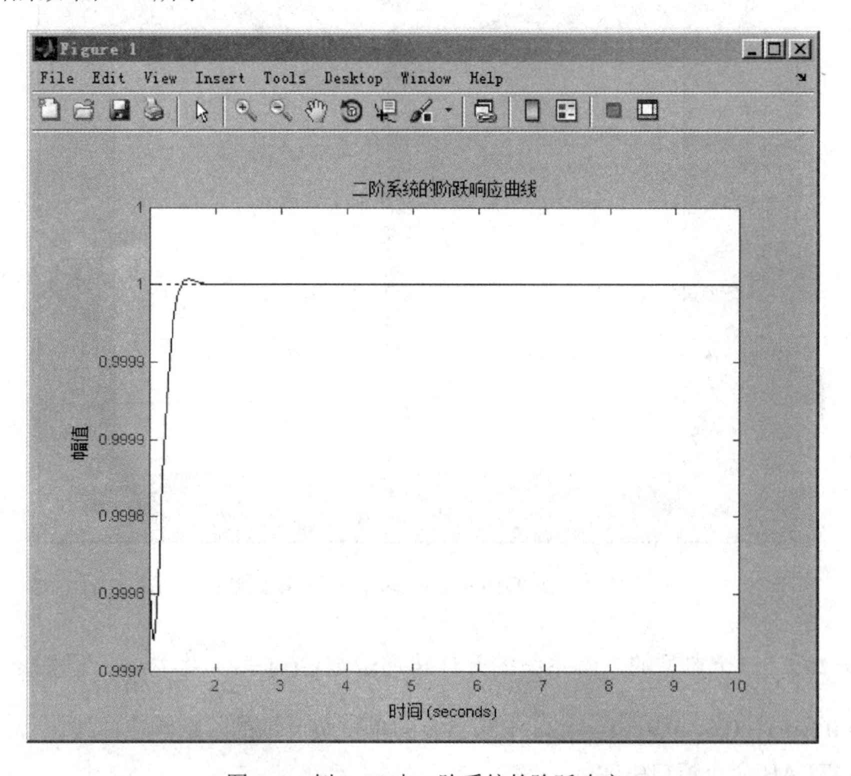


图 9-5 例 9-18 中二阶系统的阶跃响应

**【例 9-19】** 已知某二阶系统

$$\begin{bmatrix}\dot{x}1\\ \dot{x}2\end{bmatrix}=\begin{bmatrix}-5 & -6\\ 5.5 & 0\end{bmatrix}\begin{bmatrix}x_1\\ x_2\end{bmatrix}+\begin{bmatrix}2 & -3\\ 0 & 4\end{bmatrix}\begin{bmatrix}u_1\\ u_2\end{bmatrix},\qquad y=\begin{bmatrix}3 & 15\end{bmatrix}\begin{bmatrix}x_1\\ x_2\end{bmatrix}$$

求系统的单位阶跃响应。

在 MATLAB 命令窗口中输入：

```
>> A=[-5 -6; 5.5 0];
>> B=[2 -3; 0 4];
>> C=[3 15];
>> D=0;
>> sys=ss(A,B,C,D);
>> step(A,B,C,D)
>> title('二阶系统的单位阶跃响应曲线');
>> xlabel('时间');
>> ylabel('幅值');
```

运行结果如图 9-6 所示。

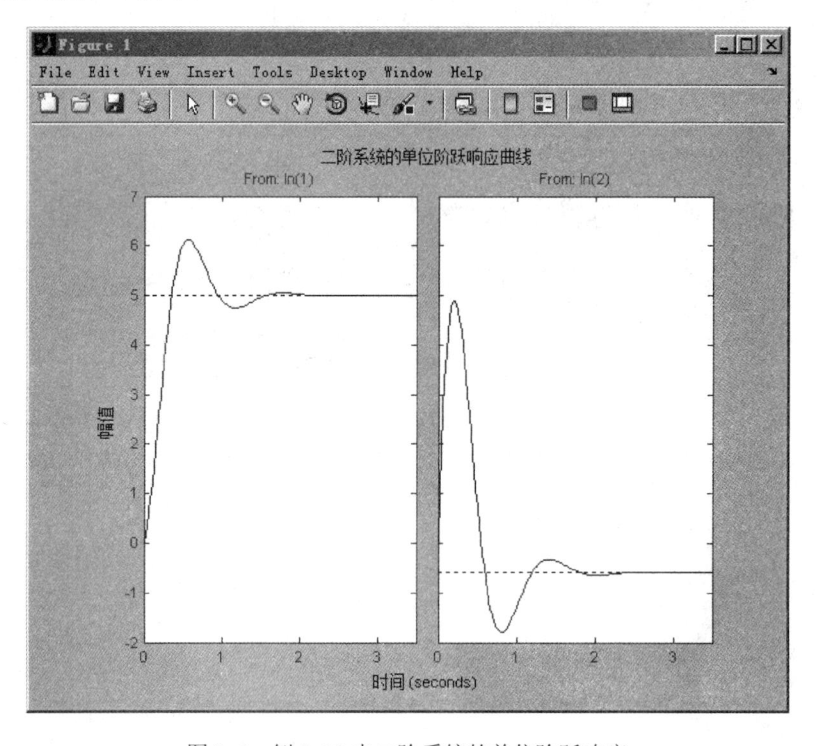


图 9-6　例 9-19 中二阶系统的单位阶跃响应

**【例 9-20】** 一个典型的二阶系统的开环传递函数 $G(s)=\dfrac{\omega^2}{s(s+4\xi\omega)}$，已知 $\omega$=1 时，分别绘制 $\xi$=0、0.3、0.6、0.9、1、1.2、1.5、1.8 的单位负反馈的阶跃响应曲线。

在 MATLAB 命令窗口中输入：

```
>> sgm=[0 0.3 0.6 0.9 1 1.2 1.5 1.8];          % 定义阻尼比系数向量
>> w=1;                                        % 定义固有频率向量
>> num=[0 1];                                  % 定义分子多项式向量
>> t=[0:0.01:10];
k=length(sgm);
>> for i=1:k
>> den= [1, 4*sgm(i)*w, w*w];
```

```
>> sys=tf(num,den);
>> f(:,i)=step(sys,t);
>> plot(t,f(:,i));
>> title('不同阻尼比的典型二阶系统阶跃响应曲线');
>> hold on
>> end
```

【例 9-21】 已知某离散二阶系统 $h(z)=\dfrac{(2z-1)(z+6)}{(z+1.5)(z-4)}$，试绘制该系统对输入单位阶跃信号的响应曲线。

在 MATLAB 命令窗口中输入：

```
>> num=conv([2 -1],[1 6]);
>> den=conv([1 1.5],[1 -4]);
>> dstep(num,den)
>> title('离散二阶系统阶跃响应曲线');
>> xlabel('时间');
>> ylabel('幅值');
```

运行结果如图 9-7 所示。

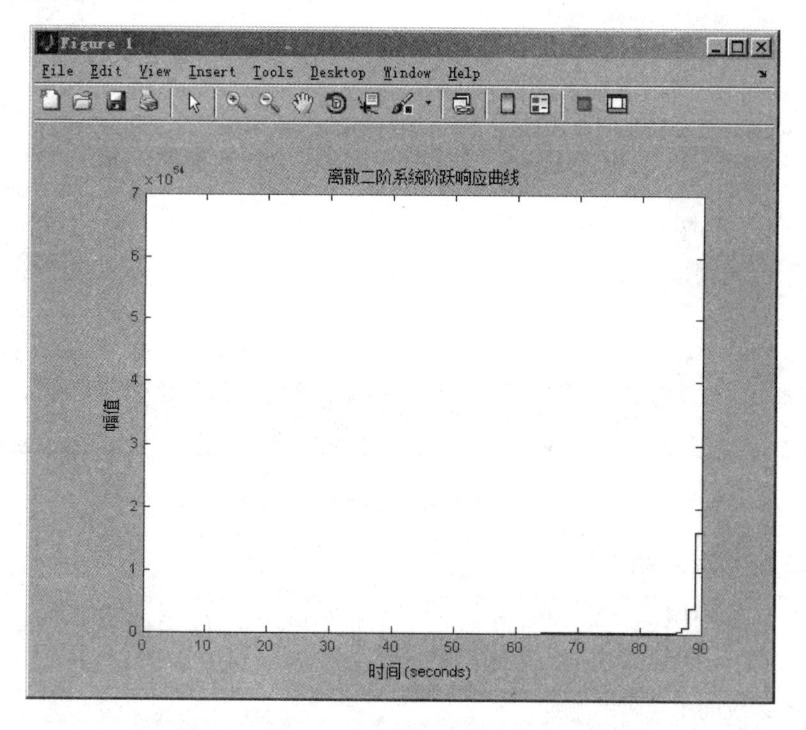


图 9-7 例 9-21 中离散二阶系统的阶跃响应

【例 9-22】 已知闭环传递函数 $G(s)=\dfrac{(s+1)(s+3)}{(s+10)(s+15)(s+20)}$，试绘制该系统对输入冲击信号的响应曲线。

在 MATLAB 命令窗口中输入：

```
>> num=conv([1 1],[1 3]);
>> den=conv([1 10],conv([1 15],[1 20]));
>> sys=tf(num,den);
>> t=1:0.01:10;
>> impulse(num,den,t)
>> title('冲激响应曲线');
>> xlabel('时间');
>> ylabel('幅值');
```

运行结果如图 9-8 所示。

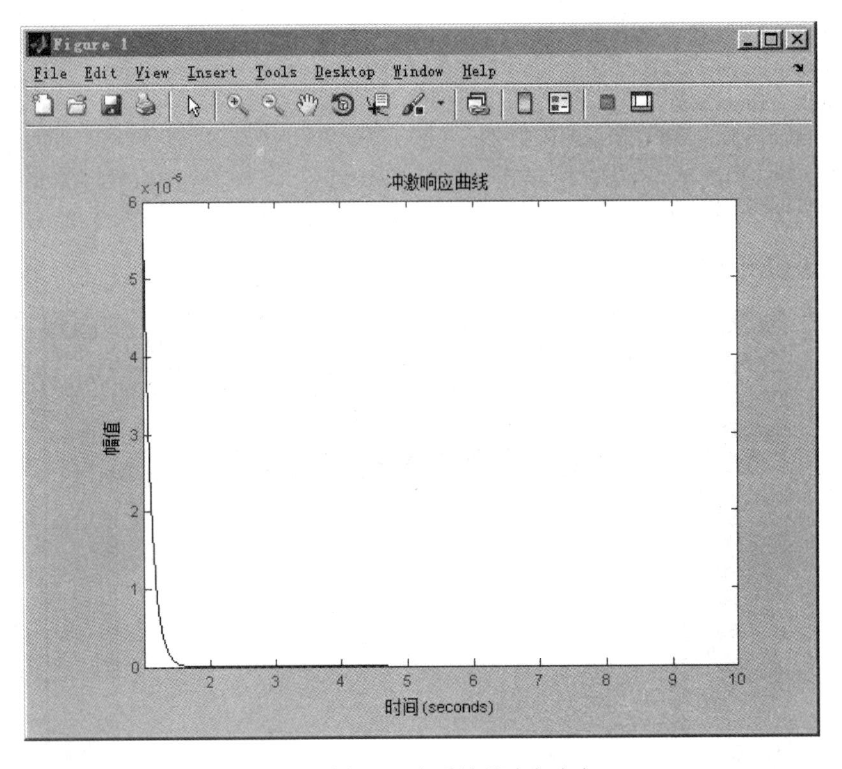


图 9-8　例 9-22 中系统的冲击响应

**【例 9-23】** 已知某离散的二阶系统

$$\begin{bmatrix} \dot{x}1 \\ \dot{x}2 \end{bmatrix} = \begin{bmatrix} -5 & -6 \\ 5.5 & 0 \end{bmatrix} \begin{bmatrix} x_1 \\ x_2 \end{bmatrix} + \begin{bmatrix} 2 & -3 \\ 0 & 4 \end{bmatrix} \begin{bmatrix} u_1 \\ u_2 \end{bmatrix}, \quad y = \begin{bmatrix} 3 & 15 \end{bmatrix} \begin{bmatrix} x_1 \\ x_2 \end{bmatrix}$$

试绘制该系统的单位阶跃响应。

在 MATLAB 命令窗口中输入：

```
>> A=[-5 -6; 5.5 0];
>> B=[2 -3; 0 4];
>> C=[3 15];
>> D=0;
```

```
>> dimpulse(A,B,C,D)
>> title('离散二阶系统的单位阶跃响应曲线');
>> xlabel('时间');
>> ylabel('幅值');
```

运行结果如图 9-9 所示。

**【例 9-24】** 已知二阶系统$T(s)=\begin{bmatrix}\dfrac{(3s+1)(s+4)}{(s+2)(s+3)}\\ \dfrac{s}{(s+1)(s+2)}\end{bmatrix}$，绘制周期为 5s 的方波输出响应。

在 MATLAB 命令窗口中输入：

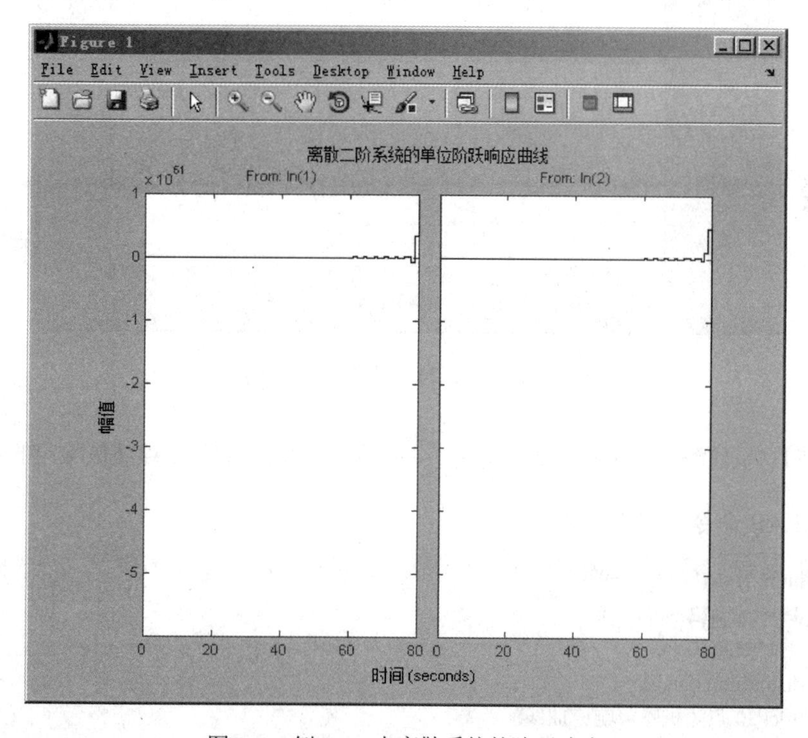


图 9-9　例 9-23 中离散系统的阶跃响应

```
>> [u,t]=gensig('square',5,20,0.2);
>> num1=conv([3 1], [1 4]);
>> den1=conv([1 2], [1 3]);
>> num2=[1 0];
>> den2=conv([1 1], [1 2]);
>> sys1=tf(num1, den1);
>> sys2=tf(num2, den2);
>> T=[sys1; sys2];
>> lsim(T, u, t)
>> title('周期为 5 秒的方波输出响应')
>> xlabel('时间');
>> ylabel('幅值');
```

运行结果如图 9-10 所示。

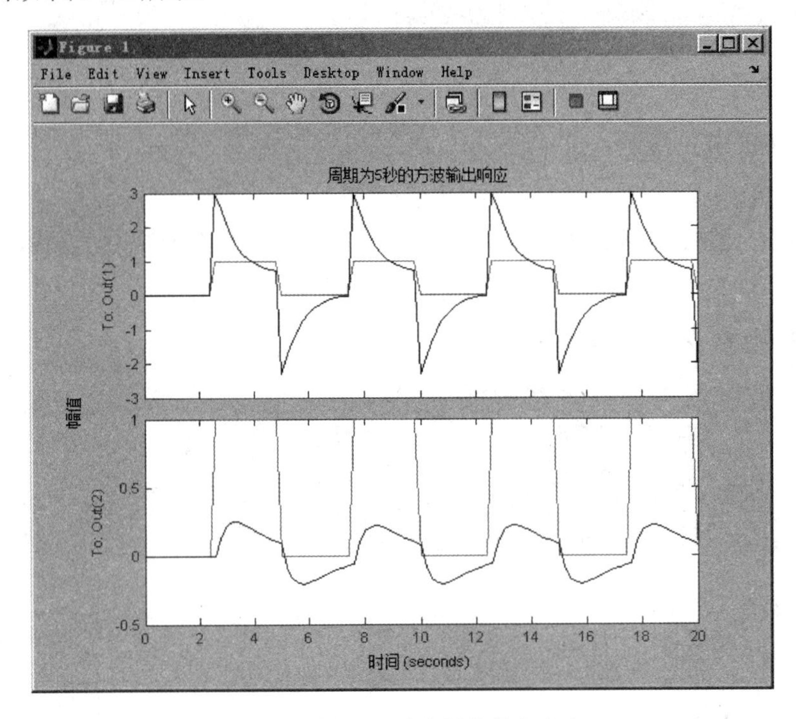


图 9-10 例 9-24 中方波的输出响应

**【例 9-25】** 某离散二阶系统$T(z)=\dfrac{(z+1)(z-9)}{(2z+3)(z+7)}$，绘制系统 30 点随机噪声的响应曲线。

在 MATLAB 命令窗口中输入：

```
>> num=conv([1 1], [1 -9]);
>> den=conv([2 3], [1 7]);
>> u=4*rand(30,1);
>> dlsim(num,den,u)
>> title('30 点随机噪声响应曲线')
>> xlabel('时间');
>> ylabel('幅值');
```

运行结果如图 9-11 所示。

**【例 9-26】** 已知某二阶离散系统

$$\begin{bmatrix} \dot{x}1 \\ \dot{x}2 \end{bmatrix}=\begin{bmatrix} -5 & -6 \\ 5.5 & 0 \end{bmatrix}\begin{bmatrix} x_1 \\ x_2 \end{bmatrix}+\begin{bmatrix} -3 \\ 4 \end{bmatrix}\begin{bmatrix} u_1 \\ u_2 \end{bmatrix}, \quad y=\begin{bmatrix} 3 & 15 \end{bmatrix}\begin{bmatrix} x_1 \\ x_2 \end{bmatrix}$$

当系统的初始状态为 $x_0$=[2;0]时,绘制该系统的零输入响应曲线。

在 MATLAB 命令窗口中输入：

```
>> A=[-5 -6; 5.5 0];
>> B=[-3;4];
>> C=[3 15];
```

```
>> D=1;
>> x0=[2;0];
>> dinitial(A, B, C, D, x0);
>> title('离散二阶系统的零输入响应曲线');
>> xlabel('时间');
>> ylabel('幅值');
```

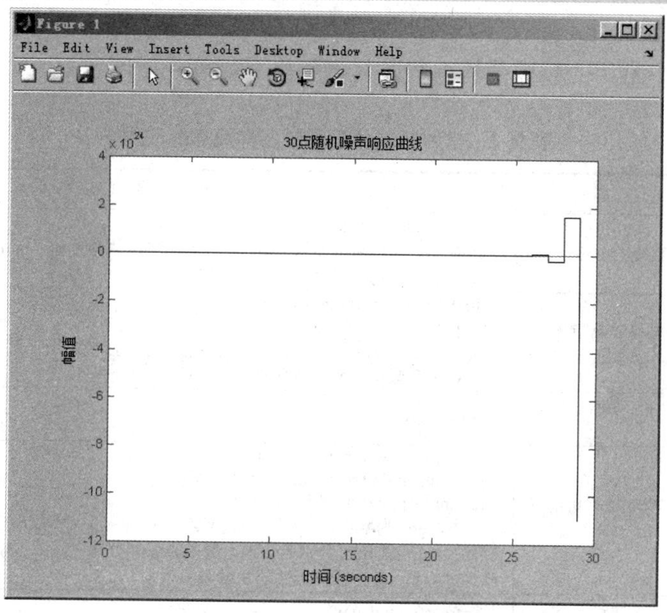


图 9-11　例 11-25 中随机噪声的响应曲线

运行结果如图 9-12 所示。

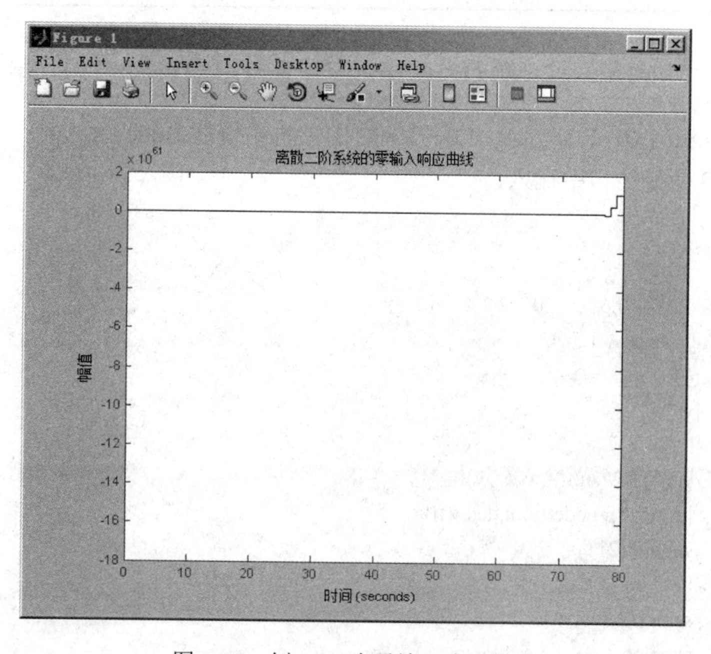


图 9-12　例 9-26 中零输入响应曲线

### 9.2.2 频域分析法

频域分析法是利用系统的频率特性来分析系统的方法。所谓频率特性是指系统频率响应与输入正弦信号的复数比，而频率响应是指在正弦信号的作用下系统稳定后输出的稳态分量。通常采用 Bode 图、Nichols 图和 Nyquist 曲线 3 种方法进行频域分析，MATLAB 提供了丰富的函数对测控系统进行频域分析，下面结合例子讨论应用 MATLAB 对测控系统进行频域响应分析。

在 MATLAB 中常用的频域分析函数及其调用格式如表 9-2 所示。

**表 9-2 常用频域分析函数名称及功能使用**

| 函数名称 | 功　能 | 调 用 格 式 |
| --- | --- | --- |
| bode() | 绘制系统的 Bode 图 | [m,p]=bode(num,den,w)，<br>其中，m 为频率特性的幅值；p 为频率特性的角度值；num 和 den 分别为传递函数的分子和分母多项式；w 为角频率 |
| nichols() | 绘制尼科尔斯频率响应曲线 | [m,p,w]=nichols(num,den,w)<br>[m,p,w]=nichols(A,B,C,D)<br>其中，前者适用于系统为传递函数的场合；后者适用于系统为状态空间模型的场合；w 为角频率；m 为频率特性的幅值；p 为频率特性的角度值 |
| ngrid() | 在尼科尔斯曲线上绘制网格 | ngrid('new') |
| margin() | 计算系统增益和相位裕度 | [gm,pm,wp,wg]=margin(num,den)<br>[gm,pm,wp,wg]=margin(A,B,C,D)<br>[gm,pm,wp,wg]=margin(m,p.w)<br>其中，gm 为增益；pm 为相位裕度；wp 和 wg 分别为增益和相位裕度所对应的频率；num 和 den 分别为传递函数的分子和分母多项式；w 为角频率；m 为频率特性的幅值；p 为频率特性的角度值 |
| freqs() | 频率响应函数 | F=freqs(num,den,w) |
| nyquist() | 绘制奈奎斯特图 | [s,x,w]=nyquist(num,den,w)<br>[s,x,w]=nyquist(A,B,C,D)<br>其中，前者适用于系统为传递函数的场合；后者适用于系统为状态空间模型的场合；w 为角频率；s 和 x 分别为频率函数的实部和虚部 |

**【例 9-27】** 已知典型二阶系统 $T(s)=\dfrac{\omega^2}{s^2+2\xi\omega s+\omega^2}$，当 $\omega$ 为 4 时，求阻尼比 $\xi$ 为 0、0.2、0.4、0.6、0.8、1.0、1.2、1.4、1.6、1.8 时的二阶系统的 Bode 图。

在 MATLAB 命令窗口中输入：

```
>> clear;
>> w=4;
>> zn=[0 0.2 0.4 0.6 0.8 1.0 1.2 1.4 1.6 1.8];
>> wn=logspace(-1,1,50);
>> figure(1)
>> num=[w*w];
>> for k=1:10
        den=[1 2*zn(k)*w w*w];
        [m,p,wk]=bode(num,den,wn);
        subplot(211);
        hold on
        semilogx(wk,m);
        subplot(212);
```

```
        hold on
        semilogx(wk,p);
        end
>> subplot(211);
>> title('Bode 图');
>> ylabel('增益');
>> subplot(212);
>> ylabel('相位');
```

运行结果如图 9-13 所示。

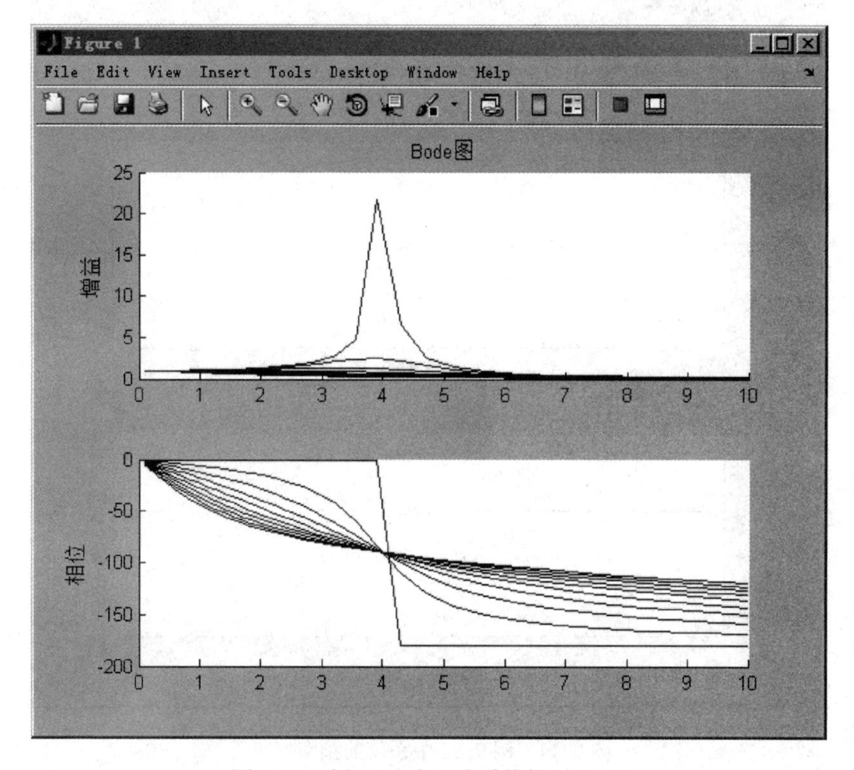


图 9-13　例 9-27 中二阶系统的 Bode 图

**【例 9-28】** 已知系统的传递函数模型$T(s)=\dfrac{s+2}{(s+5)^4}\mathrm{e}^{-0.2s}$，绘制该系统的频率响应。

在 MATLAB 命令窗口中输入：

```
>> clear all
>> num=[1 2];
>> den=conv([1 5],conv([1 5],conv([1 5],[1 5])));
>> wn=logspace(-2,2,50);t=0.2;
>> [m1,p1]=bode(num,den,wn);
>> p1=p1-t*wn'*180/pi;
>> [n2,d2]=pade(t,4);
>> num2=conv(n2,num);
>> den2=conv(den,d2);
```

```
>> [m2,p2]=bode(num2,den2,wn);
>> subplot(211);
>> semilogx(wn,20*log10(m1),wn,20*log10(m2),'b--');
>> ylabel('增益');title('Bode 图');
>> subplot(212);
>> semilogx(wn,p1,wn,p2,'b--');
>> ylabel('相位');
```

运行结果如图 9-14 所示。

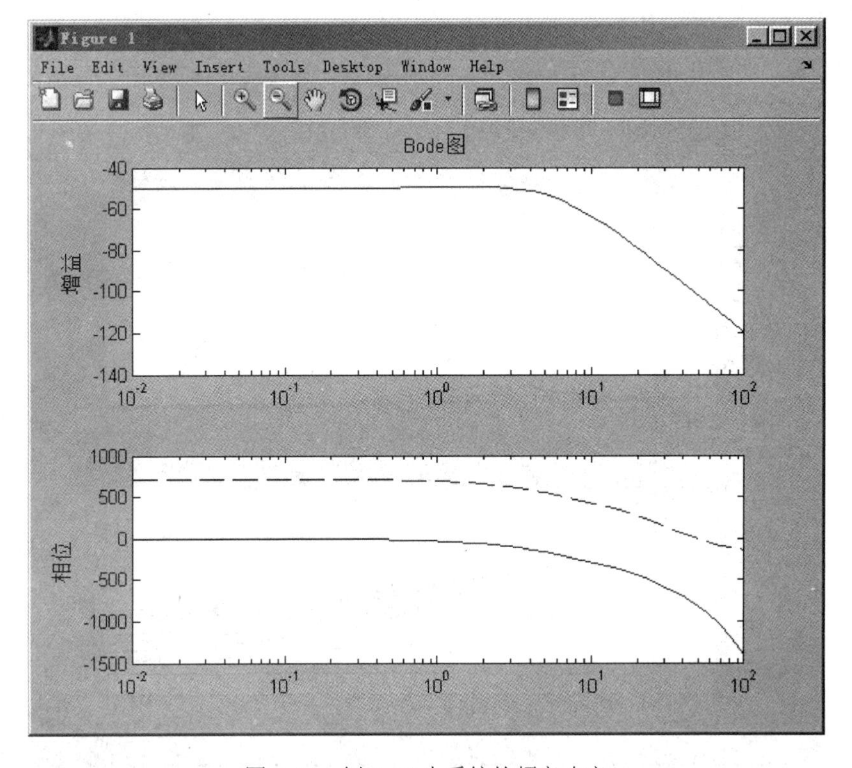


图 9-14　例 9-28 中系统的频率响应

**【例 9-29】** 已知某二阶离散系统的脉冲传递函数 $H(z)=\dfrac{0.6z+0.55}{(z-0.3)(z+0.7)}$，试绘制该系统当 $T_s$=0.05 时的 Bode 图。

在 MATLAB 命令窗口中输入：

```
>> clear
>> num=[0.6 0.55];
>> den=conv([1 -0.3],[1 0.7]);
>> dbode(num,den,0.05);
>> title('二阶离散系统的 Bode 图')
>> grid on
>> xlabel('频率');
```

运行结果如图 9-15 所示。

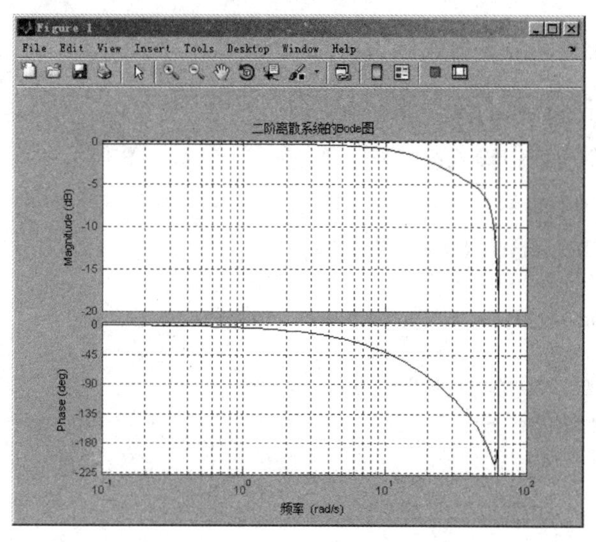


图 9-15　例 9-29 中二阶离散系统的 Bode 图

**【例 9-30】** 已知某五阶系统传递函数 $T(s)=\dfrac{(s+1)(s+7)(s+17)(s+27)(s+37)}{(s+2)(s+4)(s+6)(s+8)(s+10)}$，绘制该系统的尼科尔斯曲线。

在 MATLAB 命令窗口中输入：

```
>> num=conv([1 1],conv([1 7],conv([1 17],conv([1 27],[1 37]))));
>> den=conv([1 2],conv([1 4],conv([1 6],conv([1 8],[1 10]))));
>> nichols(num,den)
>> ngrid
>> title('尼科尔斯曲线');
>> xlabel('开环相位');
>> ylabel('开环增益');
```

运行结果如图 9-16 所示。

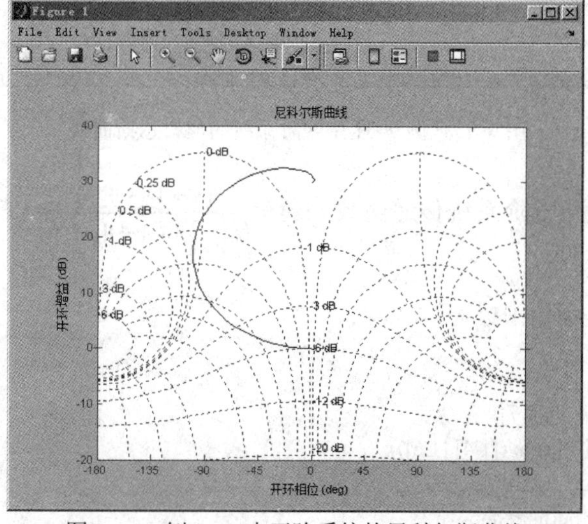


图 9-16　例 9-30 中五阶系统的尼科尔斯曲线

【例 9-31】 已知某四阶离散系统 $H(z)=\dfrac{(z+1)(z+7))}{(z+2)(z+4)(z+6)(z+8)}$，绘制该系统的尼科尔斯曲线，内部采样时间 $T_s$=0.05。

在 MATLAB 命令窗口中输入：

```
>> num=conv([1 1],[1 7]);
>> den=conv([1 2],conv([1 4],conv([1 6],[1 8])));
>> ts=0.05;
>> dnichols(num,den,ts)
>> ngrid
>> title('四阶离散系统的尼科尔斯曲线');
>> xlabel('开环相位');
>> ylabel('开环增益');
```

运行结果如图 9-17 所示。

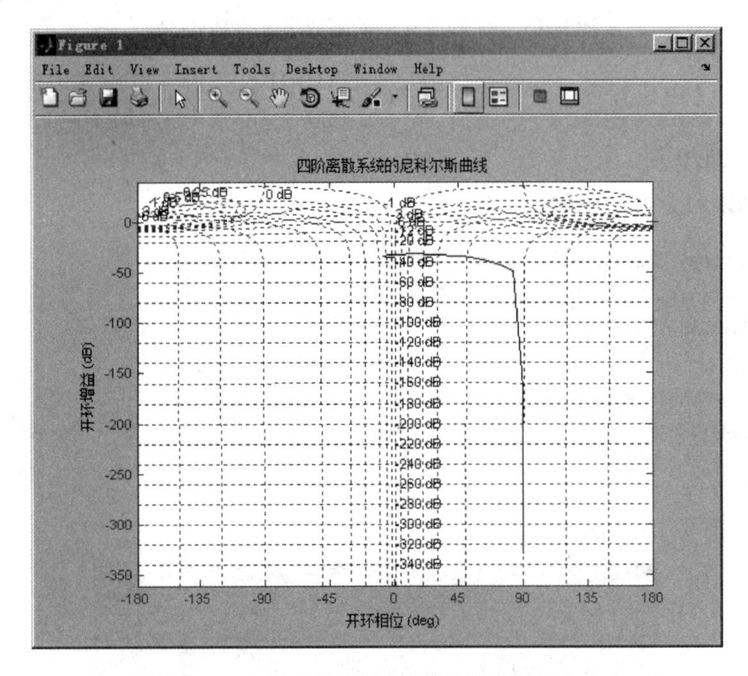


图 9-17 例 9-31 中四阶系统的尼科尔斯曲线

【例 9-32】 已知某三阶系统传递函数 $T(s)=\dfrac{(s+1)(s+7)}{(s+2)(s+4)(s+6)}$，试绘制该系统的增益和相位裕度曲线。

在 MATLAB 命令窗口中输入：

```
>> clear
>> num=conv([1 1],[1 7]);
>> den=conv([1 2],conv([1 4],[1 6]));
>> wn=logspace(-1,1,100);
>> [m,p,wk]=bode(num,den,wn);
```

```
>> subplot(211);
>> semilogx(wk,m);
>> title('采用 semilogx()函数绘制的增益和相位裕度曲线')
>> ylabel('增益');
>> subplot(212);
>> semilogx(wk,p);
>> ylabel('相位');
>> figure(2)
>> margin(m,p,wk);
>> title('采用 margin()函数绘制的增益和相位裕度曲线')
>> xlabel('频率');
```

运行结果如图 9-18 和图 9-19 所示。

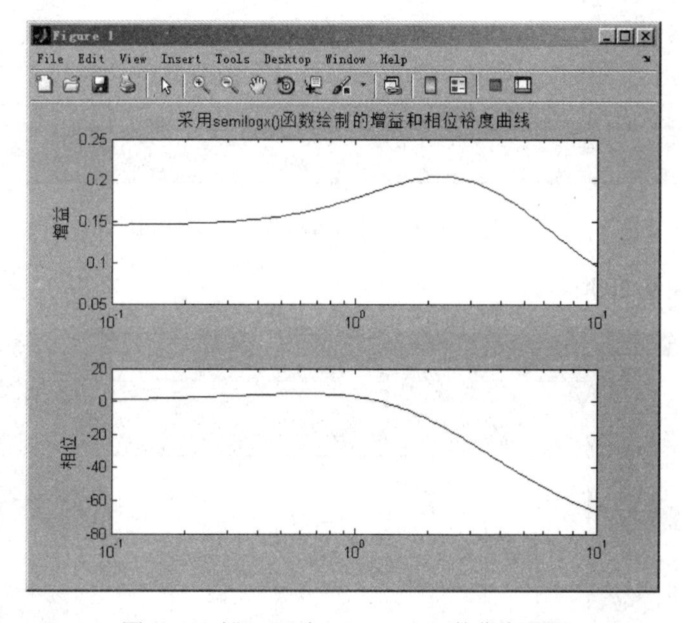


图 9-18　例 9-32 中 semilogx()函数曲线图形

**【例 9-33】** 已知闭环系统传递函数 $G(s)=\dfrac{10}{(s+4)(s+9)}$，绘制该系统的幅频特性曲线。

在 MATLAB 命令窗口中输入：

```
>> num=10;
>> den=conv([1 4],[1 9]);
>> w=logspace(-1,1,100);
>> f=freqs(num,den,w);
>> m=abs(f);
>> plot(w,m)
>> title('幅频特性曲线')
>> xlabel('频率');
>> ylabel('幅值');
>> grid on
```

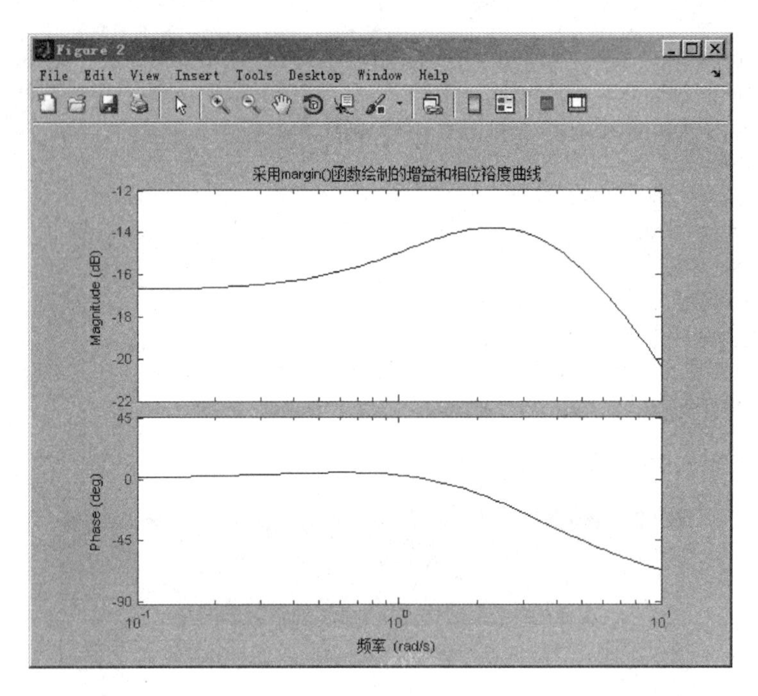


图 9-19　例 9-32 中 margin()函数曲线图形

运行结果如图 9-20 所示。

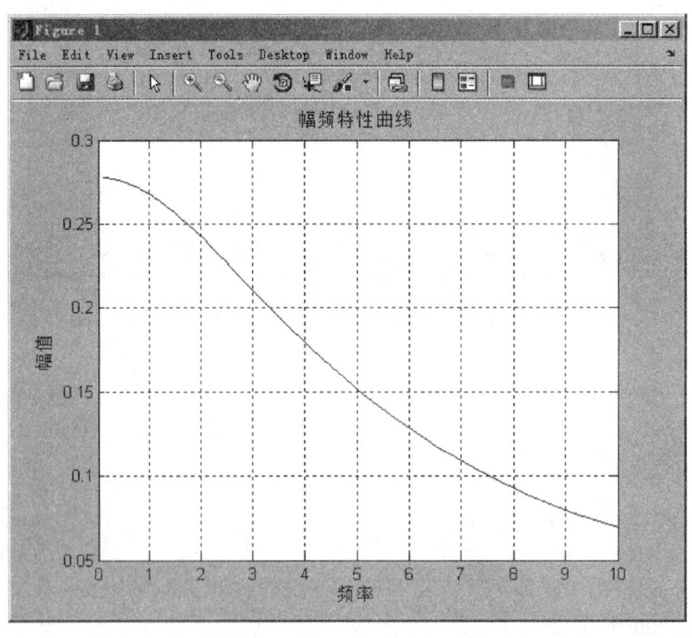


图 9-20　例 9-33 中系统的幅频特性曲线

**【例 9-34】** 已知某系统的传递函数 $G(s)=\dfrac{1500}{(s+5)(s+10)(s+15)}$，试绘制系统的奈奎斯特图。

在 MATLAB 命令窗口中输入：

```
>> num=1500;
>> den=conv([1 5],conv([1 10],[1 15]));
>> w=logspace(1,100,100);
>> nyquist(num,den,w);
>> title('奈奎斯特曲线')
>> xlabel('实数轴');
>> ylabel('虚数轴');
>> grid on
```

运行结果如图 9-21 所示。

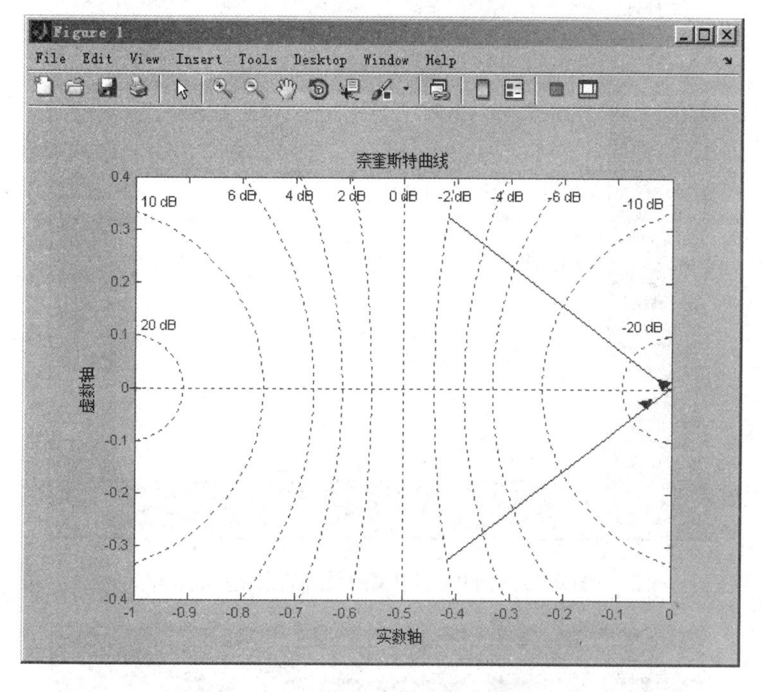


图 9-21　例 9-34 中系统的奈奎斯特图

**【例 9-35】** 已知离散系统 $H(z)=\dfrac{0.8}{(z-0.3)(z+0.7)}$，绘制出系统的奈奎斯特曲线及闭环系统的单位阶跃响应曲线。

在 MATLAB 命令窗口中输入：

```
>> num=0.8;
>> den=conv([1 -0.3],[1 0.7]);
>> [z,p,k]=tf2zp(num,den);
>> figure (1)
>> dnyquist(num,den,0.4)
>> title('离散系统的奈奎斯特曲线');
>> xlabel('实数轴');
>> ylabel('虚数轴');
>> grid on
```

```
>> figure(2);
>> [numc,denc]=cloop(num,den);
>> dstep(numc,denc);
>> title('离散系统的阶跃响应曲线');
>> xlabel('时间');
>> ylabel('振幅');
```

运行结果如图 9-22 和图 9-23 所示。

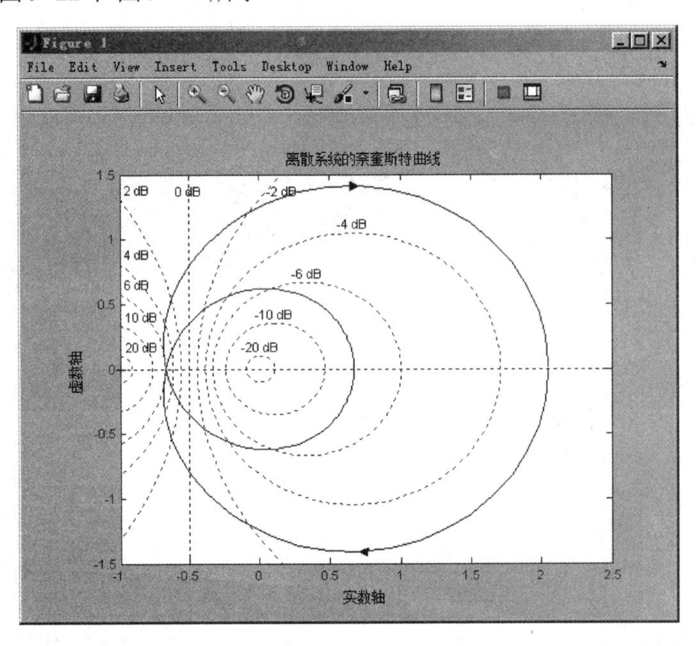


图 9-22　例 9-35 中离散系统的奈奎斯特图

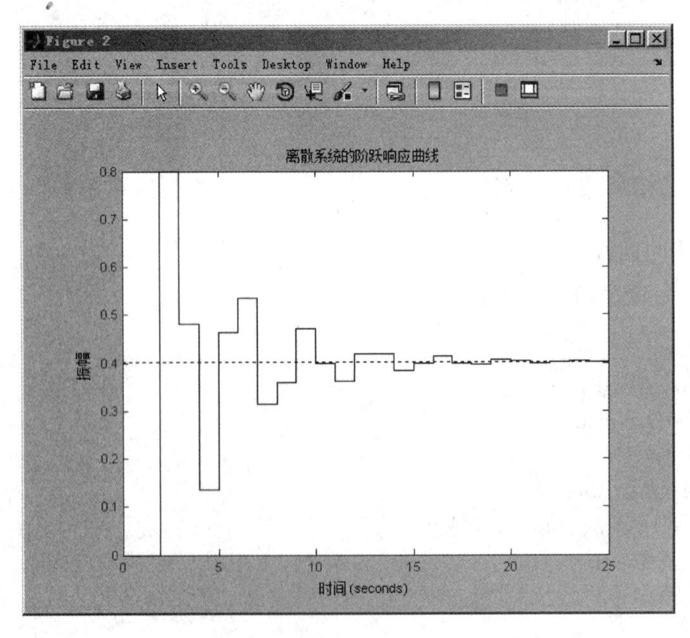


图 9-23　例 9-35 中闭环系统的单位阶跃响应曲线

## 9.3 典型测控系统的建模与仿真

【例 9-36】 已知电动机电感 $L$=10mH，电动机电阻 $R$=4Ω，反电动势 $E$=0.15V，电动机转矩常数 $T$=16N·m，电动机惯性 $J=0.02\text{kg}\cdot\text{m}^2$，电动机摩擦系数 $f$=0.02N·m，写出该电动机的状态空间模型。

在 MATLAB 命令窗口中输入：

```
function plant=mss(J1)
if nargin<1
    J1=0;
end
L=10e-3;R=4;E=0.15;
T=16;J=0.02+J1;f=0.02;
A=[0 1 0;0,-f/J,T/J;0,-E/L,-R/L];
B=[0;0;1/L];
C=[1,0,0];
D=0;
plant=ss(A,B,C,D);
% 将已编译的函数以 mss.m 存储，然后在命令窗口中直接输入：mss，
```

运行结果如下：

```
>> mss
 a =
            x1     x2     x3
   x1        0      1      0
   x2        0     -1    800
   x3        0    -15   -400
b =
          u1
   x1      0
   x2      0
   x3    100
c =
        x1   x2   x3
   y1    1    0    0
d =
        u1
   y1    0

Continuous-time model.
```

【例 9-37】 已知闭环传递函数 $G(s)=\dfrac{35}{(s^2+10s+50)(s+0.7)}$，分析其主极点，并计算由主极点构成的系统与原系统的单位阶跃响应。

在 MATLAB 命令窗口中输入：

```
>> clear
>> num1=35;den1=conv([1 10 50],[1 0.7]);
>> [z,p,k]=tf2zp(num1,den1);
>> p
```

% 系统有 3 个极点，$p_{(1)(2)}=-5\pm 5\mathrm{i}$，$p_{(3)}=-0.7$，显然 $p_{(1)(2)}=-5\pm 5\mathrm{i}$ 为主极点，由主极点构

% 成的系统传递函数为 $G_z(s)=\dfrac{50}{s^2+10s+50}$。

```
p =
   -5.0000 + 5.0000i
   -5.0000 - 5.0000i
   -0.7000

>> sys1=tf(num1,den1);
>> t=linspace(0,10,100);
>> y1=step(sys1,t);
>> num2=50;
>> den2=[1 10.50];
>> sys2=tf(num2,den2);
>> y2= step(sys2,t);
>> plot(t,y1,'b't,y2,'r--');
>> title('单位阶跃响应曲线');
>> h=legend('原传递函数','主极点传递函数');
>> set(h,'Interpreter','none');
>> grid on
```

运行结果如图 9-24 所示。

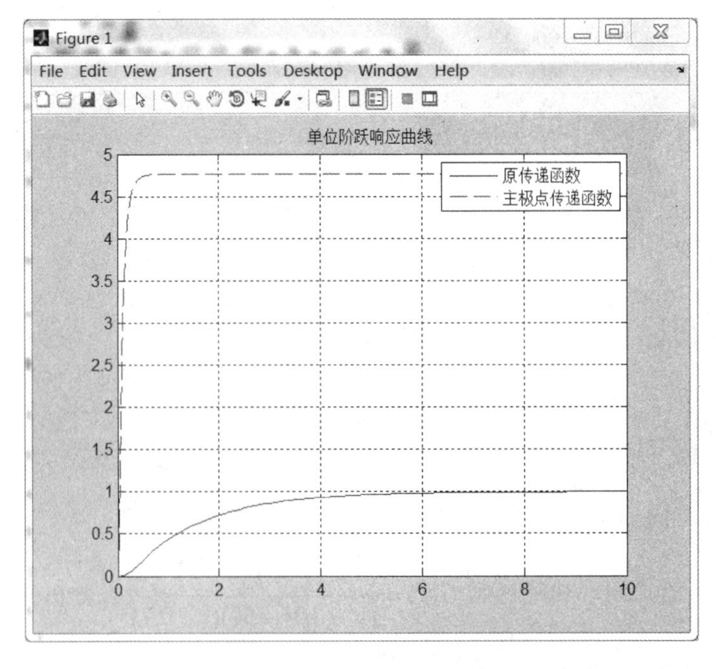


图 9-24　例 9-37 的曲线图形

【例 9-38】 研究二阶系统 $G(s)=\dfrac{(s-zp)}{zp(s^2+0.8s+1)}$ 极点附近的零点给系统带来的影响。

在 MATLAB 命令窗口中输入：

```
>> clear
>> t=0:0.5:40;
>> zp=[-8,-1,1,8];
>> den=[1 0.8 1];
>> f=zeros(length(t),length(zp));
>> for k=1:length(zp)
f(:,k)=step(-1/zp(k)*tf([1 -zp(k)],den),t);
end
>> hold on
>> plot(t,f(:,1),'d')
>> plot(t,f(:,2),'--')
>> plot(t,f(:,3),'+')
>> plot(t,f(:,4),'*')
>> legend('zero at zp(1)',' zero at zp(2)',' zero at zp(3)',' zero at zp(4)')
```

运行结果如图 9-25 所示。

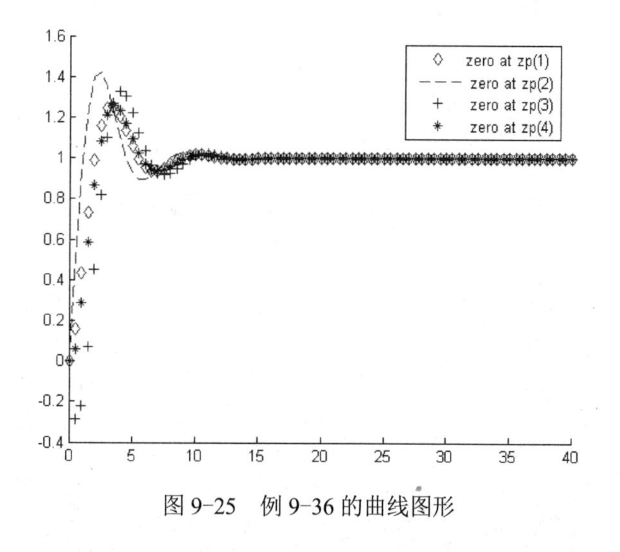


图 9-25 例 9-36 的曲线图形

## 9.4 习题

1．已知系统 $G(s)=\dfrac{(3s+5)}{(s+1)(s+7)(s+12)}$，求该系统的零点、极点和增益。

2．已知开环传递函数 $G(s)=\dfrac{5}{(s+2)(s+4)}$，绘制该系统的单位阶跃响应曲线。

3．绘制系统 $G(s)=\dfrac{3}{1+0.1s}$ 的 Bode 图和 Nichols 图，并求出幅值和相位裕度。

## 9.5 上机实验

**1. 实验目的**

1）熟悉 MATLAB 的测控系统函数。

2）掌握使用根轨迹法分析测控系统。

**2. 实验原理**

所谓根轨迹法就是在无须求解高阶系统的特征根的前提下，直接通过开环传递函数寻求闭环特征根的轨迹规律。

MATLAB 绘制根轨迹的函数及调用格式如下：

rlocus(num,den,k)

其中，num 和 den 分别为开环系统的分子、分母多项式系数向量；k 为开环增益，增益 k 的范围可以指定也可以采用默认值。

**3. 实验内容**

已知开环传递函数如下：

$$G(s)=\frac{k(s+1)(s+2)}{(s+3)(s+4)(s+5)(s+6)}$$

要求绘制出系统的闭环根轨迹，并绘制 $k$=20 和 $k$=40 时的系统闭环冲激响应曲线。

# 第 10 章　过程控制系统的设计与仿真

**本章要点**

- 过程控制系统设计的步骤
- 数字 PID 控制器及其 MATLAB 实现
- 液位前馈—反馈控制系统的设计与仿真实例
- 锅炉内胆水温定值控制系统的设计与仿真实例

20 世纪 40 年代开始形成的控制理论，与信息理论、系统理论一起构成了“信息社会的基础理论体系”。以传递函数为基础，在频率域对单输入—单输出系统进行分析与设计的理论，被称为经典控制理论，其最辉煌的成果要首推比例—积分—微分控制（PID）。PID 控制的原理简单，易于实现，对无时间延迟的单回路控制系统极为有效，目前在工业过程控制中仍有 80%～90%的系统还在使用 PID 控制。

本章首先讲解过程控制系统的概念、组成以及过程控制系统设计的一般步骤，然后介绍数字 PID 控制算法的形式与特点，并讲解位置 PID 控制算法、连续系统的数字 PID 控制算法、离散系统的数字 PID 控制算法、增量式 PID 控制算法、步进式 PID 控制算法，以及这些算法的 MATLAB 实现，最后以液位前馈—反馈控制系统和锅炉内胆水温定值控制系统为例，具体讲解过程控制系统的设计及仿真方法。

## 10.1　过程控制系统概述

所谓过程控制，是生产过程自动化的简称，泛指石油、化工、电力、冶金、轻工、建材、核能等工业生产中连续的，或按一定周期程序进行的生产过程的自动控制。过程控制通常要对生产过程中的温度、压力、流量、液位、成分、浓度等工艺参数进行控制，使之保持为定值，或按预定的规律变化。通过对过程中的参数控制，可保证生产过程稳定，增加生产过程中产品的产量，提高产品质量，节约原料，降低成本，减轻工作强度，改善工作条件。

过程控制的基本工作过程是，先通过检测仪表测量生产过程工艺参数，并将其变换成电信号，然后经过采样保持器根据需要采入信号，再经放大器、模数转换器变换为对应的数字信号，送入计算机存储作为原始数据，计算机根据事先建立好的数学模型和算法处理这些原始数据，最后将计算结果输送至控制仪表或者执行机构，从而控制生产过程。

### 10.1.1　过程控制系统的组成

过程控制系统的分类方法有很多种，按照控制信号的类型，可以分为连续型、离散型和混合型 3 类；按照系统的结构复杂度和控制策略形式，可分为简单控制系统、复杂控制系统和智能控制系统 3 类；按照给定值不同，分为定值控制系统、随动控制系统和程序控制系统 3 类。下面以闭环控制系统为例，讲解过程控制系统的组成。为了清楚地描述过程控制系统各个环节的组成及其联系，通常采用方框图表示，如图 10-1 所示。

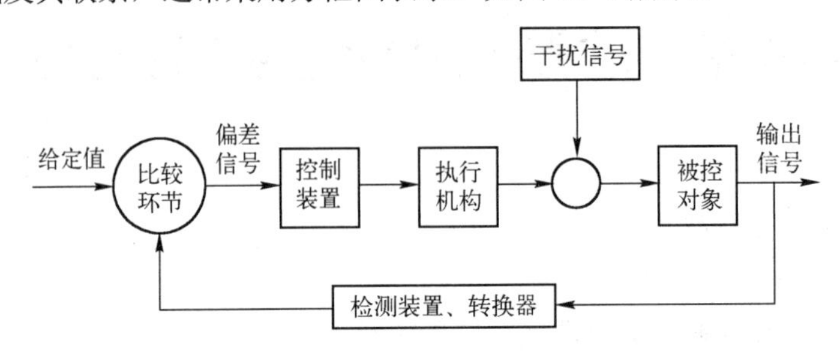


图 10-1　闭环控制系统方框图

由图 10-1 可知，闭环过程控制系统由给定值、比较环节、偏差信号、控制装置、执行机构、干扰信号、被控对象、检测装置、转换器和输出信号等组成。

### 10.1.2　典型过程控制系统的数学模型

由于过程控制系统结构种类比较多，篇幅所限，本章不再具体讲解每一种结构控制系统的设计过程，而是以单回路控制系统为例，讲解过程控制系统的一般步骤和设计思想。

先给出单回路控制系统中输入/输出的传递函数如下：

$$C(s)=\frac{G_q(s)G_f(s)G_d(s)}{1+G_q(s)G_f(s)G_d(s)H(s)}R(s)+\frac{G_F(s)}{1+G_q(s)G_f(s)G_d(s)H(s)}F(s) \tag{10-1}$$

式中，$G_q(s)$为控制装置的传递函数；$G_f(s)$为执行机构的传递函数；$G_d(s)$为被控对象的传递函数；$G_F(s)$为干扰信号的传递函数；$H(s)$为检测转换装置的传递函数；$R(s)$为给定值的拉氏变换；$F(s)$为干扰信号的拉氏变换。

由一个被控对象、一个检测转换装置、一个执行机构和一个控制装置构成的单回路控制系统的设计过程主要包括：被控变量和操纵变量的确定、被控变量的检测转换、执行机构的选择、控制装置的确定以及控制装置参数的整定和控制系统的投运，下面将逐一讲解。

**1．被控变量的确定**

被控变量可以是直接测量得到的，也可以是通过间接计算获得。如果被控变量是仪表可以直接显示的温度、压力、流量或液位等参量时，可以采用直接测量获得被控变量；如果需要间接测量，则需要选择易测量的量，通过软件计算得到被控变量。在采用间接计算作为被控量时，需要遵循以下原则。

1）间接计算指标与质量指标的数值需要是一对一的线性关系。

2）需要考虑控制过程的合理性。

3）需要考虑被控变量的变化所对应仪表显示的灵敏度。

**2．操纵变量的确定**

确定操纵变量主要是为了克服干扰对被控变量产生的影响，其原则如下。

1）通常情况下，不选择生产负荷作为操纵变量。

2）在静态特性方面，尽量使干扰通道的放大系数小于控制通道的放大系数。

3）在动态特性方面，控制通道的时间常数应适当小些，纯滞后时间尽量小；干扰通道的时间常数尽可能大，使干扰所作用的位置尽量接近于控制阀。

**3．检测装置和转换器的选择**

检测装置又称为传感器，是将被控变量转换成与输出量相对应的电信号；转换器又称为变送器，是将检测装置输出的电信号进行放大并转换成统一标准的电信号或气信号，其选择的基本要求如下。

1）在适当的精度等级和合适的量程情况下，要求测量值能够准确反映被控变量的数值，而且误差应在规定范围内。

2）保证整个控制系统能在工作环境下长期运行，而且确保测量值的安全可靠。

3）需要有快速的动态响应，即测量值能够迅速反映被控变量的变化。

**4．执行机构的选择**

执行机构又称为控制阀，是根据控制装置的输出指令，直接控制介质输送量的元件，其选择的原则如下。

1）执行机构的结构形式主要有薄膜式、活塞式、长行程式 3 种类型。另外，直通阀、角阀、三通阀、球形阀、隔膜阀、高压阀、套管阀等调节机构，可根据生产现场的要求选择。

2）根据介质流通能力选择阀的口径，最小—最大流量的阀门开度在 15%～85%。

3）根据输入气压信号的高低选择控制阀的作用方式。

4）从直线型、对数型、开关型 3 种流量特性中选择一种，从而使控制系统的广义对象是线性的。

5）从启动阀门定位器和电—气阀门定位器中选择一种定位器与控制阀相配套。

**5．控制装置的确定**

确定控制装置的控制规律的原则如下。

1）根据控制规律的特点选择比例（P）控制器、比例积分（PI）控制器、比例微分（PD）控制器或者比例积分微分（PID）控制器。

2）根据被控变量来选择液位控制系统、流量控制系统、温度控制系统或者压力控制系统。

**6．控制装置参数的整定**

控制装置确定后，接下来就是控制装置中各参数的整定。理论上，通常采用微分方程、频域分析法或根轨迹法对系统的数学模型进行分析；工程上，通常采用经验整定法、临界比例度法、衰减曲线法、反应曲线法或自整定法对系统直接进行整定。

**7．控制系统的投运**

所谓控制系统的投运即是系统投入使用的过程，其步骤如下。

1）投运前首先需要了解主要的工艺流程、设备的功能及控制要求等整个工艺生产过程；然后要了解控制指标和整个控制系统的控制方案；要熟悉所使用的测量元件和仪表、控制仪表、显示仪表以及各种控制装置的安装、使用及其校验方法；要检查线路的安全可靠性，检查导管是否畅通，检查控制阀杆是否灵活，检查控制器的正反作用等；最后进行现场校验。

2）投运过程中观察测量值，并按顺序开启相关的阀门。

3）投运后要尽量使控制阀的开度在切换过程中保持不变。

## 10.2 数字 PID 控制器及其 MATLAB 实现

在过程控制系统中，控制器是系统的核心。一个恰当的控制器是保证工业生产正常稳定运行的前提。根据控制器的输出信号与偏差信号之间的变化规律，选择比例控制、比例积分控制、比例微分控制或者比例积分微分控制。随着计算机技术的不断地发展，数字 PID 控制（即比例积分微分控制）逐渐普遍化，而计算机控制系统对被控变量的处理在时间上是离散断续进行的，即每一个控制回路采取的是采样控制，因此，数字 PID 控制是根据模拟控制器的理想 PID 算法加以离散化而获得的。本节先介绍 PID 控制算法的形式和特点，然后结合例子讲解几种不同形式的数字 PID 算法及其 MATLAB 实现。

### 10.2.1 数字 PID 控制算法

典型的数字 PID 控制器的结构如图 10-2 所示。

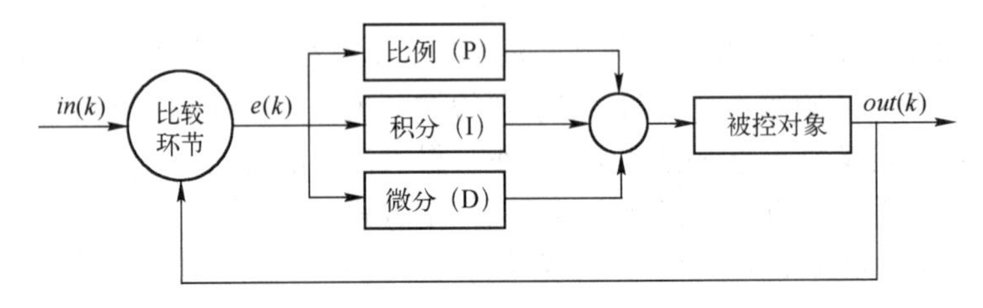


图 10-2 典型的数字 PID 控制器的结构

图中，$in(k)$ 为给定的输入值，$out(k)$ 为被控对象的输出值，$e(k)$ 为控制的偏差值（即 $e(k)=in(k)-out(k)$），根据 PID 控制器的线性关系可以写出其数学表达式为

$$\Delta u = K_{\mathrm{P}}\left(\mathrm{e}+\frac{1}{T_{\mathrm{I}}}\int_{0}^{t} e\mathrm{d}t + T_{\mathrm{D}}\frac{\mathrm{de}}{\mathrm{d}t}\right) \tag{10-2}$$

变换后的传递函数为

$$U(s)=K_{\mathrm{P}}\left(1+\frac{1}{T_{\mathrm{I}}s}+T_{\mathrm{D}}s\right)E(s) \tag{10-3}$$

式中，$K_{\mathrm{P}}$ 为比例增益；$T_{\mathrm{I}}$ 为积分时间常数；$T_{\mathrm{D}}$ 为微分时间常数。

根据 PID 控制器的传递函数可知，输出量与输入量之间的关系变化主要取决于比例增益、积分时间常数和微分时间常数。

当积分环节为零时，控制器为 PD 控制器；当微分环节为零时，控制器为 PI 控制器。其中，比例增益是按比例反映控制系统的偏差，比例增益越大，比例环节作用越强。当比例增益太大时，系统可能发生等幅振荡现象，甚至出现发散振荡；反之，系统过于稳定容易增大余差。积分环节的主要作用就是用来消除系统静差，其作用的强弱取决于积分时间常数的大小，积分时间常数越大，积分作用越弱，反之则越强。微分环节的主要作用就是改变偏差的变化速度、克服干扰信号、抑制偏差的增长；微分时间常数太大，容易引起被控变量大幅度振荡；反之，会使微分环节变得太弱，从而不起作用。

### 10.2.2 位置 PID 控制算法

位置 PID 控制器输入/输出的数学表达式为

$$u(k)=K_{\mathrm{P}}e(k)+K_{\mathrm{I}}\sum_{i=0}^{k}e(i)+K_{\mathrm{D}}\left[e(k)-e(k-1)\right] \tag{10-4}$$

式中，$K_{\mathrm{P}}$ 为比例系数；$K_{\mathrm{I}}=\dfrac{K_{\mathrm{P}}}{T_{\mathrm{I}}}\Delta t$ 为积分系数；$K_{\mathrm{D}}=\dfrac{K_{\mathrm{P}}T_{\mathrm{D}}}{\Delta t}$ 为微分系数；$\Delta t$ 为采样间隔时间。

位置 PID 控制算法的程序设计框图如图 10-3 所示。

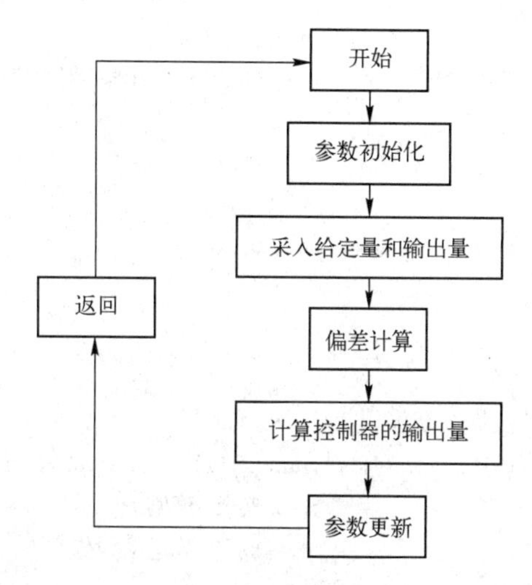


图 10-3　位置 PID 控制算法的程序设计框图

**【例 10-1】** 假设被控对象为 $G(s)=\dfrac{100}{s^3+40s^2+60s}$，利用位置 PID 控制算法编写程序并进行仿真。

使用 M 文件编写的 MATLAB 程序如下：

```
% 位置 PID 控制算法仿真程序
% 设置采样时间
ty=0.002;
% 采用 tf()函数建立模型对象并离散化
sys=tf(100,[1,40,60,0]);
dsys=c2d(sys,ty,'z');
[num,den]=tfdata(dsys,'v');
% 初始值设置
u1=0.0;u2=0.0;u3=0.0;y1=0.0;y2=0.0;y3=0.0;
x=[0,0,0]';
e1=0;
for k=1:1:3000
t(k)=k*ty;
% 设置信号选择变量 sg
```

```
sg=3;
if sg==1
    kp=0.8;ki=0.03;kd=0.04;                % 设置比例系数 kp、积分系数 ki、微分系数 kd
    in(k)=1;                               % 设置阶跃信号给定
elseif sg==2
    kp=0.008;ki=0.3;kd=0.04;               % 设置比例系数 kp、积分系数 ki、微分系数 kd
    in(k)=0.4*sign(sin(2*pi*k*ty));        % 设置方波跟踪信号给定
elseif sg==3
    kp=3.8;ki=0.8;kd=0.06;                 % 设置比例系数 kp、积分系数 ki、微分系数 kd
    in(k)=0.6*sin(2*pi*k*ty);              % 设置正弦波信号给定
end
u(k)=kp*x(1)+kd*x(2)+ki*x(3);              % PID 控制器的数学表达式
% 限幅设置
if u(k)>=5
   u(k)=5;
end
if u(k)<=-5
   u(k)=-5;
end
% 加入 PID 参数后的线性系统模型
out(k)=-den(2)*y1-den(3)*y2-den(4)*y3+num(2)*u1+num(3)*u2+num(4)*u3;
e(k)=in(k)-out(k);                         % 计算偏差
u3=u2;u2=u1;u1=u(k);                       % 参数返回设置
y3=y2;y2=y1;y1=out(k);
x(1)=e(k);                                 % 计算比例环节被控量
x(2)=(e(k)-e1)/ty;                         % 计算微分环节被控量
x(3)=x(3)+e(k)*ty;                         % 计算积分环节被控量
e1=e(k);                                   % 偏差返回设置
end
if sg==1;
figure(1);
plot(t,in,'r',t,out,'b');
xlabel('时间'),ylabel('给定值，输出值');
    title('给定为阶跃信号的曲线')
end
if sg==2;
figure(2);
plot(t,in,'r',t,out,'b');
xlabel('时间'),ylabel('给定值，输出值');
    title('给定为方波跟踪信号的曲线')
end
if sg==3;
figure(3);
```

```
        plot(t,in,'r',t,out,'b');
        xlabel('时间'),ylabel('给定值，输出值');
            title('给定为正弦波信号的曲线')
        end
```

运行结果如图 10-4 所示。

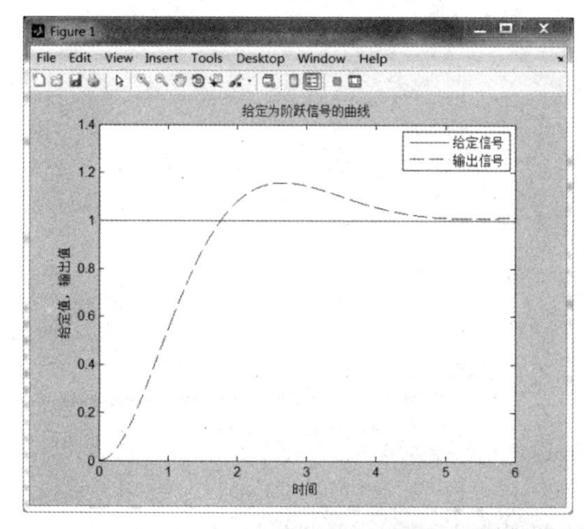


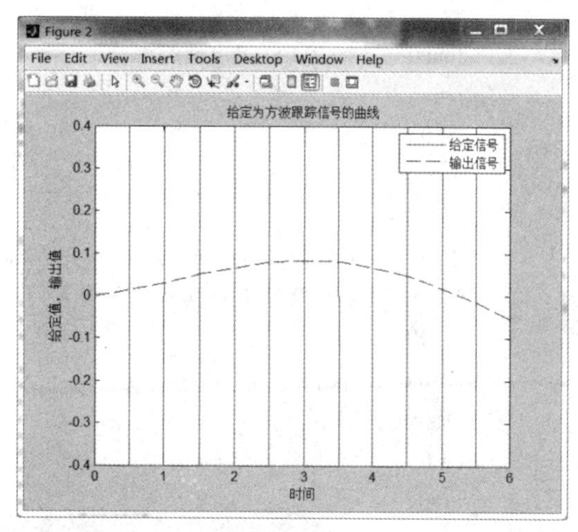


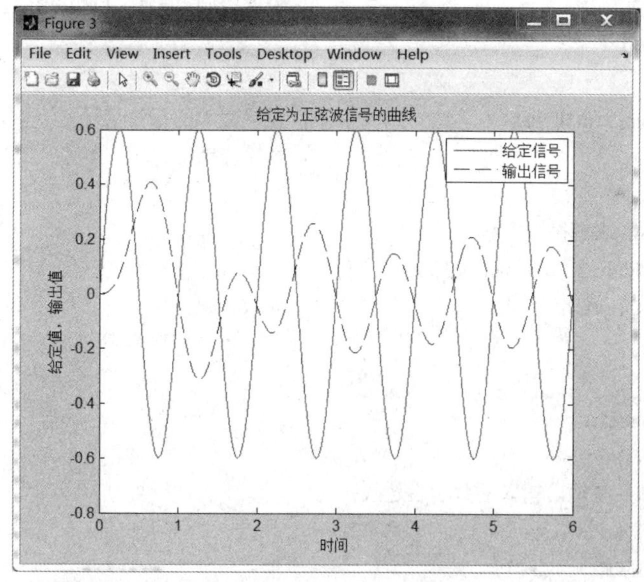


图 10-4　例 10-1 生成的曲线图

### 10.2.3　连续系统的数字 PID 控制

连续系统的数字 PID 控制器输出输入的数学表达式同 10.2.2 节的位置 PID 的数学表达式一致，见式（10-4）。

程序仿真需要建立一个连续系统的子函数，然后利用 ode45()等 MATLAB 函数求解连续对象的微分方程，设置一定的采样时间，通过比例、微分、积分的数值给定对被控对象实行线性控制。

**【例 10-2】** 假设连续系统的被控对象为$G(s)=\dfrac{1}{0.055s^2+0.05s}$，利用数字 PID 算法编写程序并进行仿真。

使用 M 文件编写的 MATLAB 程序如下：

```
% 定义连续对象的子函数程序，并以 ch12_2.m 文件名存储
function dy = PM(t,y,flag,pr)
u=pr;
A=0.055;B=0.05;
dy=zeros(2,1);
dy(1) = y(2);
dy(2) = -(B/A)*y(2) + (1/A)*u;
% 连续系统的数字 PID 仿真的主程序
% 初始值设置
ty=0.002;                                  % 设置采样时间
xk=zeros(2,1);
ei=0;                                      % 设置初始偏差
ui=0;
kp=10;kd=0.2;                              % 设置比例系数 kp 和微分系数 kd 的数值
for k=1:1:4000
t(k) = k*ty;
in(k)=0.75*sin(1*pi*k*ty);                 % 设置输入的正弦信号
pr=ui;                                     % 数模转换
tSpan=[0 ty];
% 利用 ode45 求解微分方程
[tt,xx]=ode45('ch12_2s',tSpan,xk,[],pr);
xk = xx(length(xx),:);                     % 模数转换
out(k)=xk(1);

e(k)=in(k)-out(k);
de(k)=(e(k)-ei)/ty;
% 定义控制系统输出输入的数学表达式
u(k)=kp*e(k)+kd*de(k);
% 设置输出限幅
if u(k)>5.0
    u(k)=5.0;
end
if u(k)<-5.0
    u(k)=-5.0;
end
ui=u(k);
ei=e(k);
```

```
end
% 绘制给定值、输出与时间的曲线
figure(1);
plot(t,in,'b',t,out,'r');
xlabel('时间'),ylabel('给定值，输出值');
title('给定值与输出值的曲线')
legend('给定值', '输出值')
% 绘制偏差曲线
figure(2);
plot(t,in-out,'r');
xlabel('时间'),ylabel('偏差');
title('偏差曲线')
```

运行结果如图 10-5 所示。

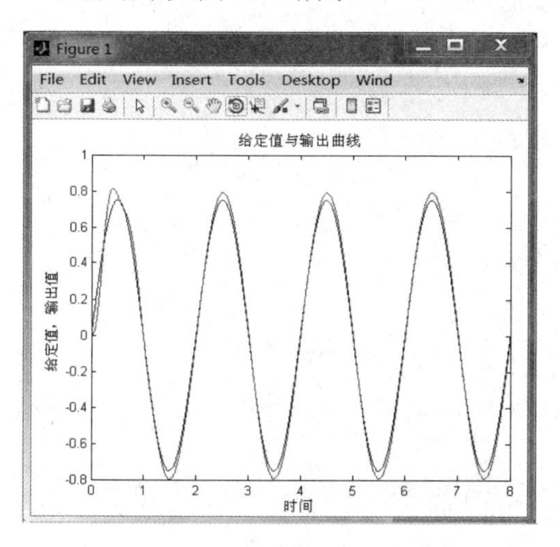


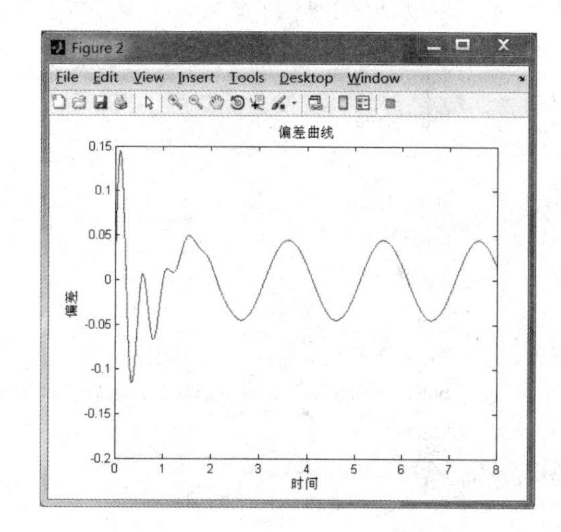


图 10-5　例 10-2 生成的曲线图

### 10.2.4　离散系统的数字 PID 控制

离散系统的数字 PID 控制器输出/输入的数学表达式同第 10.2.2 节的位置 PID 的数学表达式一致，见式（10-4）。

程序仿真之前需要先将连续对象的 $s$ 变量函数离散为 $z$ 变量函数，然后通过 PID 对被控对象进行控制。

**【例 10-3】** 假设离散系统的被控对象为$G(s)=\dfrac{200}{s^3+100s^2+40s}$，利用数字 PID 算法编写程序并进行仿真。

使用 M 文件编写的 MATLAB 程序如下：

```
% 定义连续对象的子函数程序，并以 ch12_2.m 文件名存储
% 设置采样时间
```

```
ty=0.002;
% 采用 tf()函数建立模型对象并离散化
sys=tf(200,[1,100,40,0]);
dsys=c2d(sys,ty,'z');
[num,den]=tfdata(dsys,'v');
u1=0.0;u2=0.0;u3=0.0;                          % 初始值设置
r1=rand;
y1=0;y2=0;y3=0;
x=[0,0,0]';
e1=0;
for k=1:1:5000
t(k)=k*ty;
kp=2.6;ki=0.04;kd=0.5;                         % 设置比例系数 kp、积分系数 ki、微分系数 kd
in(k)=0.75*sin(1*pi*k*ty);                     % 设置给定值
u(k)=kp*x(1)+kd*x(2)+ki*x(3);                  % PID 控制器的数学表达式
% 限幅设置
if u(k)>=5
    u(k)=5;
end
if u(k)<=-5
    u(k)=-5;
end
% 加入 PID 参数后的线性系统模型
out(k)=-den(2)*y1-den(3)*y2-den(4)*y3+num(2)*u1+num(3)*u2+num(4)*u3;

e(k)=in(k)-out(k);                             % 计算偏差
% 参数返回设置
r1=in(k);
u3=u2;u2=u1;u1=u(k);
y3=y2;y2=y1;y1=out(k);
x(1)=e(k);                                     % 计算比例环节被控量
x(2)=(e(k)-e1)/ty;                             % 计算微分环节被控量
x(3)=x(3)+e(k)*ty;                             % 计算积分环节被控量
xi(k)=x(3);
e1=e(k);                                       % 偏差返回设置
end
plot(t,in,'b',t,out,'r');
xlabel('时间');ylabel('给定值,输出值');
title('正弦波信号给定的曲线')
legend('给定值', '输出值')
```

运行结果如图 10-6 所示。

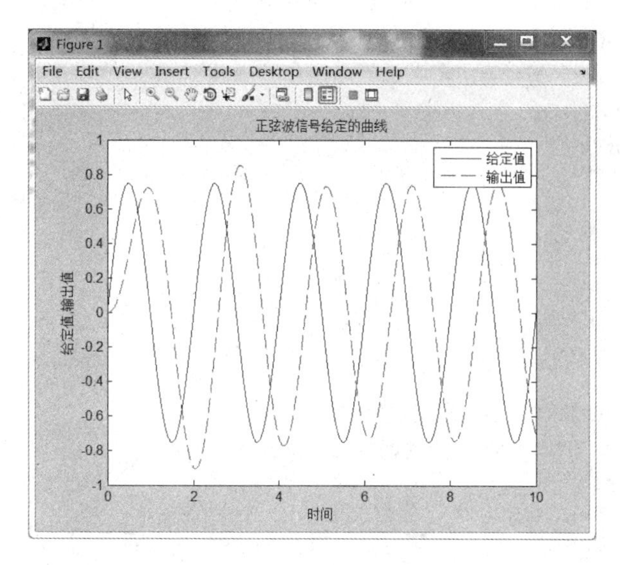

图 10-6　例 10-3 生成的曲线图

### 10.2.5　增量式 PID 控制

当控制器的执行机构需要控制量的增量时，需要使用增量式 PID 控制器，其输出/输入的数学表达式为

$$\Delta u(k)=K_{\mathrm{P}}\left[e(k)-e(k-1)\right]+K_{\mathrm{I}}e(k)+K_{\mathrm{D}}\left[e(k)-2e(k-1)+e(k-2)\right] \tag{10-5}$$

式中，$\Delta u(k)$ 为两次采样时间间隔内控制阀开度的变化量。

**【例 10-4】** 假设被控对象为 $G(s)=\dfrac{600}{s^2+40s}$，利用增量式 PID 算法编写程序并进行仿真。

使用 M 文件编写的 MATLAB 程序如下：

```
% 增量式 PID 控制算法仿真程序
% 设置采用时间
clear all
ty=0.002;
sys=tf(600,[1,40,0]);
dsys=c2d(sys,ty,'z');
[num,den]=tfdata(dsys,'v');
% 初始值设置
u1=0.0;u2=0.0;u3=0.0;
y1=0;y2=0;y3=0;
x=[0,0,0]';
e1=0;e2=0;
for k=1:1:5000
    t(k)=k*ty;
    in(k)=3;
    % 设置比例系数 kp、积分系数 ki、微分系数 kd
```

```
        kp=10;ki=0.08;kd=8;
        % PID 控制器的数学表达式
        du(k)=kp*x(1)+kd*x(2)+ki*x(3);
        u(k)=u1+du(k);
        % 限幅设置
        if u(k)>=5
            u(k)=5;
        end
        if u(k)<=-5
            u(k)=-5;
        end
        % 加入 PID 参数后的线性系统模型
        out(k)=-den(2)*y1-den(3)*y2+num(2)*u1+num(3)*u2;
        % 计算偏差
        e=in(k)-out(k);
        % 参数返回设置
        u3=u2;u2=u1;u1=u(k);
        y3=y2;y2=y1;y1=out(k);
        % 计算比例环节、微分环节、积分环节被控量
        x(1)=e-e1;
        x(2)=e-2*e1+e2;
        x(3)=e;
        % 偏差返回设置
        e2=e1;
        e1=e;
    end
    plot(t,in,'r',t,out,'b');
    xlabel('时间');ylabel('给定值,输出值');
        title('给定为正弦信号的曲线')
        legend('给定值', '输出值')
```

运行结果如图 10-7 所示。

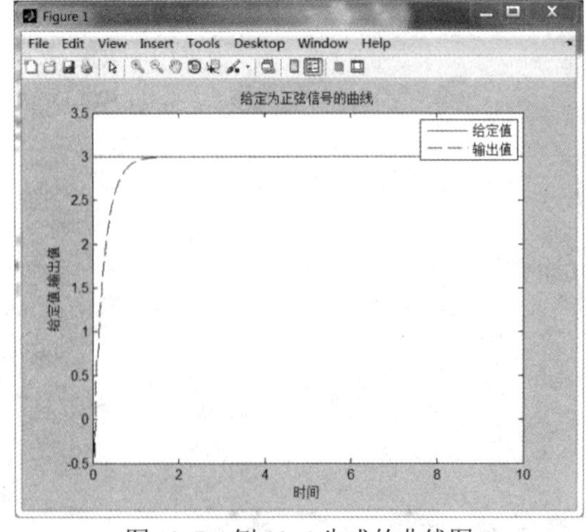


图 10-7　例 10-4 生成的曲线图

### 10.2.6 步进式 PID 控制

所谓步进式 PID 算法就是设置一定步长的积分分离 PID 控制算法，即在被控量接近给定量时引入积分环节，而当被控量与给定量相差较大时取消积分作用，其数学表达式如下：

$$\Delta u(k)=K_{\mathrm{P}}\left[e(k)-e(k-1)\right]+K_{\mathrm{L}}K_{\mathrm{I}}e(k)+K_{\mathrm{D}}\left[e(k)-2e(k-1)+e(k-2)\right] \quad (10\text{-}6)$$

式中，$K_{\mathrm{P}}$ 为比例系数，$K_{\mathrm{I}}=\frac{K_{\mathrm{P}}}{T_{\mathrm{I}}}\Delta t$ 为积分系数，$K_{\mathrm{D}}=\frac{K_{\mathrm{P}}T_{\mathrm{D}}}{\Delta t}$ 为微分系数，$\Delta t$ 为采样间隔时间；假设 $Q$ 为预定的阀值，当 $e(k)\geqslant Q$ 时，$K_{\mathrm{L}}=0$，即取消积分作用，当 $e(k)\leqslant Q$ 时，$K_{\mathrm{L}}=1$，即引入积分作用。

**【例 10-5】** 假设被控对象为 $G(s)=\frac{1250}{s^3+50s^2+250s}$，利用步进式 PID 算法编写程序并进行仿真。

使用 M 文件编写的 MATLAB 程序如下：

```
clear all;
% 步进式 PID 控制算法仿真程序
% 设置采用时间
ty=0.002;
% 采用 tf()函数建立模型对象并离散化
sys=tf(1250,[1,50,250,0]);
dsys=c2d(sys,ty,'z');
[num,den]=tfdata(dsys,'v');
% 初始值设置
u1=0;u2=0;u3=0;u4=0;u5=0;
y1=0;y2=0;y3=0;
% 设置比例系数 kp、积分系数 ki
kp=0.5;ki=0.05;
x=[0,0];
for k=1:1:5000
t(k)=k*ty;
% 给定信号设置
in(k)=10;
% 加入 PID 参数后的线性系统模型
out(k)=-den(2)*y1-den(3)*y2-den(4)*y3+num(2)*u1+num(3)*u2+num(4)*u3;
% 干扰信号设置
r(k)=0.50*rands(1);
sout(k)=out(k)+r(k);
e(k)=in(k)- sout(k);
% 积分分离
if abs(e(k))<=0.5
    ei=ei+e(k)*ty;
else
    ei=0;
```

```
end
    u(k)=kp*e(k)+ki*ei;
% 限幅设置
if u(k)>=5
    u(k)=5;
end
if u(k)<=-5
    u(k)=-5;
end
% 参数返回设置
in1=in(k);
u5=u4;u4=u3;u3=u2;u2=u1;u1=u(k);
y3=y2;y2=y1;y1=out(k);
end
figure(1);
subplot(211);
plot(t,in,'r',t,sout ,'b');
xlabel('时间');ylabel('给定值,输出值');
title('带干扰信号的给定和输出的时间曲线');
legend('给定值','输出值');
subplot(212);
plot(t,r,'b');
xlabel('时间');ylabel('干扰信号');
title('干扰信号曲线');
legend('干扰信号');
```

运行结果如图 10-8 所示。

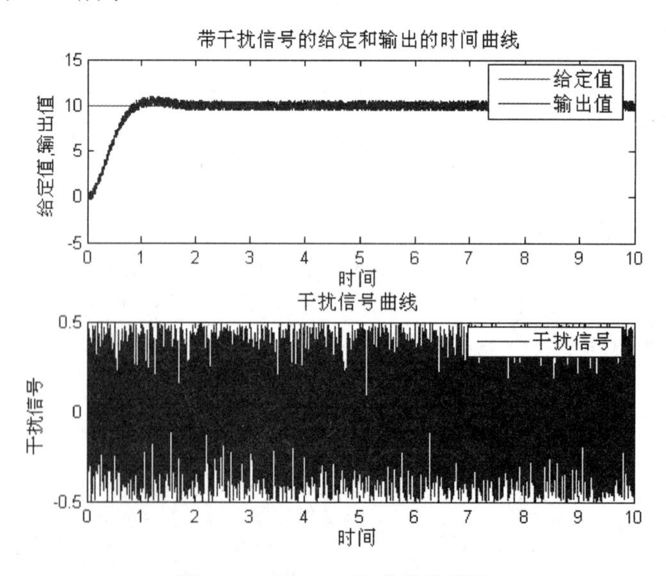


图 10-8　例 10-5 生成的曲线图

## 10.3 数字 PID 控制仿真实例

前面篇幅已经讲解了过程控制系统几种不同数字 PID 控制方式及其 MATLAB 实现，接下来以液位前馈—反馈控制系统和锅炉内胆水温定值控制系统为例，通过问题分析和程序设计讲解两种控制方式针对不同控制对象的设计过程。

### 10.3.1 液位前馈—反馈控制系统设计及仿真

前馈控制与反馈调节原理完全不同，是按照引起被调参数变化的干扰大小进行调节的，可以克服主要干扰对被控量的影响；而反馈控制可以克服多个干扰对系统的影响。在前馈调节系统中要直接测量负载干扰的变化，当干扰刚刚出现而能测出时，调节器就能发出调节信号使调节量作相应的变化，使两者抵消与被调量发生的偏差。因此，前馈调节对干扰的克服比反馈调节快。但是前馈控制属于开环控制，其控制效果需要通过反馈加以检验。前馈控制器在测出扰动之后，按过程的某种物质或能量平衡条件计算出校正值。如果没有反馈控制，则这种校正作用只能在稳态下补偿扰动作用。

一个典型的单回路前馈—反馈控制系统由一个反馈回路和一个开环补偿回路构成，如图 10-9 所示。

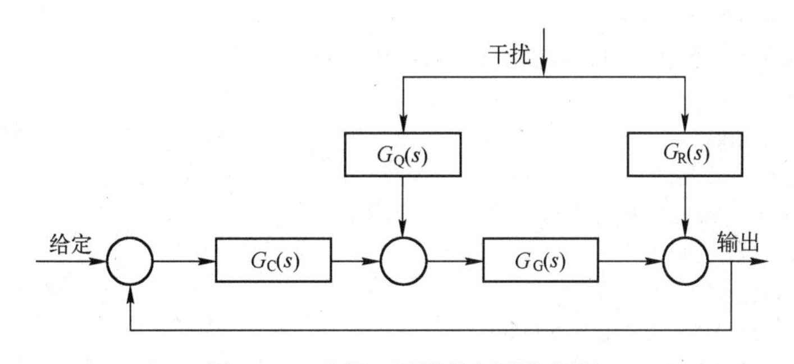


图 10-9 前馈—反馈控制系统框图

由图 10-9 所示的前馈—反馈控制系统可知，在扰动 $R(s)$ 作用下，系统输出 $U(s)$ 对扰动 $R(s)$ 的传递函数为

$$\frac{U(s)}{R(s)}=\frac{G_R(s)+G_Q(s)G_G(s)}{1+G_C(s)G_G(s)} \tag{10-7}$$

式中，$R(s)$ 为扰动量；$U(s)$ 为系统输出量；$G_R(s)$ 为系统干扰信号传递函数；$G_Q(s)$ 为前馈控制器；$G_C(s)$ 为反馈控制器；$G_G(s)$ 为过程控制通道传递函数。

要实现完全补偿，需将 $\frac{U(s)}{R(s)}=\frac{G_R(s)+G_Q(s)G_G(s)}{1+G_C(s)G_G(s)}=0$，则 $G_Q(s)=-\frac{G_R(s)}{G_G(s)}$。

下面举例说明前馈控制系统的程序设计过程。

**【例 10-6】** 假设液位的被控对象为 $G(s)=\frac{250}{s^2+50s}$，利用前馈式 PID 控制算法编写程序并进行仿真。

使用 M 文件编写的 MATLAB 程序如下：

```
clear all;
% 前馈式 PID 控制算法仿真程序
% 设置采用时间
ty=0.002;
% 采用 tf()函数建立模型对象并离散化
sys=tf(250,[1,50,0]);
dsys=c2d(sys,ty,'z');
[num,den]=tfdata(dsys,'v');
% 初始值设置
u1=0;u2=0;
y1=0;y2=0;
e1=0;ei=0;
for k=1:1:3000
t(k)=k*ty;
% 设置正弦函数给定及其一次和二次导数
in(k)=1.5*sin(4*pi*k*ty);
din(k)=1.5*4*pi*cos(4*pi*k*ty);
ddin(k)=-1.5*4*pi*4*pi*sin(4*pi*k*ty);
% PID 控制器的数学表达式
out(k)=-den(2)*y1-den(3)*y2+num(2)*u1+num(3)*u2;
% 计算偏差
e(k)=in(k)-out(k);
ei=ei+e(k)*ty;
% 设置比例系数 kp、积分系数 ki、微分系数 kd
kp=60;ki=15;kd=2.5;
% PID 控制输出
uq(k)=kp*e(k)+ki*ei+kd*(e(k)-e1)/ty;
% 前馈补偿控制输出
ur(k)=50/250*din(k)+1/250*ddin(k);
% 总控制输出
u(k)=uq(k)+ur(k);
% 限幅设置
if u(k)>=5
   u(k)=5;
end
if u(k)<=-5
   u(k)=-5;
end
u2=u1;u1=u(k);
y2=y1;y1=out(k);
e1=e(k);
end
% 绘制给定值、输出值、偏差等量的曲线
figure(1);
```

```
plot(t,in,'b',t,out,'r');
xlabel('时间');ylabel('给定值,输出值');
    title('给定为正弦波信号的曲线')
    legend('给定值', '输出值')
figure(2);
plot(t,e,'r');
xlabel('时间');ylabel('偏差');
title('偏差曲线')
    legend('偏差')
figure(3);
plot(t,uq,'k',t,ur,'b',t,u,'r');
xlabel('时间');ylabel('PID 控制输出,前馈补偿控制输出,总控制输出');
title('PID 控制输出、前馈补偿控制输出和总控制输出曲线')
    legend('PID 控制输出', '前馈补偿控制输出', '总控制输出曲线')
```

运行结果如图 10-10 所示。

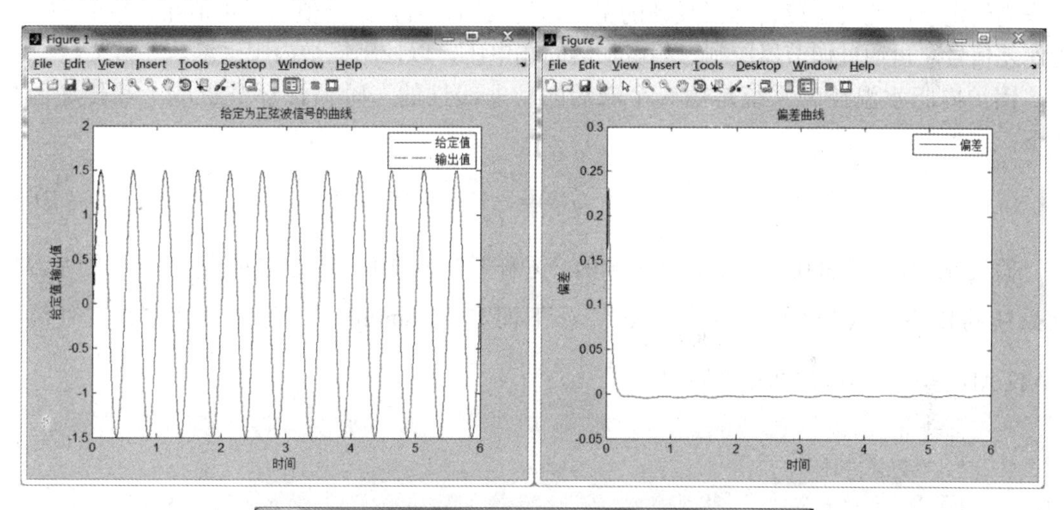


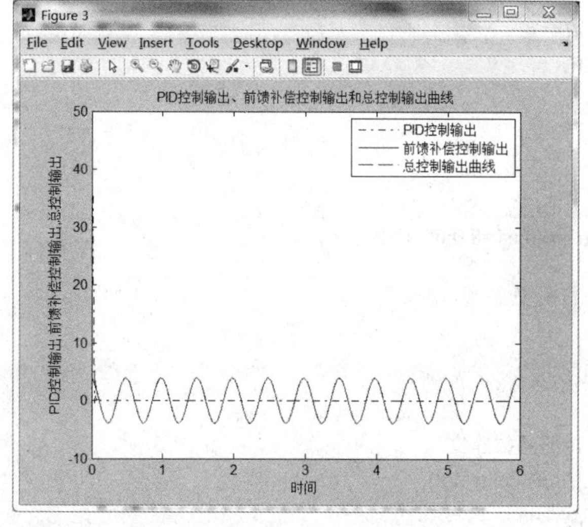


图 10-10　例 10-6 生成的曲线图

### 10.3.2 锅炉内胆水温定制控制系统设计及仿真

在发电、炼油、钢铁、化工等由过程控制系统组成的工业生产中，锅炉是重要能源、热源的动力设备。锅炉内胆水温控制系统因滞后性比较强，所以控制部分较为复杂，其控制系统如图 10-11 所示。

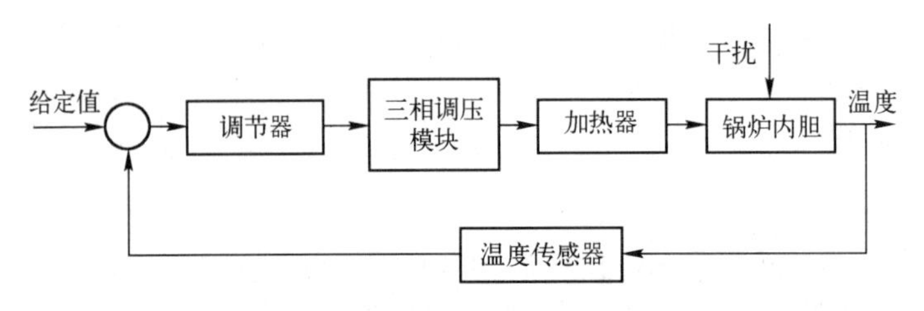


图 10-11 锅炉内胆水温控制系统框图

由图 10-11 可知，被控对象是锅炉内胆，被控量是内胆的水温。以锅炉内胆的水温稳定值作为给定量，通过温度传感器反馈的温度作为反馈信号，给定值与反馈值相比较的差值作为偏差信号，再通过调节器控制三相电加热的端电压，以控制锅炉内胆水温。

锅炉内胆水温控制系统是由一个滞后的、非线性的一阶惯性环节组成，其传递函数如下：

$$G(s)=\frac{K}{Ts+1}\mathrm{e}^{-\tau s} \tag{10-8}$$

假设 $K$=10，$T$=300s，滞后时间 $\tau$ =40s，采样时间 $\Delta t$=10s，给定温度为 90℃，则水温控制系统的传递函数为 $G(s)=\frac{10}{300s+1}\mathrm{e}^{-40s}$ ，下面利用 Smith 算法通过使用 M 文件编写 MATLAB 程序，具体仿真程序如下。

```
clear all
% 设置采样时间
ty=10;
% 比例积分参数给定
kp=0.04;ki=0.001;
% 初始值设定
k=10;
T=300;
tol=40;
u1=0.0;u2=0.0;u3=0.0;u4=0.0;u5=0.0;
e11=0;
e2=0.0;e21=0.0;
ei=0;
xm1=0.0;ym1=0.0;
y1=0.0;
% 延迟系统的传递函数建立
sys1=tf([k],[T,1],'inputdelay',tol);
dsys1=c2d(sys1,ty,'zoh');
[num1,den1]=tfdata(dsys1,'v');
```

```
% 预测模型的传递函数建立
sys2=tf([k],[T,1],'inputdelay',tol);
dsys2=c2d(sys2,ty,'zoh');
[num2,den2]=tfdata(dsys2,'v');
for k=1:1:3000
    t(k)=k*ty;
    % 给定值设定
    in(k)=90;
    % 预测模型线性方程
    xm(k)=-den2(2)*xm1+num2(2)*u1;
    ym(k)=-den2(2)*ym1+num2(2)*u5;
    % 输出值线性方程
    out(k)=-den1(2)*y1+num1(2)*u5;
    % 带有比例积分控制的 Smith 模型
    e2(k)=in(k)-xm(k);
    ei=ei+ty*e2(k);
    u(k)=kp*e2(k)+ki*ei;
    e21=e2(k);
    % Smith 模型参数返回
    xm1=xm(k);
    ym1=ym(k);
    u5=u4;u4=u3;u3=u2;u2=u1;u1=u(k);
    y1=out(k);
end
% 绘制给定值和温度值的曲线
plot(t,in,'r',t,out,'b');
xlabel('时间');ylabel('给定值,温度值');
legend('给定值', '温度值')
title('锅炉内胆水温控制系统输入给定值与输出温度的曲线')
```

运行结果如图 10-12 所示。

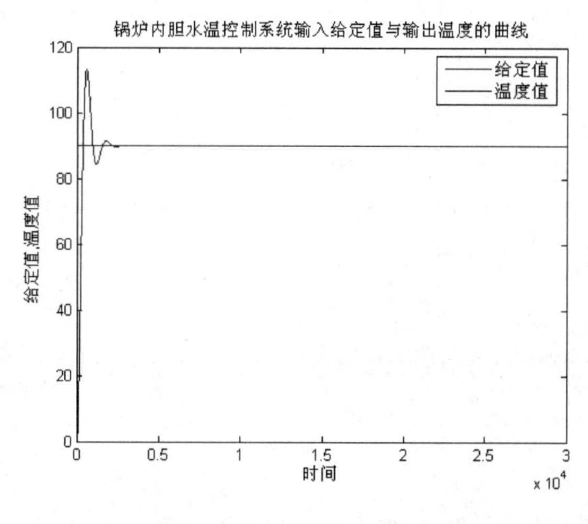


图 10-12　锅炉内胆水温控制系统输入给定值与输出温度的曲线

## 10.4 习题

1．在过程控制系统设计时，如何正确处理总体设计和系统布局之间的关系？

2．位置型的数字 PID 算法和增量型的数字 PID 算法之间有什么区别？简要的说明各自的优缺点。

3．在程序设计中，采样周期该如何选择？

4．已知传递函数$G(s)=\frac{1+0.5s}{0.06s}$，假设采用周期为 0.05s，请用增量型的数字 PID 算法进行编程。

5．已知过程控制通道的传递函数$G_{\mathrm{G}}=\frac{20}{(0.2s+1)(0.04s+1)}\mathrm{e}^{-0.6s}$，过程扰动通道的传递函数为$G_{\mathrm{R}}=\frac{30}{0.5s+1}\mathrm{e}^{-0.01s}$，通过编写程序求出前馈调节器的传递函数。

## 10.5 上机实验

**1．实验目的**

1）了解锅炉内胆水温定值控制系统的基本原理。

2）熟悉 MATLAB 的 Simulink 模块并掌握使用此模块搭建锅炉内胆水温控制系统。

**2．实验原理**

锅炉内胆水温的基本工作原理及其传递函数的各参数意义可以参照本章 10.3.2 节内容。

**3．实验内容**

已知锅炉内胆水温的传递函数为$G(s)=\frac{8}{200s+1}\mathrm{e}^{-100s}$，采样时间为 5s，给定温度为 95℃，要求通过 MATLAB 的 Simulink 做给定值与温度输出的仿真曲线。

# 第11章　模糊控制系统的设计与仿真

**本章要点**

- 模糊 PID 控制器
- 模糊控制系统设计的一般步骤
- 模糊系统建模仿真实例

1965 年，美国工程师 Lotfi Zadeh 提出了“模糊逻辑”的概念并应用于计算机程序中，解决传统计算机无法识别的模糊事物，例如长短、多少、大小、高矮、冷热等概念。模糊概念不同于经典集合理论，也不同于随机性理论。集合理论可以使用“属于”或“不属于”明确地描述事物，却无法精确地描述出模糊概念，例如以某室温为论域，那么“低温”、“中温”、“高温”都没有明确的概念，使用经典的集合理论就显得无能为力；随机性理论主要是指客观事物的不确定性，而模糊理论是指人对事物在主观上理解的不确定性。随着模糊逻辑和模糊数学不断地发展和完善，模糊理论逐渐地被应用于工业控制、机器人等领域并取得了大量的成果。

为了便于用户和开发人员研究学习、应用模糊控制理论，功能强大的 MATLAB 软件不仅提供了大量的模糊函数，也提供了一个模糊逻辑图形界面。本章首先介绍模糊控制系统的基本结构及其原理，然后提出一种模糊 PID 控制器，通过研究控制系统设计的一般步骤，讲解模糊化及 MATLAB 实现、隶属度函数及 MATLAB 实现、模糊规则及 MATLAB 实现、模糊推理系统及 MATLAB 实现，最后通过实例对模糊系统进行建模和仿真。

## 11.1　模糊控制系统概述

作为基于语言规则的模糊理论是在专家系统、控制理论的基础上而诞生的，模糊控制不同于传统控制理论那样对被控过程建立数学模型，而是试图从被控过程中提取语言控制规则以控制系统，这种行为是基于人类专家的知识实现的。在模糊控制中，通常使用 IF-THEN 格式表示专家控制知识，其中 IF 为条件，THEN 为结果。这种条件语句不是定量的而是定性的，通过语言描述将条件和结果联系在一起。在计算机中，常用隶属度函数和近似推理以数值形式表示这种专家知识，并根据当前条件确定一个恰当的结果，然后根据关系矩阵模型推导出一组恰当的语言规则。由此可见，模糊控制是一种非线性控制，属于智能控制的范畴，已成为解决非线性系统控制的一种重要的工具。

### 11.1.1　模糊控制系统的组成

模糊控制系统主要由模糊控制器和被控对象组成，而模糊控制器主要由模糊化、模糊推理、知识库和清晰化 4 部分组成，模糊控制系统基本结构如图 11-1 所示。

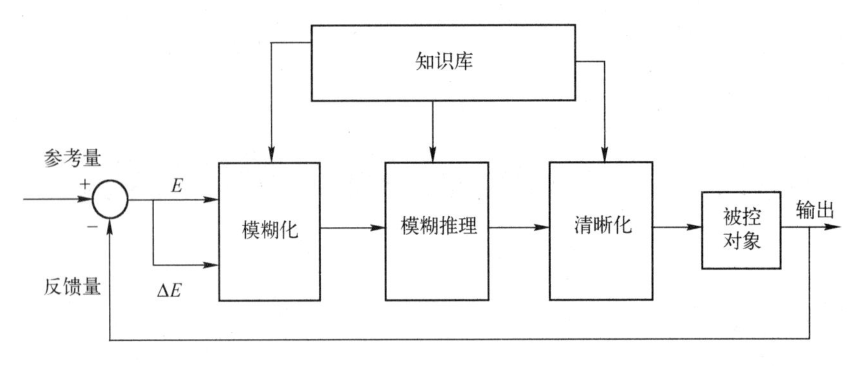


图 11-1　模糊控制系统的基本结构

**1．模糊化**

模糊化是将输入的清晰量转换成模糊化量。首先将已知清晰的输入量变成模糊控制器所要求的输入量，例如在图 11-1 中，用偏差 $E$ 和导数偏差$\Delta E$ 作为模糊控制器所需要的输入量；然后将已转变的输入量变换到各自的论域内，最后通过单点模糊集合或者三角形模糊集合法将已进行尺度变换处理的清晰量进行模糊化。

所谓单点模糊集合法是在经典集合理论的基础上将已知准确的输入量在形式上转变为模糊量，其模糊集合可以表示为

$$\mu=\begin{cases}0 & x\neq x_0\\1 & x=x_0\end{cases}$$

而三角形模糊集合法是将准确量以等腰三角形模糊集合的隶属度函数进行模糊化，其形式如图 11-2 所示。

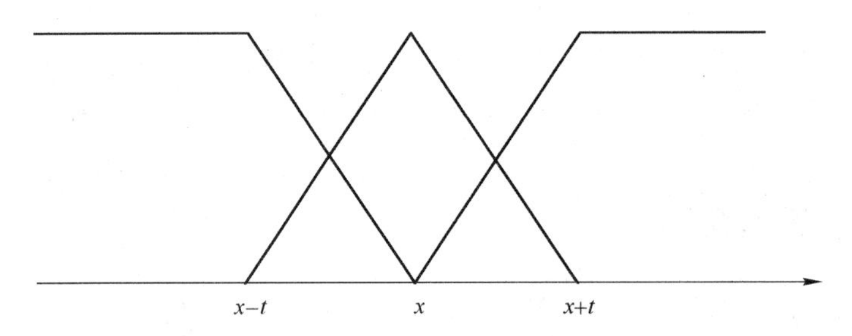


图 11-2　等腰三角形模糊集合

**2．模糊推理**

模糊推理是基于模糊逻辑关系及推理规则来模拟人类的推导判断能力的，其推理规则的一般表达格式如下：

```
IF 条件，THEN 结果
```

其中，条件和结果可以为单输入—单输出、多输入—单输出、多输入—多输出，当条件或结果为多输入或多输出时，条件或结果间可以用‘&’连在一起，例如：IF x=A & y=b，then z=C。

**3．知识库**

模糊控制器的知识库由模糊数据库和模糊控制规则库两部分构成。数据库中包含了模糊控制器所需的各种参数，内含输入量的变换、输入/输出的论域设置、隶属度函数的选择和输

入/输出的数据处理；模糊控制规则库是由一组组的 IF-THEN 语句组成，用来反映人类专家知识和经验，内含模糊条件变量的选择、模糊控制规则的建立和模糊控制规则类型的确定。

**4．清晰化**

清晰化是将从模糊数据库中选择一个恰当的点通过解模糊计算转换成单值。常用的解模糊计算方法有最大隶属度法、系数加权平均法、面积平均法、面积重心法等，在模糊系统建模仿真实例一节中将会讲解面积重心法及其程序设计。

### 11.1.2 模糊 PID 控制器

近年来，许多研究学者围绕模糊逻辑理论设计各种不同的模糊控制器，其中基于传统 PID 控制器而设计的模糊 PID 控制器较为流行。这种模糊 PID 控制器是以偏差和偏差导数作为输入量，通过模糊规则在线整定输入量，以达到最优控制；而且可以利用模糊理论解决不易精确描述的事物及控制过程中不易定量表示的各种信号等问题。图 11-3 给出了模糊 PID 的结构图，从图 11-3a 中可以看出模糊控制器有两个输入量，同样假设每个输入量为 7 个等级，那么最可以构成 $7^2$ 条规则，图 11-3b 中可以看出模糊控制器有 3 个输入量，如果将每个输入量假设为 7 个等级，那么最多可以构成 $7^3$ 条规则。由此可见，输入量越多，模糊控制器的设计及其计算就会越复杂。

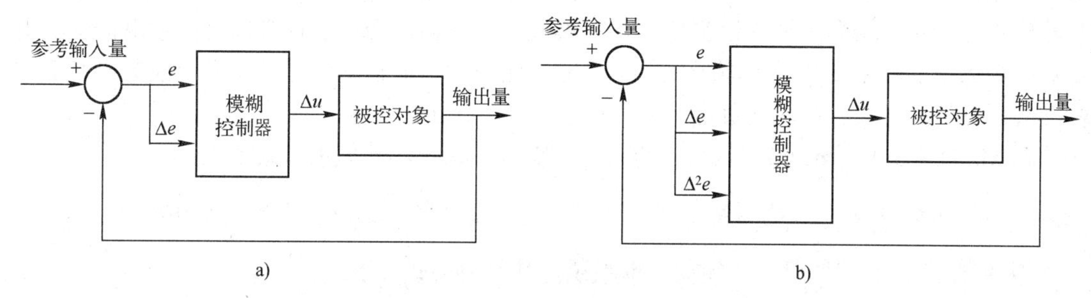


图 11-3　具有 PID 功能的模糊控制器框图

a) 两个输入量　b) 3 个输入量

为此，可以考虑采用图 11-4 所示的结构，这种 PID 控制器是将偏差和偏差导数进行模糊化，其规则最多仅需要 49 条，然后通过比例因子确定模糊 PID 的输入量，再将模糊 PID 的输出量和比例因子联合在一起构成被控对象的输入量。可见，如果将模糊规则设置为对称的规则库后，比例因子成为了这种模糊 PID 控制器的关键，此时就大大简化了模糊规则的确定过程，而比例因子可以通过遗传算法等获得最优因子。

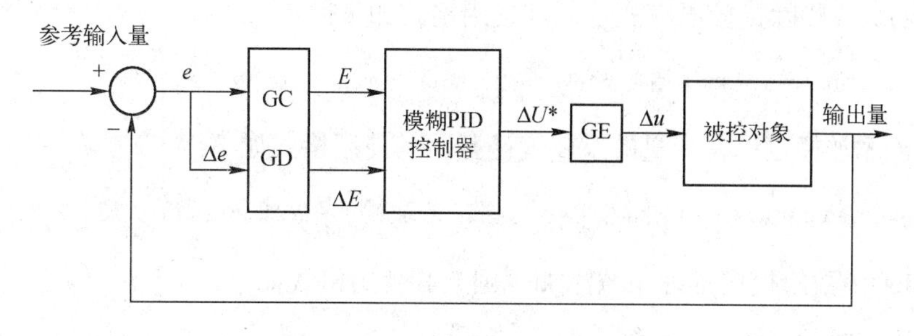


图 11-4　模糊 PID 控制器框图

## 11.2　模糊控制器及其 MATLAB 实现

模糊控制系统设计的过程其实主要是指模糊控制器的设计。通常情况下，一个完整的模糊控制器设计过程主要由以下 4 部分组成。

1）根据被控对象所要求的精度确定模糊系统结构。

当被控对象要求精度低时，一般采用 SISO 结构；当被控对象要求精度高时，一般采用多维模糊逻辑控制器、变结构型模糊逻辑控制器等；当被控对象要求精度高而且具有较强的自适应能力时，一般采用模糊 PID 自校正控制器、神经模糊逻辑控制器等。

2）确定论域、选择隶属度函数对输入量进行模糊化。

3）根据运算速度和精度确定模糊逻辑的控制算法。

4）通过解模糊计算将模糊量变为清晰量。

本节主要通过例子讲解模糊化的 MATLAB 实现、隶属度函数的 MATLAB 实现、模糊规则的 MATLAB 实现和模糊推理系统的 MATLAB 实现。

### 11.2.1　模糊函数的 MATLAB 实现

为直接反映人类自然语言的模糊性特点，在模糊规则的条件和结果中引入输入语言变量和输出语言变量的概念。输入语言变量是对模糊系统的输入变量进行模糊化，输出语言变量是对模糊系统的输出变量进行清晰化。不论输入还是输出语言变量都具有多个模糊语言值，标准的语言值用负大、负中、负小、零、正小、正中、正大等来表示。

在 MATLAB 中用 newfis()函数创建新的模糊推理系统，其使用格式如下：

```
newmat1=newfis('模糊系统名',模糊推理类型,与或运算操作符,蕴含方法,解模糊方法)
```

用 readfis()函数读取已有的模糊推理系统，其使用格式如下：

```
oldmat=readfis('模糊系统存储名')
```

用 getfis()函数获取模糊推理系统的特性数据，其使用格式如下：

```
getfis(模糊系统存储名)
```

用 addvar()函数添加模糊语言变量，其使用格式如下：

```
newmat1=addvar(newmat1,语言变量类型,语言变量名称,论域范围)
```

用 rmvar()函数删除模糊语言变量，其使用格式如下：

```
newmat2=rmvar(newmat1,语言变量类型,语言值)
```

用 addmf()添加模糊语言变量的隶属度函数，其使用格式如下：

```
newmat1=addmf(newmat1,语言变量类型,语言值,隶属度函数,隶属度函数类型和参数)
```

用 addrule()函数给模糊推理系统添加规则，其使用格式如下：

```
addrule(模糊系统存储名,规则列表)
```

用 plotfis()函数显示模糊推理系统的输入/输出特性，其使用格式如下：

```
plotfis(模糊系统存储名)
```

下面举一个例子对上述函数进行直观地说明。

**【例 11-1】** 创建一个模糊推理系统，添加语言变量及模糊规则，并显示输入/输出特性图。

```
>> s=newfis('tipper');
s=addvar(s,'input','输入',[0 10]);
s=addmf(s,'input',1,'正小','gaussmf',[3 0]);
s=addmf(s,'input',1,'正中','gaussmf',[3 6]);
s=addmf(s,'input',1,'正大','gaussmf',[3 10]);
s=addvar(s,'output','温度',[0 15]);
s=addmf(s,'output',1,'热','trimf',[0 3 6]);
s=addmf(s,'output',1,'冷','trimf',[8 12 15]);
rulelist=[2 1 2 1 2;1 2 1 2 1];
s=addrule(s,rulelist);
plotfis(s)
```

程序运行结果如图 11-5 所示。

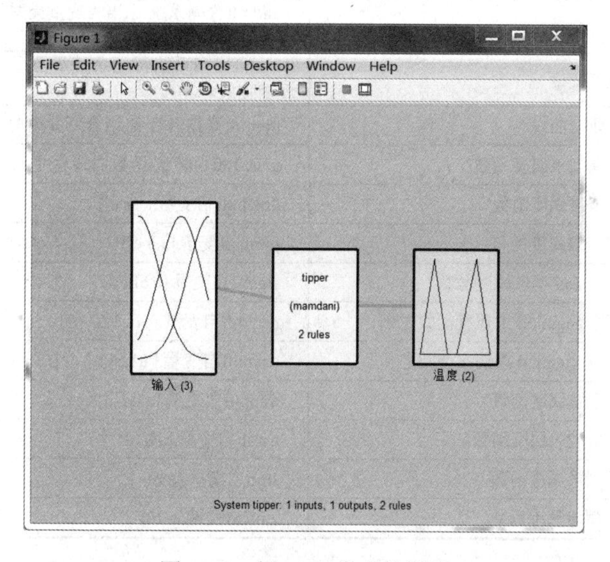


图 11-5　例 11-1 生成的图形

基于上述程序的基础上，在 MATLAB 命令窗口输入 getfis(s)，可获得如下结果：

```
>> getfis(s)
      Name        = tipper
      Type        = mamdani
      NumInputs = 1
      InLabels   =
            输入
      NumOutputs = 1
```

```
        OutLabels =
            温度
        NumRules = 2
        AndMethod = min
        OrMethod = max
        ImpMethod = min
        AggMethod = max
        DefuzzMethod = centroid
ans =
tipper
```

### 11.2.2 隶属度函数的 MATLAB 实现

模糊控制系统中的隶属度函数类型有很多种，如高斯型、三角型、梯形、S 型、Z 型等。MATLAB 提供了大量的隶属度函数如表 11-1 所示，下面举例说明每一种类型的隶属度函数的创建。

表 11-1　隶属度函数的功能及使用

| 函 数 名 | 功　能 | 使 用 格 式 |
|---|---|---|
| addmf() | 添加语言变量 | addmf(模糊系统名,语言变量类型,语言值,隶属函数名称,隶属度函数类型及参数) |
| rmmf() | 删除语言变量 | rmmf(模糊系统名,语言变量类型,语言值,隶属函数名称,隶属度函数值) |
| plotmf() | 绘制隶属度曲线 | plotmf(模糊系统名,语言变量类型,语言值) |
| gaussmf() | 创建高斯型隶属度函数 | gaussmf(自变量,函数曲线宽度,函数中心点) |
| gbellmf() | 创建钟型隶属度函数 | gbellmf(自变量,[a b c]) |
| pimf() | 创建 π 型隶属度函数 | pimf(自变量,[a b c]) |
| sigmf() | 创建 Sigmiod 型隶属度函数 | sigmf(自变量,[a c]) |
| psigmf() | 计算两个 Sigmiod 隶属度函数之积 | psigmf(自变量,[a1 c1 a2 c2]) |
| dsigmf() | 计算两个 Sigmiod 隶属度函数之和 | dsigmf(自变量,[ a1 c1 a2 c2]) |
| trapmf() | 创建梯型隶属度函数 | trapmf(自变量,[a b c d]) |
| trimf() | 创建三角型隶属度函数 | trimf(自变量,[a b c]) |
| smf() | 创建 S 型隶属度函数 | smf(自变量,[a b) |
| zmf() | 创建 Z 型隶属度函数 | zmf(自变量,[a b]) |

**【例 11-2】** 隶属度函数创建综合举例。

```
x=0:0.2:20;
figure(1)
msf1=gaussmf(x,[6 10]);
plot(x,msf1);
title('高斯型隶属度函数曲线')
figure(2)
msf2=gbellmf(x,[2 2 8]);
plot(x,msf2);
```

```
title('钟型隶属度函数曲线')
figure(3)
msf3=sigmf(x,[6 8]);
plot(x,msf3);
title('Sigmiod 型隶属度函数曲线')
figure(4)
msf4=trapmf(x,[1 4 7 8]);
plot(x,msf4);
title('梯型隶属度函数曲线')
figure(5)
msf5=trimf(x,[6 12 18]);
plot(x,msf5);
title('三角型隶属度函数曲线')
figure(6)
msf6=smf(x,[4 8]);
plot(x,msf6);
title('S 型隶属度函数曲线')
figure(7)
msf7=zmf(x,[3 15]);
plot(x,msf7);
title('Z 型隶属度函数曲线')
subplot(121)
msf4=dsigmf(x,[6 8 3 9]);
plot(x,msf4)
title('计算两个 Sigmiod 型函数之和的曲线')
subplot(122)
msf5=psigmf(x,[6 8 3 9]);
plot(x,msf5)
title('计算两个 Sigmiod 型函数之积的曲线')
```

程序运行结果显示如图 11-6 所示。

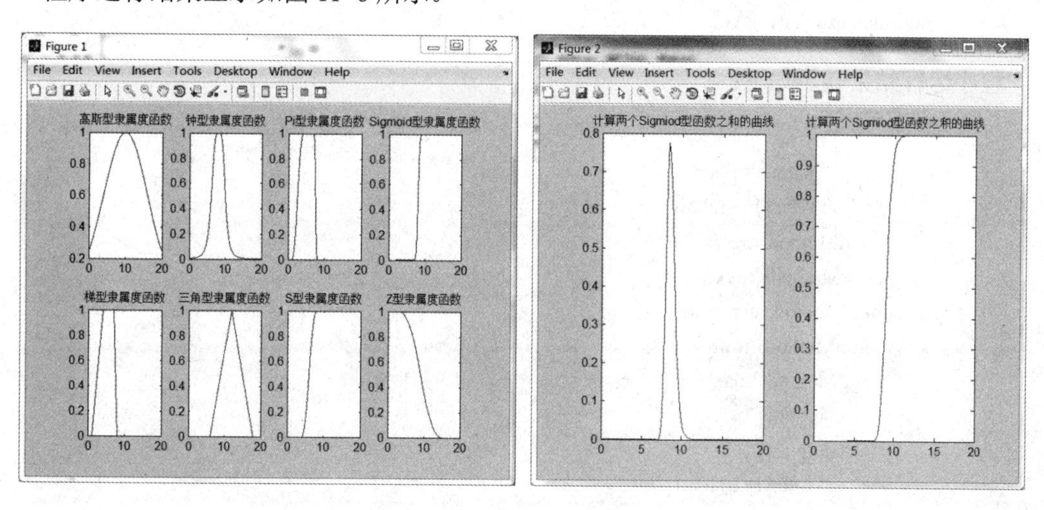


图 11-6　例 11-2 生成的图形

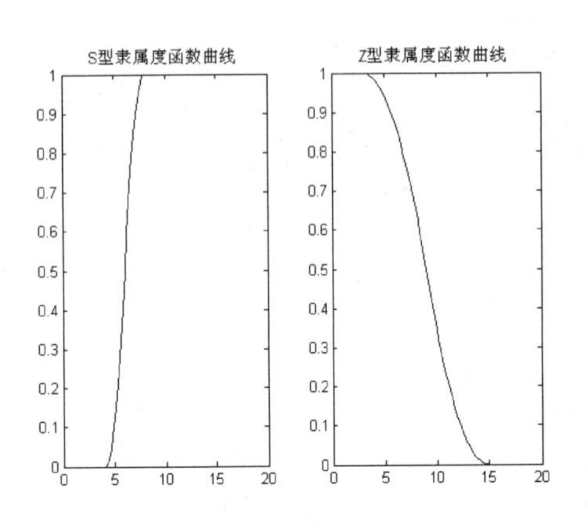

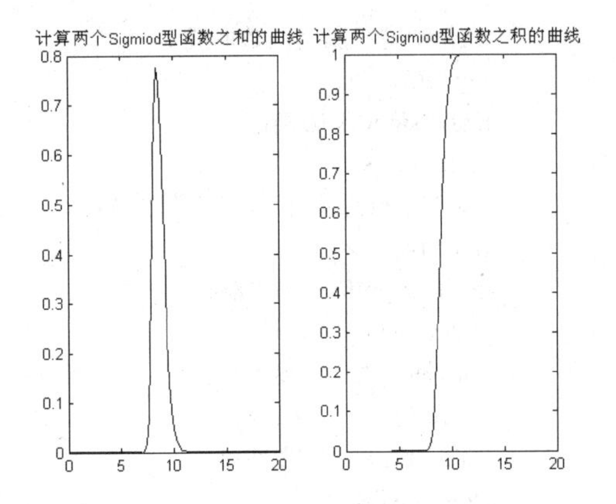


图 11-6　例 11-2 生成的图形（续）

### 11.2.3　模糊规则的 MATLAB 实现

模糊规则的建立对模糊推理系统的设计起着关键性的作用。用户可以在 MATLAB 命令窗口中直接输入函数命令建立模糊规则，也可以通过函数命令打开模糊规则编辑器界面以图形化建立模糊规则。

使用 addrule()函数给模糊推理系统添加规则，其使用格式如下：

```
newmat2=addrule(newmat1,模糊规则列表)
```

使用 showrule()函数显示模糊规则，其使用格式如下：

```
Showrule(newmat,索引列表,格式)
```

**【例 11-3】** 建立模糊规则。

```
>> s=newfis('tipper');
rulelist=[2 1 2 1 2;1 2 1 2 1];
s=addrule(s,rulelist)
```

程序运行结果显示如下：

```
s =
            name: 'tipper'
            type: 'mamdani'
       andMethod: 'min'
        orMethod: 'max'
    defuzzMethod: 'centroid'
       impMethod: 'min'
       aggMethod: 'max'
           input:[]
          output:[]
            rule:[1x2 struct]
```

用户也可以在 MATLAB 命令窗口中直接输入 ruleedit 命令打开模糊推理规则编辑器界

面，或者直接输入 ruleview 命令打开模糊推理规则观察器界面，如图 11-7 和图 11-8 所示。

```
>> ruleedit
```

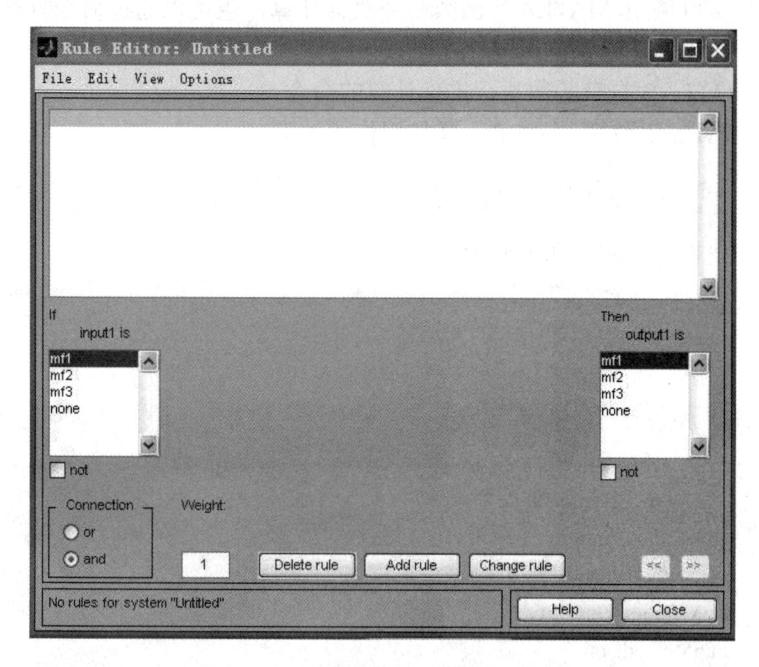


图 11-7　模糊推理规则编辑器界面

```
>> ruleview
```

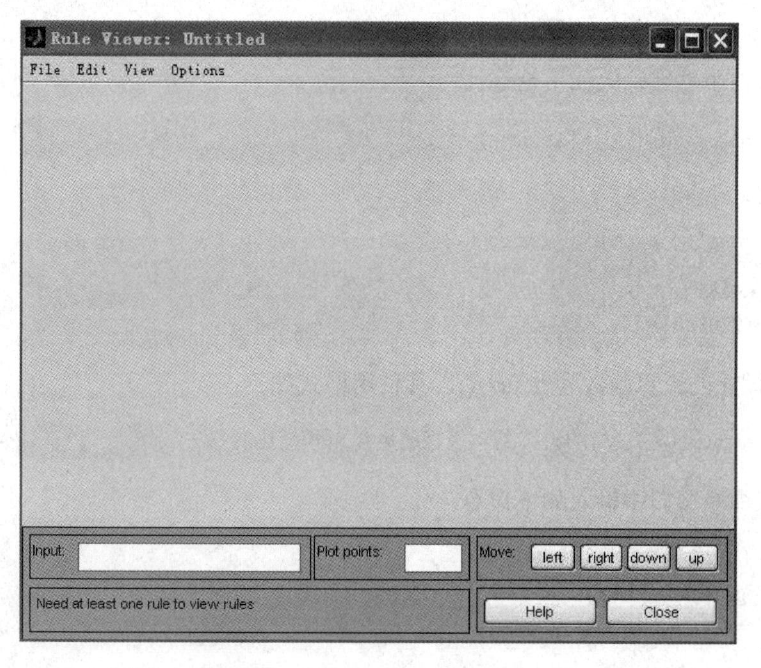


图 11-8　模糊推理规则观察器界面

### 11.2.4 模糊推理系统的 MATLAB 实现

确定模糊规则之后，就开始执行模糊推理计算。模糊推理计算包括推理机的计算和解模糊化计算，用户可以调用 MATLAB 函数命令执行计算，也可以通过命令打开模糊推理系统的编辑界面图形化操作，或者自行设计程序执行计算。

下面介绍 MATLAB 自身函数执行推理计算的命令。

1）推理机的计算函数为 evalfis()，其使用格式如下：

```
输出=evalfis(输入,模糊推理系统存储名)
```

例如：在命令窗口中输入如下命令：

```
>> oldmat=readfis('tipper')
```

结果显示：

```
oldmat =
              name: 'tipper'
              type: 'mamdani'
         andMethod: 'min'
          orMethod: 'max'
     defuzzMethod: 'centroid'
         impMethod: 'min'
         aggMethod: 'max'
             input:[1x2 struct]
            output:[1x1 struct]
              rule:[1x3 struct]
```

在命令窗口中继续输入如下命令：

```
>> output=evalfis([4 3;5 8],oldmat)
```

结果显示：

```
output =
   14.4585
   19.2203
```

2）解模糊化的计算函数为 defuzz()，其使用格式如下：

```
输出=defuzz(语言变量的论域,待解模糊的集合,解模糊化的方法)
```

例如：在命令窗口中输入如下命令：

```
>> x=0:0.2:20;
msf1=gaussmf(x,[5 10]);
output=defuzz(x,msf1,'centroid')
```

结果显示：

```
output =
    10.0000
```

3）在命令窗口中直接输入 fuzzy 打开模糊推理系统编辑器，双击输入、输出、mamdani 部分可以直接对输入隶属度、模糊规则、输出隶属度进行编辑，如图 11-9 所示。

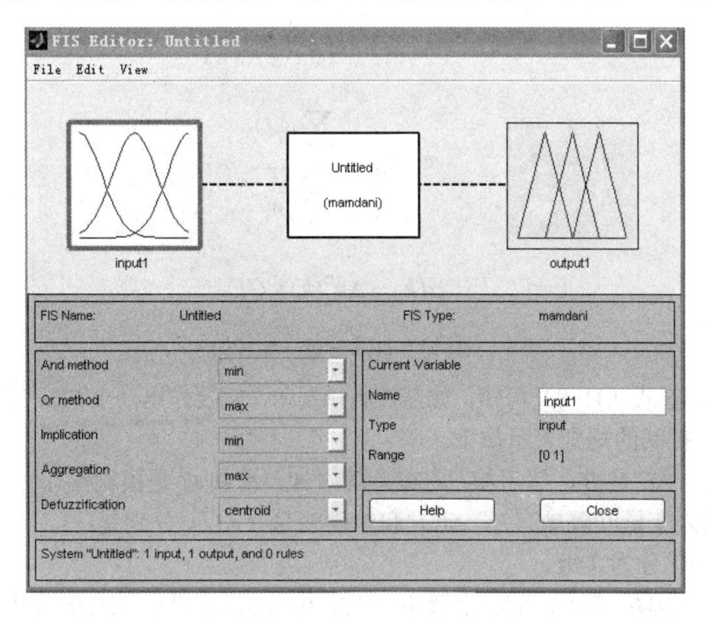


图 11-9　模糊推理系统编辑器界面

## 11.3　模糊控制系统仿真实例

### 1．问题分析

前面章节已经讲过 HVDC 系统在 MATLAB 中的建模与仿真，感兴趣的读者可以调用前面设计的 HVDC 系统 MATLAB 文件，然后以 HVDC 系统为被控对象，设计一个模糊 PID 控制器对整流器侧的触发角进行控制仿真，控制流程框图如图 11-10。

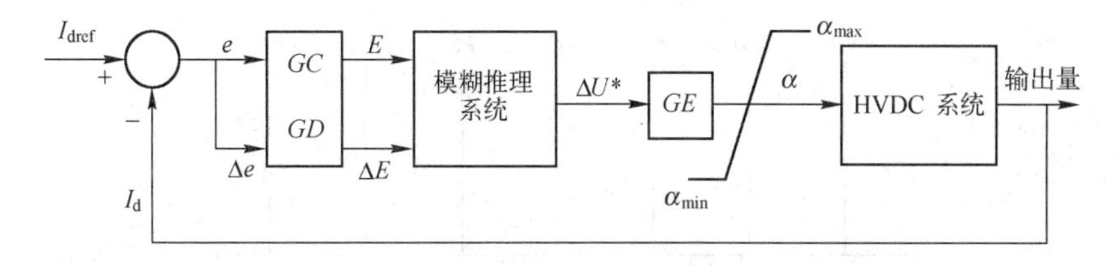


图 11-10　模糊 PID 控制流程框图

在图 11-10 中，电流偏差（$e$）及其导数偏差（$\Delta e$）通过比例因子（$GC$、$GD$）校正模糊推理系统输入变量（$E$、$\Delta E$），为了便于程序设计及其仿真，暂时确定比例因子为 $GC$=0.3，$GD$=0.01，$GE$=0.6，也可以通过遗传算法获得优化因子。

$$e(k) = I_{dref}(k) - I_d(k) \tag{11-1}$$

$$\Delta e(k)=\frac{e(k)-e(k-1)}{T} \tag{11-2}$$

$$E(k)=e(k)\times GC \tag{11-3}$$

$$\Delta E(k)=\Delta e(k)\times GD \tag{11-4}$$

$$w_i=\min[\mu_{\mathrm{A}}(E),\mu_{\mathrm{B}}] \tag{11-5}$$

$$\Delta u^*=\frac{\sum_{i=1}^{n}w_iD_i}{\sum_{i=1}^{n}w_i} \tag{11-6}$$

$$\alpha(k)=\Delta u^*(k)\times GE \tag{11-7}$$

$$\alpha(k)=\alpha(k-1)-\Delta\alpha(k) \tag{11-8}$$

从式（11-1）～式（11-8）可知，如需控制触发角，需要作出一个FIS（模糊推理系统）。

上述模糊PI控制的规则表示如下。

如果$E$是$A^l$，$\Delta E$是$B^l$，然后$\Delta U^*$是$C^l$，其中$A^l$，$B^l$和$C^l$是模糊集，并且$l$=1, 2,⋯, $m$。

假设两个输入变量间隔域（$E$，$\Delta E$）和输出变量（$\Delta U$）分别是[−1，+1]和[−1，+1]。输入量$E$和$\Delta E$模糊化分为7组。

*NB*：负最大，*NM*：负中，*NS*：负最小，*ZO*：0，*PS*：正最小，*PM*：正中，*PB*：正最大。

为简单起见，假设$C^l$是模糊集，*NB*($m$3)、*NM*($m$2)、*NS*($m$1)、*ZO*(0)、*PS*(−$m$1)、*PM*(−$m$2)和*PB*(−$m$3)，如图11-11所示。

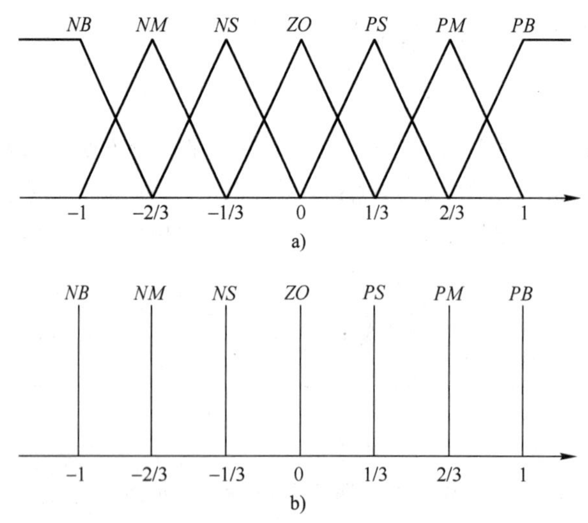


图11-11　$E$、$\Delta E$和$\Delta U$隶属度函数

a) $E$和$\Delta E$　b) $\Delta U$

因此，一个完整的模糊规则包括49条规则，该规则集合见表11-2。其中，最小—最大值是由式（11-5）推导出来，而清晰化由重心式（11-6）获得。

表 11-2　FIS 规则

| | | ΔE | | | | | | |
|---|---|---|---|---|---|---|---|---|
| | | *NB* | *NM* | *NS* | *ZO* | *PS* | *PM* | *PB* |
| *E* | *NB* | −*m*3 | −*m*3 | −*m*3 | −*m*3 | −*m*2 | −*m*1 | 0 |
| | *NM* | −*m*3 | −*m*3 | −*m*3 | −*m*2 | −*m*1 | 0 | *m*1 |
| | *NS* | −*m*3 | −*m*3 | −*m*2 | −*m*1 | 0 | *m*1 | *m*2 |
| | *ZO* | −*m*3 | −*m*2 | −*m*1 | 0 | *m*1 | *m*2 | *m*3 |
| | *PS* | −*m*2 | −*m*1 | 0 | *m*1 | *m*2 | *m*3 | *m*3 |
| | *PM* | −*m*1 | 0 | *m*1 | *m*2 | *m*3 | *m*3 | *m*3 |
| | *PB* | 0 | *m*1 | *m*2 | *m*3 | *m*3 | *m*3 | *m*3 |

## 2．程序设计及程序清单

模糊推理函数程序设计如下：

```
% 定义模糊推理函数
function U=defuzzy(E,EC)
x=[E,EC];
y=zeros(2,7);
yE=zeros(1,7);
yEC=zeros(1,7);
NB=zeros(1,2);NM=zeros(1,2);NS=zeros(1,2);ZO=zeros(1,2);
PS=zeros(1,2);PM=zeros(1,2);PB=zeros(1,2);
% 建立隶属度函数
for k=1:2
    if x(k)<-1 NB(k)=1;
    elseif x(k)>=-1&x(k)<=-2/3 NB(k)=-3*x(k)-2;
    elseif x(k)>-2/3 NB(k)=0;
    end
    y(k,1)=NB(k);
    if x(k)<-1|x(k)>-1/3 NM(k)=0;
    elseif x(k)>=-1&x(k)<=-2/3 NM(k)=3*x(k)+3;
    elseif x(k)>-2/3&x(k)<=-1/3 NM(k)=-3*x(k)-1;
    end
    y(k,2)=NM(k);
    if x(k)<-2/3|x(k)>0 NS(k)=0;
    elseif x(k)>=-2/3&x(k)<=-1/3 NS(k)=3*x(k)+2;
    elseif x(k)>-1/3&x(k)<=0 NS(k)=-3*x(k);
    end
    y(k,3)=NS(k);
    if x(k)<-1/3|x(k)>1/3 ZO(k)=0;
    elseif x(k)>=-1/3&x(k)<=0 ZO(k)=3*x(k)+1;
    elseif x(k)>0&x(k)<=1/3 ZO(k)=-3*x(k)+1;
```

```
        end
        y(k,4)=ZO(k);
        if x(k)<0|x(k)>2/3 PS(k)=0;
        elseif x(k)>=0&x(k)<=1/3 PS(k)=3*x(k);
        elseif x(k)>1/3&x(k)<=2/3 PS(k)=-3*x(k)+2;
        end
        y(k,5)=PS(k);
        if x(k)<1/3|x(k)>1 PM(k)=0;
        elseif x(k)>=1/3&x(k)<=2/3 PM(k)=3*x(k)-1;
        elseif x(k)>2/3&x(k)<=1 PM(k)=-3*x(k)+3;
        end
        y(k,6)=PM(k);
        if x(k)<2/3 PB(k)=0;
        elseif x(k)>=2/3&x(k)<=1 PB(k)=3*x(k)-2;
        elseif x(k)>1 PB(k)=1;
        end
        y(k,7)=PB(k);
    end                                          % 循环 k 的结束语句
    yE=y(1,:);
    yEC=y(2,:);
    % 清晰化
    m1=-1/3;
    m2=-2/3;
    m3=-1;
    w=0;T=0;
    D=[-m3 -m3 -m3 -m3 -m2 -m1 0
          -m3 -m3 -m3 -m2 -m1 0 m1
           -m3 -m3 -m2 -m1 0 m1 m2
            -m3 -m2 -m1 0 m1 m2 m3
             -m2 -m1 0 m1 m2 m3 m3
              -m1 0 m1 m2 m3 m3 m3
               0 m1 m2 m3 m3 m3 m3];
    for i=1:7
        for j=1:7
        w=w+yE(i)*yEC(j);
        T=T+D(i,j)*yE(i)*yEC(j);
        end                                      % 循环 j 的结束语句
    end                                          % 循环 i 的结束语句
    U=T/w;
```

仿真结果如图 11-12 所示。

此部分程序可以备份为二次开发函数，读者在下次使用时直接调用函数命令就可以方便地执行程序，感兴趣的读者还可以选择其他被控对象进行验证该程序的有效性。

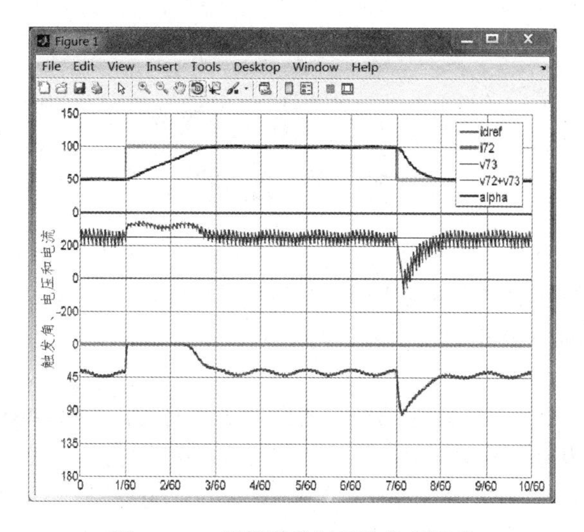

图 11-12　经模糊控制后的仿真图形

## 11.4　习题

1．创建一个 Sigmiod 型隶属度函数，并绘出隶属度曲线图。

2．用 MATLAB 模糊界面设计一个模糊逻辑控制器并调试。

## 11.5　上机实验

**1．实验目的**

1）熟练地掌握 MATLAB 模糊函数命令的调用。

2）利用 Sugeno 型模糊推理系统建模。

**2．实验原理**

Sugeno 函数调用格式如下：

```
(newmat,训练的均方根误差向量,训练步长向量)=anfis(训练数据)
```

或者在命令窗口中输入 help anfis 打开 anfis 函数的说明。

例如：

```
>> x = (0:0.2:10)';y = sin(x)./exp(x/10);
TD =[x y];NM = 10;MT = 'gbellmf';epn = 40;
in_newmat = genfis1(TD,NM,MT);
out_newmat = anfis(TD,in_newmat,40);
plot(x,y,x,evalfis(x,out_newmat));
legend('训练数据','ANFIS  输出');
```

**3．实验内容**

利用 Sugeno 型模糊推理系统给 $y=\cos(x)*\sin(x)$建模。

# 参考文献


[1] Edward B Magrab, Shapour Azarm, Balakumar Balachandran, James H Duncan, Keith E Herold, Gregory C Walsh. MATLAB 原理与工程应用[M]. 2 版. 高会生, 李新叶, 胡智奇, 等译. 北京: 电子工业出版社, 2006.

[2] 孙亮. MATLAB 语言与控制系统仿真[M]. 北京: 北京工业大学出版社, 2006.

[3] 飞思科技产品研发中心. MATLAB 7 辅助控制系统设计与仿真[M]. 北京: 电子工业出版社, 2005.

[4] 王华, 李有军, 刘建存. MATLAB 电子仿真与应用教程[M]. 2 版. 北京: 国防工业出版社, 2007.

[5] 张亮, 郭仕剑, 王宝顺, 等. MATLAB 7.x 系统建模与仿真[M]. 北京: 人民邮电出版社, 2006.

[6] 贾秋玲, 袁冬莉, 栾云凤. 基于 MATLAB 7.x/Simulink/Stateflow 系统仿真、分析及设计[M]. 西安: 西北工业大学出版社, 2006.

[7] 姚俊,马松辉. Simulink 建模与仿真[M]. 西安: 西安电子科技大学出版社, 2002.

[8] 石辛民, 郝整清. 基于 MATLAB 的实用数值计算[M]. 北京: 清华大学出版社, 北京交通大学出版社, 2006.

[9] 刘同娟, 郭键, 刘军. MATLAB 建模、仿真及应用[M]. 北京: 中国电力出版社, 2009.

[10] 李维波. MATLAB 在电气工程中的应用[M]. 北京: 中国电力出版社, 2006.

[11] 潘晓晟, 郝世勇. MATLAB 电机仿真精华 50 例[M]. 北京: 电子工业出版社, 2007.

[12] 刘叔军, 盖晓华, 樊京, 等. MATLAB 7.0 控制系统应用与实例[M]. 北京: 机械工业出版社, 2006.

[13] 王正林, 王胜开, 陈国顺. MATLAB/Simulink 与控制系统仿真[M]. 北京: 电子工业出版社, 2005.

[14] 瞿亮, 凌民, 傅昱, 等. 基于 MATLAB 的控制系统计算机仿真[M]. 北京: 清华大学出版社, 北京交通大学出版社, 2006.

[15] 刘金琨. 先进 PID 控制及其 MATLAB 仿真[M]. 北京: 电子工业出版社, 2003.

[16] 李国勇. 智能控制及其 MATLAB 实现[M]. 北京: 电子工业出版社, 2006.

[17] 王秀和, 孙雨萍. 电机学[M]. 4 版. 北京: 机械工业出版社, 2009.

[18] 王兆安, 黄俊. 电力电子技术[M]. 4 版. 北京: 机械工业出版社, 2007.

[19] 邱关源. 电路[M]. 5 版. 北京: 高等教育出版社, 2006.

[20] Hadi Saadat. 电力系统分析[M]. 2 版. 王葵, 译. 北京: 中国电力出版社, 2008.

[21] 陈伯时. 电力拖动自动控制系统[M]. 3 版. 北京: 机械工业出版社, 2009.

[22] 俞金寿, 蒋爱平, 刘爱伦. 过程控制系统和应用[M]. 北京: 机械工业出版社, 2003.

[23] 王立新. 模糊系统与模糊控制教程[M]. 王迎军, 译. 北京: 清华大学出版社, 2003.